钢筋翻样实用技巧与案例

陈怀亮　王　珏　编著

中国建筑工业出版社

图书在版编目（CIP）数据

钢筋翻样实用技巧与案例/陈怀亮，王珏编著. —北京：
中国建筑工业出版社，2017.5
ISBN 978-7-112-20570-7

Ⅰ.①钢… Ⅱ.①陈…②王… Ⅲ.①钢筋-建筑施工
Ⅳ.①TU755.3

中国版本图书馆 CIP 数据核字（2017）第 054857 号

本书依据 16G101 系列平法图集及现行规范、标准，紧密结合工程实际进行编写，全面介绍了钢筋翻样的方法与技巧，并列举了相关实例，实用性强，且便于查阅和携带。全书内容包括：16G101 图集问题与解答，钢筋翻样基础知识，柱钢筋翻样，梁钢筋翻样，板钢筋翻样，基础钢筋翻样，剪力墙钢筋翻样，桩承台钢筋翻样。本书对 16G101 系列平法图集的有关问题进行了深入介绍，结合实际工程案例讲解钢筋工程量的计算思路和方法。

本书既可作为钢筋翻样人员的学习参考书，也可作为大中专学校相关专业师生的教学参考书。

责任编辑：张伯熙　杨　杰　万　李
责任设计：李志立
责任校对：焦　乐　张　颖

钢筋翻样实用技巧与案例
陈怀亮　王　珏　编著

*

中国建筑工业出版社出版、发行（北京海淀三里河路 9 号）
各地新华书店、建筑书店经销
北京科地亚盟排版公司制版
北京建筑工业印刷厂印刷

*

开本：787×1092 毫米　1/16　印张：21½　字数：534 千字
2017 年 10 月第一版　　2017 年 10 月第一次印刷
定价：**49.00** 元
ISBN 978-7-112-20570-7
（30233）

前　言

依据 16G101 系列平法图集及现行规范、标准，紧密结合工程实际进行编写，全面介绍了钢筋翻样的方法与技巧，并列举了相关实例，实用性强，且便于查阅和携带。全书内容包括：16G101 图集问题与解答，钢筋翻样基础知识，柱钢筋翻样，梁钢筋翻样，板钢筋翻样，基础钢筋翻样，剪力墙钢筋翻样，桩承台钢筋翻样。本书对 16G101 系列平法图集的有关问题进行了深入介绍，结合实际工程案例讲解钢筋工程量的计算思路和方法。

本书在编写过程中，参考了有关书籍、标准、规范、图片及其他资料文献，在此谨向这些文献的作者表示深深的感谢，同时也得到了出版社和编者所在单位领导及同事的指导和帮助，在此一并表示谢意。

由于新图集和新规范刚出版不久以及作者水平有限，对新图集和新规范的学习和掌握还不够深入，书中难免有不妥或疏漏之处，恳请使用本书的广大读者批评指正。

2017 年 2 月

目　　录

第1章　16G101 图集问题与解答

1.1　16G101-1 图集问题与解答

1.1.1　制图规则问题与解答

问题 1：与 11G101-1 相比，16G101-1 图集标准构造详图的设计依据有何变化？

答：11G101-1 图集标准构造详图的主要设计依据为：《混凝土结构设计规范》GB 50010—2010、《建筑抗震设计规范》GB 50011—2010、《高层建筑混凝土结构技术规程》JGJ 3—2010、《建筑结构制图标准》GB/T 50105—2010。（见 11G101-1 图集第 5 页）

16G101-1 图集参照的规范是近年新修订的版本，新增《中国地震动参数区划图》GB 18306—2015 依据，全国基本没有不设防地区，设防区都需要按抗震考虑。

问题 2：16G101-1 图集还适用于非抗震框架柱和非抗震框架梁吗？

答：从 16G101-1 图集总说明第 5 条可知，不适用非抗震框架柱和非抗震框架梁。由于在新的《中国地震动参数区划图》GB 18306—2015 标准中基本地震动峰值加速度小于 0.05g 的分区不再出现，表示在我国范围内消除了不设防区；只要在中华人民共和国境内设计建造房屋，都必须要考虑抗震设防的要求。（见 16G101-1 图集第 5 页）

问题 3：16G101-1 图集楼板部分适用于砌体结构吗？

答：从 16G101-1 图集制图规则 1.0.2 条可知，不适用于砌体结构。（见 16G101-1 图集第 6 页）

问题 4：16G101 图集中，基本锚固长度与锚固长度有什么区别？

答：《混凝土结构设计规范（2015 版）》GB 50010—2010 第 103 页 8.3 条给出了受拉钢筋锚固长度的方法，对锚固长度的计算规定如下：

8.3.1 当计算中充分利用钢筋的抗拉强度时，受拉钢筋的锚固应符合下列要求：

1. 基本锚固长度应按下列公式计算：

普通钢筋：
$$l_{ab} = a \frac{f_y}{f_t} d \qquad\qquad (8.3.1\text{-}1)$$

预应力钢筋：
$$l_{ab} = a \frac{f_{py}}{f_t} d \qquad\qquad (8.3.1\text{-}2)$$

式中　l_{ab}——受拉钢筋的基本锚固长度；

f_y、f_{py}——普通钢筋、预应力钢筋的抗拉强度设计值；

f_t——混凝土轴心抗拉强度设计值，当混凝土强度等级高于 C60 时，按 C60 取值；

d——锚固钢筋的直径；

a——锚固钢筋的外形系数，按表 8.3.1 取用。

<table>
<tr><td colspan="6" align="center">锚固钢筋的外形系数 a</td><td align="right">表 8.3.1</td></tr>
<tr><td>钢筋类型</td><td>光圆钢筋</td><td>带肋钢筋</td><td>螺旋肋钢丝</td><td>三股钢绞线</td><td colspan="2">七股钢绞线</td></tr>
<tr><td>a</td><td>0.16</td><td>0.14</td><td>0.13</td><td>0.16</td><td colspan="2">0.17</td></tr>
</table>

注：光圆钢筋末端应做 180°弯钩，弯后平直段长度不应小于 3d，但作受压钢筋时可不做弯钩。

2. 受拉钢筋的锚固长度应根据锚固条件按照下列公式计算，且应不小于 200mm：$l_a = \zeta_a \times l_{ab}$，设计锚固长度为基本锚固长度乘锚固长度修正系数 ζ_a 的数值，以反映锚固条件的影响：

$$l_a = \zeta_a \times l_{ab} \tag{8.3.1-3}$$

式中　l_a——受拉钢筋的锚固长度；

　　　ζ_a——锚固长度修正系数，对于普通钢筋按本规范第 8.3.2 条的规定取用，当多余一项时，可按连乘计算，但不应小于 0.6；对预应力钢筋可取 1.0。

8.3.2 纵向受拉普通钢筋的锚固长度修正系数 ζ_a 应按下列规定取用：

1. 当带肋钢筋的公称直径大于 25mm 时取 1.0；

2. 环氧树脂涂层带肋钢筋取 1.25；

3. 施工中易受扰动的钢筋取 1.10；

4. 当纵向受力钢筋的实际配筋面积大于其设计计算面积时，修正系数取设计计算面积与实际配筋面积的比值，但对有抗震设防要求及直接承受动力荷载的结构构件，不应考虑此项修正；

5. 锚固钢筋的保护层厚度为 3d 时修正系数可取 0.80，保护层厚度不小于 5d 时修正系数可取 0.70，中间按内插取值，此处 d 为锚固钢筋的直径。

问题 5：16G101-1 图集中，如何确定受拉钢筋基本锚固长度？

答：16G101-1 图集第 57 页直接用表格列出受拉钢筋基本锚固长度 l_{ab} 和抗震时受拉钢筋基本锚固长度 l_{abE}，直接查表即可。

例题 1：某钢筋混凝土框架梁的抗震等级为二级，纵向受力钢筋级别为 HRB400，混凝土的强度等级为 C35，从表中可直接查出纵向钢筋的基本锚固长度为 $l_{abE} = 37d$。

问题 6：16G101-1 图集中，如何确定受拉钢筋锚固长度？

答：16G101-1 图集第 58 页直接用表格列出受拉钢筋锚固长度和抗震时受拉钢筋锚固长度，直接查表即可。

例题 2：某钢筋混凝土框架梁的抗震等级为三级，纵向受力钢筋级别为 HRB400 直径 $d = 20mm$，混凝土的强度等级为 C35，从表中可直接查出纵向钢筋的锚固长度为 $l_{aE} = 34d$。

问题 7：四级抗震时，如何确定受拉钢筋的基本锚固长度和锚固长度？

答：根据 16G101-1 图集第 57 页"注释第 1 条"，四级抗震时 $l_{abE} = l_{ab}$，根据 16G101-1 图集第 58 页"注释第 6 条"，四级抗震时 $l_{aE} = l_a$。

例题 3：某钢筋混凝土框架梁的抗震等级为四级，纵向受力钢筋级别为 HRB400 直径 $d = 20mm$，混凝土的强度等级为 C35，确定其基本锚固长度和锚固长度。

从 16G101-1 图集第 57 页表中可直接查出纵向钢筋的基本锚固长度为 $l_{abE} = 32d$。从 16G101-1 图集第 58 页表中可直接查出纵向钢筋的基本锚固长度为 $l_{aE} = 32d$。

问题 8：16G101-1 图集中，如何确定纵向受拉钢筋的搭接长度？

答：16G101-1 图集第 60 页直接用表格列出纵向受拉钢筋的非抗震搭接长度 l_l，第 61 页用表格列出抗震搭接长度 l_{lE}。

例题 4：某钢筋混凝土框架梁的抗震等级为二级，纵向受力钢筋级别为 HRB400，混凝土的强度等级为 C30，纵筋直径 $d=22$mm 纵向受拉钢筋的连接方式为搭接，搭接接头百分率为 50%，确定抗震搭接长度。

从 16G101-1 图集第 61 页表中可查得抗震搭接长度为 $56d$。

1.1.2　16G101-1 图集-柱问题与解答

问题 1：与 11G101-1 相比，16G101-1 图集中柱的编号有什么变化？

答：16G101-1 图集转换柱编号 ZHZ 代替 11G101-1 图集框支柱 KZZ。（见 16G101-1 图集第 8 页）

问题 2：16G101-1 图集中，如何确定框架柱的嵌固部位？

答：从 16G101-1 图集第 7 页 1.0.9 条中的第 8 款可知，注明上部结构的嵌固部位位置；框架柱嵌固部位不在地下室顶板，但仍需考虑地下室顶板对上部结构实际存在嵌固作用时，也应注明。嵌固部位影响纵筋的连接部位，箍筋的加密范围。

问题 3：与 11G101-1 图集相比，16G101-1 图集对柱相邻纵向钢筋连接接头的规定有什么变化？

答：从 16G101-1 图集第 63 页中的注释 1 可知，柱相邻纵向钢筋连接接头相互错开，在同一连接区段内钢筋接头百分率不宜大于 50%。

从 11G101-1 图集第 57 页中的注释 1 可知，柱相邻纵向钢筋连接接头相互错开，在同一截面内钢筋接头百分率不宜大于 50%。

问题 4："同一连接区段"与"同一截面"区别？

答："同一截面"指柱的某一截面。从 16G101-1 图集第 59 页可知，"同一连接区段"是指一个范围，如图 1-1 所示：纵向钢筋绑扎连接时，连接区段长度为 $1.3l_{lE}$ 或 $1.3l_l$；纵向钢筋机械连接时，连接区段长度为 $35d$；纵向钢筋焊接连接时，连接区段长度为 $\geqslant 35d$，$\geqslant 500$。

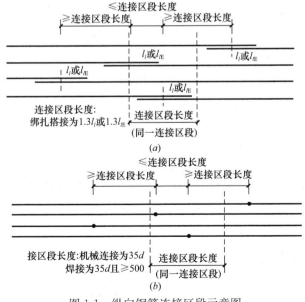

图 1-1　纵向钢筋连接区段示意图

（a）同一连接区段内纵向受拉钢筋绑扎搭接接头；（b）同一连接区段纵向钢筋机械连接、焊接接头

问题5：与 11G101-1 图集相比，16G101-1 图集中"地下一层增加钢筋在嵌固部位的锚固构造"有什么变化？

答： 图 1-2（a）为 11G101-1 中的构造，当地下一层增加钢筋为弯锚时，其弯折 $12d$ 为向内侧弯；图 1-2（b）为 16G101-1 中的构造，当地下一层增加钢筋为弯锚时，虚线部分表示弯折既可以内侧、也可以外侧弯折。16G101-1 第 64 页中注 1 中由原"基础底面"，修订为"基础顶面"。

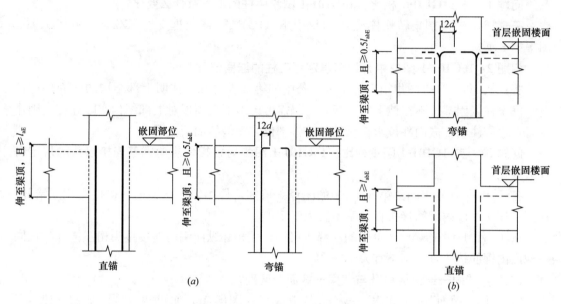

图 1-2 地下一层增加钢筋在嵌固部位的锚固构造

（a）11G101-1 第 58 页；（b）16G101-1 第 64 页

问题6：与 11G101-1 图集相比，16G101-1 图集中的梁上柱纵筋构造有什么变化？

答： 如图 1-3 所示的梁上柱节点，柱纵筋伸入节点内长度和弯折长度发生变化。11G101-1 图集中梁上柱纵筋伸入梁中的竖直段长度为"$\geq 0.5l_{abE}$"，弯折为 12d；16G101-1 图集中梁上柱纵筋伸入梁中的竖直段长度为"伸至梁底且 $\geq 0.6l_{abE}$"，弯折为 15d。

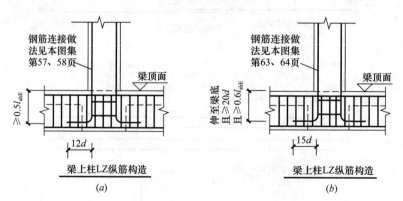

图 1-3 梁上柱纵筋构造

（a）11G101-1 第 61 页梁上柱纵筋构造；（b）16G101-1 第 65 页梁上柱纵筋构造

问题 7：16G101-1 图集适用于非抗震 KZ 柱吗？

答： 11G101-1 图集第 63 页给出非抗震 KZ 纵向钢筋连接构造，而 16G101-1 第 5 页第 5 条已明确指出本图集适用于抗震设防烈度 6～9 度地区，非抗震 KZ 不适合本图集。

问题 8：16G101-1 图集中 KZ 边柱和角柱柱顶纵向钢筋的构造有什么变化？

答： 图 1-4 为抗震 KZ 边柱和角柱柱顶纵向钢筋构造，11G101-1 图集中要求当柱纵筋直径≥25mm 时设置直径为 10mm 的附加钢筋；16G101-1 图集中无"纵筋直径≥25mm"这一表述，可以认为必须设置附加钢筋，且附加钢筋的直径不小于 10mm。

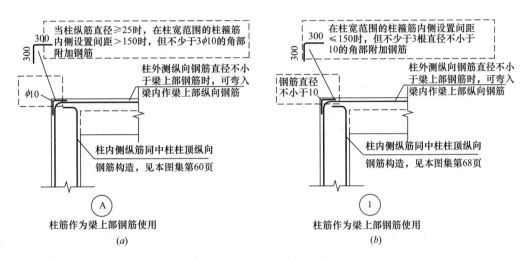

图 1-4　抗震 KZ 边柱和角柱柱顶纵向钢筋构造
(a) 11G101-1 第 59 页；(b) 16G101-1 第 67 页

问题 9：16G101-1 图集中 KZ 柱变截面位置纵向钢筋构造有什么变化？

答： 图 1-5 为 KZ 柱变截面位置纵向钢筋构造，与 11G101-1 图集对比后可知，16G101-1 图集要求连续通过的纵筋在变截面处的楼面往下 50mm 再弯折。

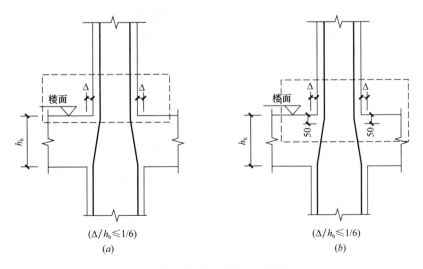

图 1-5　KZ 柱变截面位置纵向钢筋构造（一）
(a) 11G101-1 第 60 页；(b) 16G101-1 第 68 页

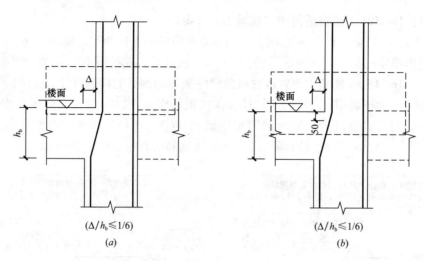

图 1-5　KZ 柱变截面位置纵向钢筋构造（二）

(a) 11G101-1 第 60 页；(b) 16G101-1 第 68 页

问题 10：如何确定 KZ 边柱、角柱柱顶等截面伸出时纵向钢筋的构造？

答： 16G101-1 图集第 69 页给出了 KZ 边柱、角柱柱顶等截面伸出时纵向钢筋构造，如图 1-6 所示，框架边角柱柱顶等截面伸出时，可采用节点①或②。当伸出长度自梁顶算起满足直锚长度 l_{aE} 时采用节点①，伸出长度自梁顶算起 $\geq l_{aE}$ 时，柱纵筋伸到柱顶截断。当伸出长度自梁顶算起不能满足直锚长度 l_{aE} 时采用节点②，柱纵筋伸至柱顶且 $\geq 0.6l_{aE}$，柱外侧纵筋伸到柱顶弯折 $15d$，内侧纵筋伸至柱外侧纵筋内侧 $12d$；当柱顶伸出屋面的截面发生变化时，需另行设计。

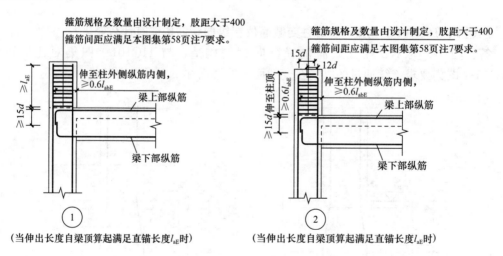

图 1-6　KZ 边柱、角柱柱顶等截面伸出时纵向钢筋构造

1.1.3　16G101-1 图集-剪力墙问题与解答

问题 1：剪力墙中的墙梁有什么变化？

答： 16G101-1 图集中第 15 页给出墙梁的编号如表 1-1 所示，由 16G101-1 图集第 17 页 3.2.5 条第 8 款可知，跨高比不小于 5 的连梁按框架梁设计时，代号为 LLK。

墙 梁 编 号		表 1-1
墙梁类型	代号	序号
连梁	LL	××
连梁（对角暗撑配筋）	LL(JC)	××
连梁（交叉斜筋配筋）	LL(JX)	××
连梁（集中对角斜筋配筋）	LL(DX)	××
连梁（跨高比不小于 5）	LLK	××
暗梁	AL	××
边框梁	BKL	××

问题 2：剪力墙中的拉结筋如何设置？

答：图 1-7 为 11G101-1 图集中的拉筋设置示意，图 1-8 为 16G101-1 图集中的拉筋示意，对比后可知，拉筋的布置方式不变，两种拉筋设置的名称发生了变化，由第一种名称由"双向"变为"矩形"，第二种名称由"梅花双向"变为"梅花"。

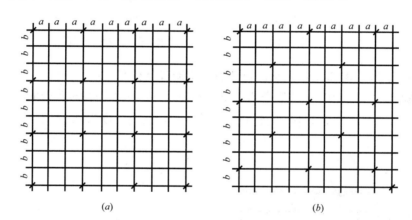

图 1-7　11G101-1 第 16 页中的拉筋设置示意（一）

（*a*）拉筋@3*a*3*b* 双向（*a*≤200、*b*≤200）；（*b*）拉筋@4*a*4*b* 梅花双向（*a*≤150、*b*≤150）

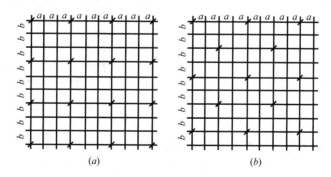

图 1-8　16G101-1 第 16 页中的拉筋设置示意（二）

（*a*）拉结筋@3*a*3*b* 矩形（*a*≤200、*b*≤200）；（*b*）拉结筋@4*a*4*b* 梅花双向（*a*≤150、*b*≤150）

问题 3：端部无暗柱时剪力墙水平分布钢筋端部的构造有什么要求？

答：16G101-1 第 71 页给出端部无暗柱时剪力墙水平分布钢筋的端部做法如图 1-9 所示，与 11G101-1 第 68 页给出端部做法比较后可知，16G101-1 图集已经把 2 个节点合并为 1 个节点。

图 1-9 端部无暗柱时剪力墙水平分布钢筋端部做法

问题 4：端部有暗柱时剪力墙水平分布钢筋端部的构造有什么要求？

答：16G101-1 图集第 71 页给端部有暗柱时的构造做法如图 1-10 所示，要求水平分布钢筋紧贴角筋内侧弯折。新增端部有 L 形暗柱时剪力墙水平分布钢筋端部做法如图 1-11 所示。

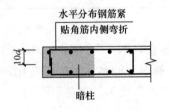

图 1-10 端部有暗柱时剪力墙水平分布钢筋端部做法

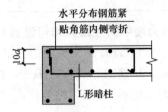

图 1-11 端部有 L 形暗柱剪力墙水平分布钢筋端部做法

问题 5：与 11G101-1 图集相比，转角墙的构造有什么变化？

答：图 1-12 为 11G101-1 图集中的转角墙构造，外侧水平筋在转角处的搭接长度为 l_{lE}（l_l）。图 1-13 为 11G101-1 图集中的转角墙构造，单向弯折长度为 $0.8l_{aE}$。

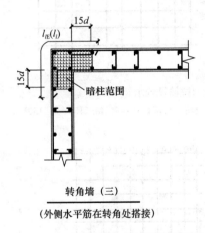

转角墙（三）

（外侧水平筋在转角处搭接）

图 1-12 11G101-1 第 68 页转角墙构造

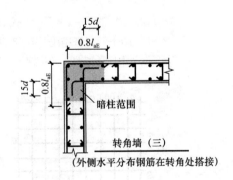

转角墙（三）

（外侧水平分布钢筋在转角处搭接）

图 1-13 16G101-1 第 71 页转角墙（三）

问题 6：16G101-1 图集对端柱翼墙的构造有什么变化？

答：图 1-14 为 11G101-1 图集中给出的端柱翼墙的一种构造做法，图 1-15 为 16G101-1 图集给出的端柱翼墙的一种构造做法，对比后可知，16G101-1 图集新增对翼墙内侧水平钢筋端柱内的构造要求；贯通或分别锚固于端柱内（直锚长度≥l_{aE}）。

问题 7：翼墙采用哪种构造做法？

答：16G101-1 图集新增了三种翼墙做法（第 72 页），如图 1-16 所示，第一种为翼墙暗柱等截面；第二种为翼墙变截面，水平钢筋断开做法；第三种为翼墙变截面，水平钢筋连续通过做法。

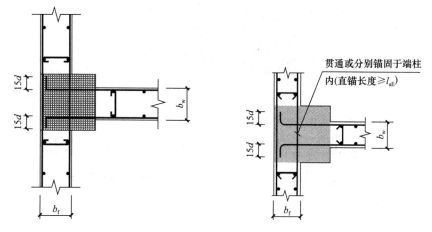

图 1-14　11G101-1 第 69 页端柱翼墙（一）　图 1-15　16G101-1 第 72 页端柱翼墙（一）

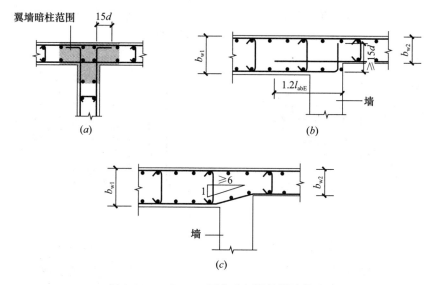

图 1-16　16G101-1 图集中新增的翼墙构造

（a）翼墙一；（b）翼墙二 $b_{w1}>b_{w2}$；（c）翼墙三 $b_{w1}>b_{w2}$

问题 8：端柱端部墙应该采用哪种构造做法？

答：端柱端部墙构造如图 1-17 所示，11G101-1 图集只给出一种构造如图 1-17（a）所示，当墙体水平钢筋伸入端柱的直锚长度$\geqslant l_{aE}$（l_a）时，可不必上下弯折，但必须伸至端柱对边竖向钢筋内侧位置，其他情况，墙体水平钢筋必须伸入端柱对边竖向钢筋内侧位置，然后弯折。16G101-1 图集给出两种构造，新增剪力墙水平筋端柱端部墙节点（二），端柱与剪力墙一侧平齐时：伸入端柱水平直段长度$\geqslant 0.6l_{aE}$，外侧和内侧纵筋弯折 15d。

问题 9：剪力墙竖向分布钢筋绑扎连接应采用哪种构造做法？

答：11G101-1 图集第 70 页和 16G101-1 图集第 73 页给出了剪力墙竖向分布钢筋绑扎连接时的构造做法，如图 1-18 所示，对比后可知，16G101-1 图集中下部钢筋的露出长度取$\geqslant 0$ 的要求。

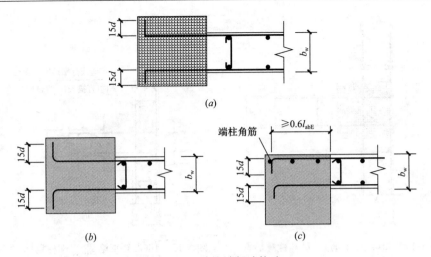

图 1-17　端柱端部墙构造

(a) 11G101-1 第 69 页端柱端部墙；(b) 16G101-1 第 72 页端柱端部墙（一）；
(c) 16G101-1 第 72 页端柱端部墙（二）

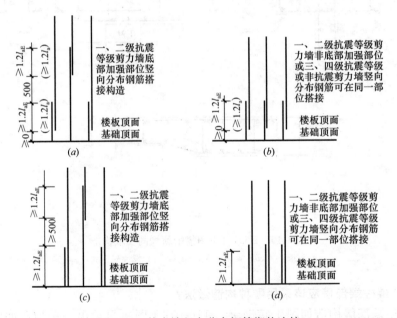

图 1-18　剪力墙竖向分布钢筋绑扎连接

(a) 11G101-1 第 70 页绑扎连接做法；(b) 11G101-1 第 70 页绑扎连接做法二；
(c) 16G101-1 第 73 页绑扎连接做法一；(d) 16G101-1 第 73 页绑扎连接做法二

问题 10：与 11G101-1 图集相比，剪力墙边缘构件竖向纵筋绑扎连接构造有什么变化？

答：图 1-19 为剪力墙边缘构件竖向纵筋绑扎连接时的构造做法，对比后可知，16G101-1 图集取消对下部钢筋露出长度≥500 的要求。

问题 11：剪力墙竖向分布钢筋锚入连梁时应采用哪种构造做法？

答：16G101-1 第 74 页给出剪力墙竖向分布钢筋锚入连梁时的构造做法如图 1-20 所示，剪力墙竖向分布钢筋伸入连梁内的长度应为 l_{aE}。

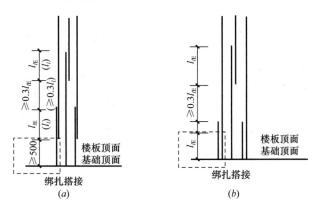

图 1-19 剪力墙边缘构件竖向纵筋绑扎连接

(a) 11G101-1 第 73 页绑扎连接做法；(b) 16G101-1 第 73 页绑扎连接做法

问题 12：剪力墙上起边缘构造纵筋应选择哪种构造做法？

答：剪力墙上起边缘构造纵筋的构造如图 1-21 所示，对比后可知，16G101-1 图集对边缘构件纵筋伸入剪力墙处的箍筋提出了具体要求，即箍筋直径应不小于纵向钢筋最大直径的 0.25 倍，间距不大于 100。11G101-1 图集中约束边缘构件纵筋伸入剪力墙处没有要求设置箍筋。

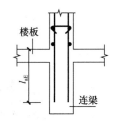

图 1-20 剪力墙竖向
分布钢筋锚固入
连梁构造

问题 13：与 11G101-1 图集相比，边缘翼墙的节点构造有什么变化？

答：11G101-1 图集只给出一种边缘翼墙的构造，16G101-1 图集新增两种边缘翼墙的构造，如图 1-22 所示。

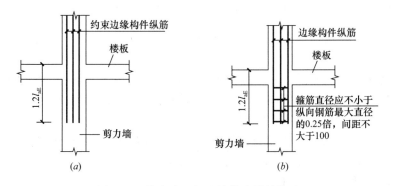

图 1-21 剪力墙上起边缘构造纵筋构造

(a) 11G101-1 第 73 页给出的构造；(b) 16G101-1 第 73 页给出的构造

问题 14：与 11G101-1 图集相比，构造边缘转角墙的节点构造有什么变化？

答：11G101-1 图集只给出一种构造边缘转角墙的构造，16G101-1 图集第 77 页新增一种构造边缘转角墙的构造，如图 1-23 所示。

问题 15：剪力墙连梁 LLK 纵向钢筋、箍筋加密区应选择哪种构造做法？

答：当跨高比不小于 5 时的连梁按框架梁设计，代号为 LLK，16G101-1 图集第 80 页给出连梁 LLK 纵向配筋和箍筋构造。连梁 LLK 为 16G101-1 图集新增。

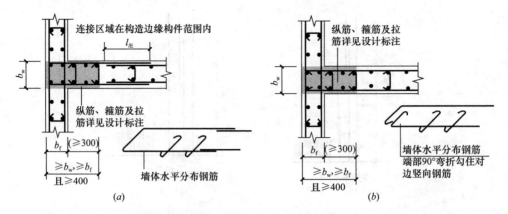

图 1-22　构造边缘翼墙新增构造

（a）构造边缘翼墙（二）（括号中的数字用于高层建筑）；（b）构造边缘翼墙（二）（括号中的数字用于高层建筑）

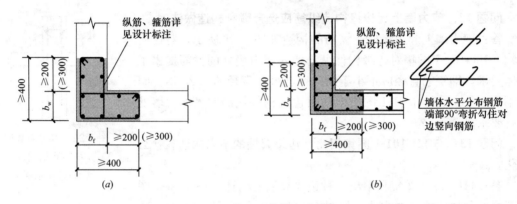

图 1-23　构造边缘转角墙构造

（a）构造边缘转角墙（一）（括号中的数字用于高层建筑）；（b）构造边缘翼墙（二）（括号中的数字用于高层建筑）

从连梁 LLK 纵向配筋构造图可知，纵向受力钢筋在墙内锚固，从洞口边算起伸入墙内长度应为 $\max(l_{aE}, 600)$。

从连梁 LLK 箍筋加密区范围示意图可知，顶层连梁纵向钢筋伸入墙肢长度范围内应设置箍筋，直径同跨中箍筋，间距≤150mm；箍筋加密范围：抗震等级一级：≥2hb 且≥500，抗震等二～四级：≥1.5hb 且≥500。

问题 16：与 11G101-1 图集相比，地下室外墙水平钢筋的构造有什么变化？

答：11G101-1 图集第 77 页给出的地下室水平钢筋构造如图 1-24 所示，16G101-1 图集第 82 页给出的地下室水平钢筋构造如图 1-25 所示，对比后可知，节点 1 转角墙外侧钢筋搭接长度变化，11G101-1 图集中搭接长度为 $l_{lE}(l_l)$，16G 图集中长度为 $2 \times 0.8 l_{aE}$。外墙与顶板的连接节点 3，搭接位置发生变化，11G 图集中的搭接位置在板中，16G 图集中的搭接位置在墙中。

问题 17：剪力墙圆弧洞口直径大于 300 但不大于 800 时的补强钢筋构造应采用哪种构造？

答：图 1-26 为 11G101-1 第 78 页给出的洞口直径大于 300 但不大于 800 时的补强钢筋构造，16G101-1 第 83 页给出的补强钢筋构造如图 1-27 所示，对比后可知，剪力墙圆形洞口直径大于 300 但不大于 800 时补强钢筋的构造发生了变化，16G 图集要求设置环向加强筋和洞口每侧补强钢筋，11G101-1 图集只要求设洞口每侧补强钢筋。

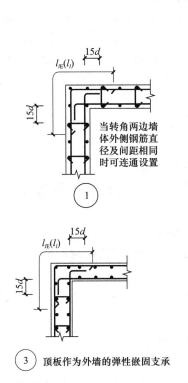

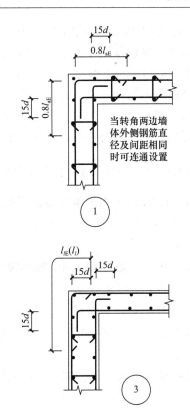

图 1-24　11G101-1 中地下室水平钢筋构造　　图 1-25　16G101-1 中地下室水平钢筋构造

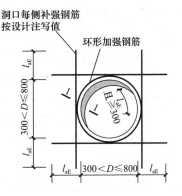

图 1-26　11G101-1 图集中的剪力墙圆弧洞口　图 1-27　16G101-1 图集中的剪力墙圆弧洞口

直径大于 300 但不大于 800 时补强钢筋构造　　直径大于 300 但不大于 800 时补强钢筋构造

问题 18：剪力墙的边缘构件主要布置在哪里？有什么作用？

答：边缘构件通常布置在剪力墙的两端和洞口两侧，边缘构件有约束边缘构件和构造边缘构件两种。约束边缘构件的纵向钢筋要承受房屋受到的风载或地震水平作用产生的竖向效应，约束边缘构件的横向钢筋要承担房屋受到风载或地震水平作用产生的剪应力。在《建筑抗震设计规范》2016 年局部修订 GB 50011—2010 的基本抗震措施里，对一、二级的剪力墙约束边缘构件的配箍特征值 λ_v 限制十分严格，以此 λ_v 值计算约束边缘构件的体积配箍率。

问题 19：约束边缘构件和构造边缘构件有什么区别？

答： 约束边缘构件以 Y 打头，约束边缘构件的构造见 16G101-1 第 75 页，除了端部或角部有一个核心区域外，在核心区域和墙身之间还有一个扩展区域，在该区域加密拉筋或同时加密竖向分布筋详见设计标注，主要应用在抗震等级较高的建筑，如一级抗震。构造边缘构件以字母 G 打头，构造边缘构件的构造见 16G101-1 第 77 页，构造边缘构件无扩展区域，主要用在抗震等级较低的建筑，如四级抗震。

1.1.4　16G101-1 图集-梁问题与解答

问题 1：16G101-1 图集中新增的梁类型有哪几个？

答： 从 16G101-1 图集第 27 页表 4.2.2 梁编号可知，增加了楼层框架扁梁 KBL 和托柱转换梁 TZL。

问题 2：非框架梁上部纵向钢筋的锚固长度如何确定？

答： 从 16G101-1 第 35 页 4.6 节 4.6.1 条可知：当设计按铰接时，平直段伸至端支座对边后弯折，且平直段 $\geqslant 0.35l_{ab}$，弯折段投影长度 $15d$（d 为纵向钢筋直径）；当充分利用钢筋的抗拉强度时，直段伸至端支座对边后弯折 $\geqslant 0.6l_{ab}$，且平直段，弯折投影长度为 $15d$。

问题 3：非框架梁下部纵向钢筋的锚固长度如何确定？

答： 从 16G101-1 第 35 页 4.6 节 4.6.2 条可知：非框架梁的下部纵向钢筋在中间支座和端支座的锚固长度对于带肋钢筋为 $12d$，对于光面钢筋为 $15d$（d 为纵向钢筋的直径）；端支座直锚长度不足时，可采取弯钩锚固形式。

问题 4：什么是框架扁梁？框架扁梁与框架梁的注写规则有什么不同？

答： 通矩形截面梁的高宽比 h/b 一般取 2.0～3.5；当梁宽大于梁高时，梁就称为扁梁（或称宽扁梁、扁平梁、框架扁梁）。从 16G101-1 第 31 页 4.2.5 条、4.2.6 条可知，框架扁梁注写规则同框架梁，对于上部纵筋和下部纵筋，尚需注明未穿过柱截面的纵向受力钢筋根数。框架扁梁节点核心区代号为 KBH，包括柱内核心区和柱外核心区。

问题 5：当上柱尺寸小于下柱尺寸时，梁纵向钢筋锚固长度起算位置如何确定？

答： 从 16G101-1 第 84 页注 7 可知，当上柱截面尺寸小于下柱截面尺寸时，梁上柱钢筋的锚固长度起算位置应为上柱内边缘，梁下柱纵筋的锚固长度起算位置为下柱内边缘。

问题 6：框架梁上部通长钢筋有接头时，连接位置如何确定？

答： 从 16G101-1 第 85 页注 3 可知，梁上部通长钢筋与非贯通钢筋直径时，连接位置宜位于跨中 $l_{ni}/3$ 范围内，且在同一连接区段内连接钢筋接头面积百分率不宜大于 50%。

问题 7：框架梁下部钢筋有接头时，连接位置如何确定？

答： 从 16G101-1 第 85 页注 3 可知，梁下部钢筋连接位置宜位于支座 $l_{ni}/3$ 范围内，且在同一连接区段内连接钢筋接头面积百分率不宜大于 50%。

问题 8：WKL 中间支座纵向钢筋构造有什么变化？

答： 11G101-1 第 84 页给出的 WKL 中间支座纵向钢筋构造节点 1 如图 1-28 所示，16G101-1 第 87 页给出节点 1 如图 1-29 所示，对比后可知，16G101-1 图集要求下部纵筋直锚时 $\geqslant l_{aE}$ 且 $\geqslant 0.5h_c+5d$，而 11G101-1 图集只要求下部纵筋直锚时 $\geqslant l_{aE}$（l_a）。

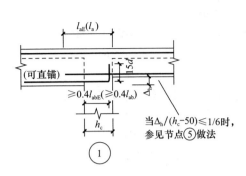

图 1-28　11G101-1 图集中 WKL 中间
支座纵向钢筋构造

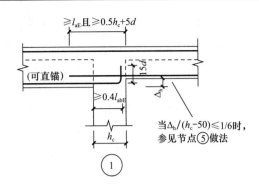

图 1-29　16G101-1 图集中 WKL 中间
支座纵向钢筋构造

问题 9：非框架梁下部纵筋弯锚时应选择哪种构造做法？

答： 16G101-1 第 89 页新增了非框架梁端支座下部纵筋不够直锚时的构造做法，如图 1-30 所示，用于下部纵筋伸入边支座长度不满足直锚 12d（15d）要求时。

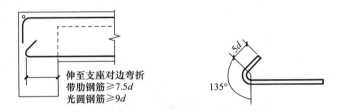

图 1-30　端支座非框架梁下部纵筋弯锚构造

问题 10：受扭非框架梁纵筋应采用哪种构造做法？

答： 16G101-1 第 89 页给出受扭非框架梁纵筋构造如图 1-31 所示，当纵筋伸入端支座直段长度满足 l_a 时可直锚，当纵筋伸入端支座直段长度不满足 l_a 时应弯锚。注 9 指出，"受扭非框架梁纵筋构造"用于梁侧配有受扭钢筋时，当梁侧未配受扭钢筋的非框架梁采用此构造时，设计应明确指定。

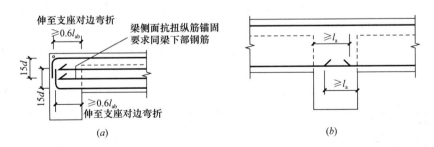

图 1-31　16G101-1 图集中受扭非框架梁纵筋构造
（a）端支座；（b）中间支座

问题 11：非框架梁上部纵筋的锚固长度如何确定？

答： 16G101-1 图集第 89 页给出非框架梁的配筋构造，要求上部纵筋伸至支座对边弯折设计按铰接时≥0.35l_{ab}，充分利用钢筋的抗拉强度时≥0.6l_{ab}，伸入端支座直段长度满足 l_a 时可直锚。注 7 指出非框架梁配筋构造图中"设计按铰接"用于代号为 L 的非框架梁，"充分利用钢筋的抗拉强度时"用于代号为 Lg 的非框架梁。

问题 12：与 11G101-1 图集相比，16G101-1 图集中的竖向折梁钢筋构造有什么变化？

答： 16G101-1 图集第 91 页给出的竖向折梁构造（一）如图 1-32 所示，下部纵筋伸至对边弯折为 $20d$，而 11G101-1 图集中为 $10d$。

问题 13：与 11G101-1 图集相比，16G101-1 图集中悬挑梁的配筋构造有什么变化？

答： 16G101-1 第 92 页给出纯悬挑梁 XL 及 7 种各类悬挑端配筋构造，以节点 2 的构造如图 1-33 所示，与 11G101-1 图集对比后可知，悬挑端上部纵筋伸入支座中的长度满足 $\geq l_a$ 且 $\geq 0.5h_c + 5d$，而 11G101-1 图集中要求伸入支座中的长度满足 $\geq l_a$。

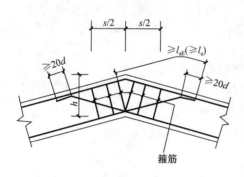

图 1-32　竖向折梁钢筋构造（一）
（s 范围及箍筋具体值由设计确定）

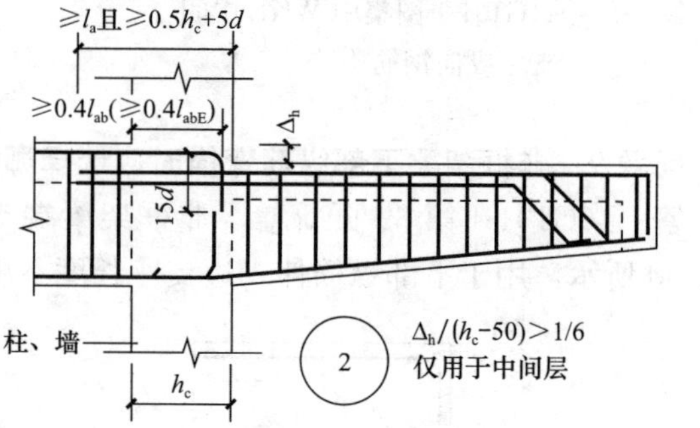

图 1-33　16G101-1 图集中悬挑梁配筋构造节点 2

问题 14：框架扁梁中柱节点附加纵向钢筋应选择哪种构造做法？

答： 16G101-1 第 93 页新增框架扁梁中柱节点附加纵向钢筋，要求框架扁梁中间支座布置 X/Y 方向的附加纵向钢筋，锚固长度为 l_{aE}。注 5 要求竖向拉筋同时勾住扁梁上下双向纵筋，拉筋末端采用 135° 弯钩，平直段长度为 $10d$。

问题 15：框架扁梁边柱应选择哪种构造做法？

答： 16G101-1 第 94 页给出了框架扁梁边柱节点构造（一）和未穿过柱截面的扁梁纵向受力钢筋锚固做法，注 1 要求穿过柱截面框架扁梁纵向受力钢筋锚固做法同框架梁。未穿过柱截面的纵向受力筋，按图集节点做法处理，能直锚可直锚，锚固长度满足 $\geq l_{aE}$ 且 $\geq 0.5b + 5d$，不能直锚应弯锚，直段长满足 $\geq 0.6l_{aE}$ 且伸至梁对边。

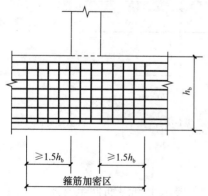

图 1-34　托柱转换梁 TZL 托柱
位置箍筋加密区构造

问题 16：框架扁梁的箍筋构造应选择哪种构造做法？

答： 16G101-1 第 94 页给出框架扁梁箍筋构造，加密区范围为 $\max(b + h_b, l_{aE})$ 且应满足框架梁箍筋加密区长度范围的要求，式中 b 为框架扁梁宽度，h_b 为框架扁梁高度。

问题 17：托柱转换梁 TZL 托柱位置箍筋加密区范围如何确定？

答： 16G101-1 第 97 页给出了托柱转换梁 TZL 托柱位置箍筋加密区构造如图 1-34 所示，加密区范围为柱边算起加密范围为 $1.5h_b$，h_b 为托柱转换梁高度。

1.1.5　16G101-1 图集-板问题与解答

问题 1：当悬挑板需要考虑地震作用时，16G101-1 图集对下部纵筋有什么要求？

答： 16G101-1 第 40 页 5.2.2 款指出，当悬挑板需要考虑地震作用时，下部纵筋伸入支座内长度不应小于 l_{aE}。

问题 2：悬挑板需要考虑地震作用时的纵向钢筋的锚固长度应如何处理？

答： 16G101-1 第 43 页 5.4.1 款指出，当悬挑板需要考虑地震作用时，设计应注明该悬挑板纵向钢筋抗震锚固长度按何种抗震等级。

问题 3：无梁楼盖悬挑板需要考虑地震作用时的纵向钢筋的锚固长度应如何处理？

答： 16G101-1 第 47 页 6.5.1 款指出，当悬挑板需要考虑地震作用时，设计应注明该悬挑板纵向钢筋抗震锚固长度按何种抗震等级。

问题 4：板柱柱顶纵向钢筋应该选择哪种构造做法

答： 16G101-1 第 114 页给出两种板柱柱顶纵向钢筋构造如图 1-35 所示，柱顶纵向钢筋伸至柱顶部后弯折 $12d$。

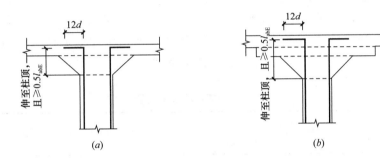

图 1-35　板柱柱顶纵向钢筋构造

（a）板柱柱顶纵向钢筋构造一；（b）板柱柱顶纵向钢筋构造二

问题 5：什么是悬挑板阳角附加钢筋？

答： 从 16G101-1 第 49 页表 7.1.2 可知，16G101-1 图集新增悬挑板阳角附加钢筋 C_{is}，悬挑板阳角附加钢筋是指板悬挑阳角上部斜向附加钢筋。

问题 6：什么是角部加强钢筋？

答： 角部加强筋通常用于板角区的上部，根据规范的受力要求配置，角部加强筋将在其分布范围内取代原配置的板支座上部非贯通钢筋，且当其分布范围内平配有板上部贯通钢筋时则间隔布置。

问题 7：梁板式转换层的楼面板锚固构造如何确定？

答： 11G101-1 第 92 页给出的端支座为梁的锚固构造如图 1-36（a）所示，16G101-1 第 99 页给出了梁板式转换层的楼面板锚固，如图 1-36（b）所示。对比后可知：16G 中板上部纵筋在梁角筋内侧弯钩，水平段满足 $\geq 0.6 l_{abE}$，弯折为 $15d$。板下部纵筋向上弯折 $15d$，水平段满足 $\geq 0.6 l_{abE}$。11G101-1 图集中板下部钢筋无弯折，水平段 $\geq 5d$ 且至少到梁中线。

问题 8：板的端支座为剪力墙时应选择哪种锚固构造？

答： 16G101-1 第 100 页给出了板的端支座为剪力墙时的锚固构造，给出板端支座为剪力墙中间层、端支座为剪力墙墙顶时的锚固构造，可以根据实际情况进行选择。

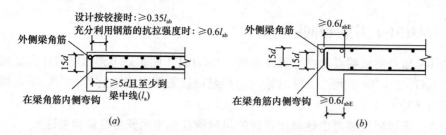

图 1-36　用于梁板式转换层的楼面板

（*a*）11G101-1 中板在端支座为梁时的锚固构造；（*b*）16G101-1 中用于梁板式转换层的楼面板

1.2　16G101-2 图集问题与解答

问题 1：16G101-2 图集中楼梯的类型有什么变化？

答： 11G101-2 第 6 页给出楼梯的类型如表 1-2 所示，16G101-2 第 6 页给出楼梯的类型如表 1-3 所示，对比后可知：11G101-2 图集中的楼梯类型共有 11 种，而 16G101-2 图集中的楼梯类型有 12 种；适用结构类型发生变化，16G101-2 图集中 AT、BT、CT、ET、FT 不再适用于框架结构，Ata、ATb、ATc 适用于框架结构和框剪结构中的框架部分；16G101-2 图集去掉了 HT 楼梯，新增 CTa、CTb 型楼梯。

11G101-2 图集中的楼梯类型　　　　　　　　　　　　表 1-2

梯板代号	适用范围		是否参与抗震计算	示意图所在页码
	抗震构造措施	适用结构		
AT	无	框架、剪力墙、砌体结构	不参与	11
BT				
CT	无	框架、剪力墙、砌体结构	不参与	12
DT				
ET	无	框架、剪力墙、砌体结构	不参与	13
FT				
GT	无	框架结构	不参与	14
HT	无	框架、剪力墙、砌体结构	不参与	
ATa	有	框架结构	不参与	15
ATb			不参与	
ATc			参与	

16G101-2 图集中的楼梯类型　　　　　　　　　　　　表 1-3

梯板代号	适用范围		是否参与抗震计算	示意图所在页码	注写及构造图所在页码
	抗震构造措施	适用结构			
AT	无	剪力墙、砌体结构	不参与	11	23、24
BT				11	25、26
CT	无	剪力墙、砌体结构	不参与	12	27、28
DT				12	29、30

续表

梯板代号	适用范围		是否参与抗震计算	示意图所在页码	注写及构造图所在页码
	抗震构造措施	适用结构			
ET	无	剪力墙、砌体结构	不参与	13	31、32
FT				13	33、34 35、39
GT	无	剪力墙、砌体结构	不参与	14	36、37 38、39
ATa	有	框架结构、框剪结构中框架部分	不参与	15	40、41、42
ATb				15	40、43、44
ATc				15	45、46
CTa	有	框架结构、框剪结构中框架部分	不参与	16	47、41、48
CTb				16	47、43、49

问题 2：AT 型楼梯与 BT 型楼梯有什么区别？

答：从 16G101-2 第 11 页给出的 AT、BT 型楼梯截面形状与支座位置示意图可知，AT 型楼梯表示梯板全部由踏步段组成，BT 型楼梯由低端平板和踏步段组成。

问题 3：CT 型楼梯与 DT 型楼梯有什么区别？

答：从 16G101-2 第 12 页给出的 CT、DT 型楼梯截面形状与支座位置示意图可知，CT 型楼梯由踏步段、高端平板组成，而 DT 型楼梯由低端平板、踏步段和高端平板组成。

问题 4：ET 型、FT 型、GT 型楼梯在构造组成上有什么不同？

答：从 16G101-2 第 13、14 页给出的楼梯截面形状与支座位置示意图可知，ET 型楼梯由低端踏步段、中位平板和高端踏步段组成，FT 型楼梯有踏步段、三边支承层间板、三边支承楼层平板组成，GT 型楼梯由踏步段、三边支承层间板组成。

问题 5：ATa、ATb、ATc 型楼梯有什么区别？

答：从 16G101-2 第 6 页表 2.2.1 楼梯类型可知，AT 型楼梯用于框架结构和框架结构中框架部分，有抗震构造措施。AT 型楼梯有三种，16G101-2 第 40-46 页详细介绍了 ATa、ATb、ATc 三种类型楼梯的配筋构造和平面注写方式。从 16G101-2 第 40 页注 1 可知：ATa、ATb 型楼梯设滑动支座，不参与结构整体抗震计算，其适用条件为：两梯梁之间的矩形梯板全部由踏步段构成，即踏步段两端均以梯梁为支座，且梯板低端支承处做成滑动支座，ATa 型楼梯滑动支座直接落在梯梁上，ATb 型楼梯滑动支座落在挑板上。从 16G101-2 第 45 页注 1 可知：ATc 型楼梯用于参与结构整体抗震计算，其适用条件为：两梯梁之间的矩形梯板全部由踏步段构成，即踏步段两端均以梯梁为支座。框架结构中，楼梯中间平台通常设梯柱、梯梁。

1.3 16G101-3 图集问题与解答

问题 1：墙身竖向分布钢筋在基础中的构造有什么变化？

答：墙插筋在基础中的锚固构造有 3 种（11G101-3 第 58 页、16G101-3 第 64 页），以第 1 种为例讲解其变化，如图 1-37 所示。基础高度满足直锚时：11G101-3 中基础高度满足直锚时用 $h_j > l_{aE}(l_a)$ 表述，如图 1-37（a）所示，竖向纵筋插至基础板底部支在底板钢筋网上，端部弯折为 6d；16G101-3 中用文字表述，如图 1-37（b）所示，墙身竖向纵筋"隔二下一"伸至基础板底部，支承在底板钢筋网片上，也可支承在筏形基础的中间层钢筋网片上，有弯折的竖向纵筋端部弯折满足 6d 且≥150。基础高度不满足直锚时如图 1-37（c）、图 1-37（d）所示，11G101-3 要求墙身竖向分布钢筋插至基础板底部支在底板钢筋上，伸入基础的竖直段长度满足≥$0.6l_{abE}$（$0.6l_{ab}$），端部弯折为 15d。16G101-3 要求伸入基础的竖直段长度满足≥$0.6l_{abE}$且≥20d。

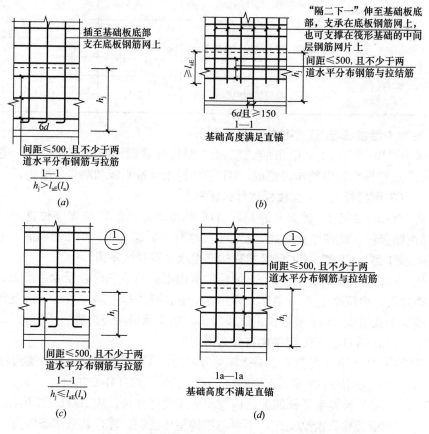

图 1-37　墙身竖向分布钢筋在基础内的构造

（a）11G101-3 中基础高度满足直锚；（b）16G101-3 中基础高度满足直锚；
（c）11G101-3 中基础高度不满足直锚；（d）16G101-3 中基础高度不满足直锚

问题 2：16G101-3 图集中柱纵向钢筋在基础中的构造有什么变化？

答：柱纵向钢筋在基础内的构造方式共有 4 种（11G101-3 第 59 页、16G101-3 第 66 页），对比后可知，当基础高度不满足直锚时，11G101-3 要求柱纵向钢筋插至基础底部支在底板钢筋网上，伸入基础内的竖直长度满足≥$0.6l_{abE}$（$0.6l_{ab}$），16G101-3 要求纵向钢筋插至基础底部支在底板钢筋网上，伸入基础中竖直长度≥$0.6l_{abE}$且≥20d，如图 1-38 所示。

问题 3：设置基础梁的双柱普通独立基础内的纵向钢筋的起布距离如何确定？

答：设置基础梁的双柱普通独立基础配筋构造见 16G101-3 第 69 页，基础底板边缘处 X 向纵筋的起布距离为≤75 且≤$s'/2$，位于基础梁处 X 向（长向）纵向钢筋的起布距离为≤$s'/2$，s'为 X 向纵筋的间距。基础底板 Y 向纵筋的起布距离为≤75 且≤$s/2$，s 为 Y 向纵筋的间距。

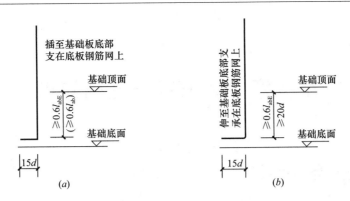

图 1-38 柱纵向钢筋在基础内的构造

(a) 11G101-3 中的节点①；(b) 16G101-3 中的节点①

问题 4：剪力墙下条形基础、砌体墙下条形基础钢筋的起布距离如何确定？

答：16G101-3 图集新增条形基础底板配筋构造（二），从 16G101-3 第 77 页可知，剪力墙下条形基础截面、砌体墙下条形基础截面分开表示，基础底板分布钢筋的起布距离为 $\leqslant 75$ 且 $\leqslant s/2$，s 为分布钢筋的间距。

问题 5：墙下条形基础底板板底不平时应选择哪种构造做法？

答：16G101-3 图集新增墙下条形基础底板板底不平时的构造做法，见 16G101-3 第 78 页。

问题 6：梁板式筏形基础梁端部无外伸时应采用哪种构造做法？

答：16G101-3 第 81 页给出了梁板式筏形基础梁端部无外伸的构造做法，与 11G101-3 第 73 页给出的构造做法比较可知，16G101-3 对基础梁下部非通长钢筋的要求发生变化，伸至尽端钢筋内弯折，水平段 $\geqslant 0.6l_{ab}$，而 11G101-3 要求其伸至尽端更加内弯折，水平段 $\geqslant 0.4l_{ab}$。

问题 7：基础梁侧面构造纵筋和拉筋的构造有什么变化？

答：16G101-3 第 82 页、11G101-3 第 73 页给出了基础梁侧面构造纵筋和拉筋的构造，对比后可知，16G101-3 中的图二、图三为新增构造。

问题 8：16G101-3 图集中桩基础部分的内容有变化？

答：将 16G101-3 第 44 页与 11G101-3 第 44 页对比后可知，16G101-3 新增了灌注桩平法施工图制图规则，灌注桩的配筋构造见 16G101-3 第 103 页，钢筋混凝土灌注桩桩顶与承台的连接构造见 16G101-3 第 104 页。

问题 9：双柱联合承台底部与顶部配筋应选择哪种构造做法？

答：双柱联合承台底部与顶部配筋构造见 16G101-3 第 99 页，此构造做法为 16G101-3 新增。

问题 10：搁置在基础上的非框架梁应选择哪种构造做法？

答：搁置在基础上的非框架梁见 16G101-3 第 105 页，此构造做法为 16G101-3 新增。

第2章 钢筋翻样基础知识

2.1 钢筋的分类与连接

2.1.1 混凝土结构中钢筋的选用

《混凝土结构设计规范》GB 50010—2010（2015版）第21页4.2条要求混凝土结构中的钢筋按下列规定选用：

（1）纵向受力普通钢筋可采用 HRB400、HRB500、HRBF400、HRBF500、HRB335、RRB400、HPB300 钢筋；梁、柱和斜撑构件的纵向受力普通钢筋宜采用 HRB400、HRB500、HRBF400、HRBF500 钢筋。

（2）箍筋宜采用 HRB400、HRBF400、HPB335、HRB335、HPB300、HRB500、HRBF500 钢筋。

（3）预应力筋宜采用预应力钢丝、钢绞线和预应力螺纹钢筋。

2.1.2 混凝土结构中钢筋的特点

（1）HPB 普通热轧光圆钢筋

普通热轧光圆钢筋（hot rolled plain bars），指经热轧成型，横截面通常为圆形，表面光滑的成品钢筋。HPB300 是指强度级别为 $300/mm^2$ 的热轧光圆钢筋，HPB 是 Hot-rolled Plain Steel Bar 的英文缩写。实际使用中，这种钢筋主要是用于箍筋和拉结筋，也用于剪力墙的水平筋和站筋（竖直钢筋），在使用过程中，大多都需要做弯钩处理。

（2）HRB 系列普通热轧带肋钢筋

普通热轧钢筋（hot rolled bars），按热轧状态交货的钢筋，其金相组织主要是铁素体加珠光体，不得有影响使用性能的其他组织存在。H、R、B 分别为热轧（Hot-rolled）、带肋（Ribbed）、钢筋（Bars）三个词的英文首位字母。HRB 后面的数字，表示其制作材料的力学性能等级，具体数值就是其屈服强度。例如：HRB400 级钢筋是指屈服强度标准值为 $400N/mm^2$ 细晶粒热轧带肋钢筋。HRB 系列钢筋具有较好的延性、可焊性、机械连接性能及施工适用性。推广 400MPa、500MPa 级高强热轧带肋钢筋作为纵向受力的主导钢筋；限制并逐步淘汰 335MPa 级热轧带肋钢筋的应用。

（3）HRBF 系列细晶粒热轧钢筋

细晶粒热轧钢筋（hot rolled bars of fine grains），在热轧过程中，通过控轧和控冷工艺形成的细晶粒钢筋。其金相组织主要是铁素体加珠光体，不得有影响使用性能的其他组织存在晶粒度，晶粒度不粗于 9 级。牌号分别为：HRBF335、HRBF400、HRBF500。HRB-热轧带肋钢筋的英文（HOT ROLLED RIBBED STEEL BAR）缩写，"F"为英文

FINE "细"的首位字母。通过控轧控冷工艺获得超细组织，从而在不增加合金含量的基础上大幅提高钢材的性能。

（4）RRB 系列余热处理钢筋

余热处理钢筋（quenching and self-tempering ribbed steel bars），热轧后利用热处理原理进行表面控制冷却，并利用芯部余热自身完成回火处理所得的成品钢筋。余热处理钢筋有多种牌号，需要焊接时，应选用 RRB400W 可焊接余热处理钢筋。RRB 是 Remained heat treatment ribbed steel bars 英文名称的缩写。RRB400 余热处理钢筋由轧制钢筋经高温摔水，余热处理后提高强度，资源能源消耗低、生产成本低。其延性、可焊性、机械连接性能及施工适应性也相应降低，一般可用于对变形性能及加工性能要求不高的构件中，如延性要求不高的基础、大体积混凝土、楼板以及次要的中小结构构件等。

（5）冷轧带肋钢筋

冷轧带肋钢筋（cold-rolled ribbed steel wires and bars），热轧圆盘条经冷轧后，在其表面带有沿长度方向均匀的三面或二面横肋的钢筋。冷轧带肋钢筋牌号由 CRB 和钢筋的抗拉强度最小值构成。C、R、B 分别为冷轧（Cold-rolled）、带肋（Ribbed）、钢筋（Bars）三个词的英文首位字母。冷轧带肋钢筋分为 CRB550、CRB650、CRB800 和 CRB970 四个牌号。CRB550 为普通钢筋混凝土用钢筋，其他牌号为预应力混凝土钢筋。冷轧带肋钢筋在预应力混凝土构件中，是冷拔低碳钢丝的更新换代产品，在现浇混凝土结构中，则可代换I级钢筋，以节约钢材，是同类冷加工钢材中较好的一种。

（6）冷拔低碳钢丝

冷拔低碳钢丝（cold-drawn low-carbon steel wire），低碳钢热轧圆盘条或热轧光圆钢筋经过一次或多次冷拔制成的光圆钢丝。通常采用直径 6.5 或 8mm 的普通碳素钢热轧盘条，在常温下通过拔丝模引拔而制成的直径 3、4 或 5mm 的圆钢丝。建筑用冷拔低碳钢丝分为甲、乙两级。甲级钢丝主要用于小型预应力混凝土构件的预应力钢材；乙级钢丝一般用作焊接或绑扎骨架、网片或箍筋。

2.1.3 混凝土结构中钢筋的连接

《混凝土结构设计规范》GB 50010—2010（2015 版）第 106 页第 8.4 条、《混凝土结构工程施工规范》GB 50666—2011 第 20 页第 5.4 条对钢筋的连接作了相关规定，《混凝土结构工程施工质量验收规范》GB 50204—2015 第 21 至 24 页对钢筋的加工和连接也作了有关要求。混凝土结构中受力钢筋的连接接头宜设置在受力较小处。在同一根受力钢筋上宜少设接头。在结构的重要构件和关键传力部位，纵向受力钢筋不宜设置连接接头。

钢筋连接的形式（搭接、机械连接、焊接）各自适用于一定的工程条件。各种类型钢筋接头的传力性能（强度、变形、恢复力、破坏状态等）均不如直接传力的整根钢筋，任何形式的钢筋连接均会削弱其传力性能。因此钢筋连接的基本原则为：连接接头设置在受力较小处；限制钢筋在构件同一跨度或同一层高内的接头数量；避开结构的关键受力部位，如柱端、梁端的箍筋加密区，并限制接头面积百分率等。钢筋接头的方式主要有以下几类；

（1）绑扎连接

钢筋绑扎连接的基本原理，是将两根钢筋搭接一定长度，用细铁丝将搭接部分多道绑扎牢固。混凝土中的绑扎搭接接头在承受荷载后，一根钢筋中的力通过该钢筋与混凝土之间的握裹力传递周围混凝土，再由该部分混凝土传递给另一根钢筋。《混凝土结构设计规范》GB 50010—2010（2015 版）第 106 页 8.4.2 条规定轴心受拉及小偏心受拉杆件的纵向受力钢筋不得采用绑扎搭接；其他构件中的钢筋采用绑扎搭接时，受拉钢筋直径不宜大于 25mm，受压钢筋直径不宜大于 28mm。

（2）焊接连接

钢筋焊接包括闪光对焊、电渣压力焊、气压焊、电弧焊、预埋件钢筋埋弧压力焊等。钢筋焊接时，各种焊接方法的适用范围见《钢筋焊接及验收规程》JGJ 18—2012 第 11 页表 4.1.1。

1）钢筋电阻点焊

将两钢筋（丝）安放成交叉叠接形式，压紧于两电极之间，利用电阻热熔化母材金属，加压形成焊点的一种压焊方法。混凝土结构中钢筋焊接骨架和钢筋焊接网，宜采用电阻点焊制作。钢筋焊接骨架和钢筋焊接网在焊接生产中，当两根钢筋直径不同时，焊接骨架较小直径小于等于 10mm 时，大小钢筋直径之比不宜大于 3 倍；当较小直径为 12～16mm 时，大小钢筋直径之比不宜大于 2 倍。焊接网较小钢筋直径不得小于较大直径的 60％。

2）钢筋闪光对焊

钢筋闪光对焊，是利用对焊机，将两根钢筋端面接触，通以低电压的强电流，利用接触点产生的电阻热使金属融化，产生强烈飞溅、闪光，使钢筋端部产生塑性区及均匀的液体金属层，迅速施加顶锻力而完成的一种电阻焊方法。钢筋闪光对焊可采用连续闪光焊、预热闪光焊或闪光-预热闪光焊工艺方法。连续闪光焊是自闪光一开始就徐徐移动钢筋，工作端面的接触点在高电流密度作用下迅速融化、蒸发、连续爆破，形成连续闪光，接头处逐步被加热。预热闪光焊首先是连续闪光使钢筋预热，接着再连续闪光，最后顶锻。闪光-预热闪光焊是在预热闪光之前，预加闪光阶段，烧去钢筋端部的压伤部分，使其端面比较平整，以保证端面上加热温度比较均匀，提高焊接接头质量。

《钢筋焊接及验收规程》JGJ 18—2012 第 16 页第 4.3 条对钢筋闪光焊作了详细的规定。在生产中，可根据不同条件按下列规定选用：①当钢筋直径较小，钢筋牌号较低，在表 2-1 规定的范围内，可采用"连续闪光焊"，连续闪光焊所能焊接的钢筋直径上限应根据焊机容量、钢筋牌号等具体情况而定，并应符合表 2-1 的规定；②当钢筋直径超过表 2-1 规定，钢筋端部较平整，宜采用"预热闪光焊"；③当钢筋直径超过表 2-1 规定，钢筋端部不平整，应采用"闪光-预热闪光焊"。

连续闪光焊钢筋直径上限　　　　　　　　　　　　　　　　　表 2-1

焊机容量（kVA）	钢筋牌号	钢筋直径（mm）
160 （150）	HPB300	22
	HRB335 HRBF335	22
	HRB400 HRBF400	20
100	HPB300	20
	HRB335 HRBF335	20
	HRB400 HRBF400	18
80 （75）	HPB300	16
	HRB335 HRBF335	14
	HRB400 HRBF400	12

3）箍筋闪光对焊

将待焊箍筋两端以对接形式安放在对焊机上，利用电阻热使接触点金属熔化，产生强烈闪光和飞溅，迅速施加顶锻力，焊接形成封闭环式箍筋的一种压焊方法。箍筋闪光对焊的有关规定见《钢筋焊接及验收规程》JGJ 18—2012 第 39 页第 5.4 条。

4）钢筋焊条电弧焊

电弧焊将焊条作为一级，钢筋作为另一级，利用焊接电流通过产生的高温电弧热进行焊接的一种熔焊方法。选择焊条时，其强度应略高于被焊钢筋。对于重要结构的钢筋接头应选用低氢型碱性焊条。钢筋电弧焊的接头的主要形式有：搭接焊、帮条焊、坡口焊、窄间隙焊等接头形式。《钢筋焊接及验收规程》JGJ 18—2012 第 40 页第 5.5 条对钢筋电弧焊作了详细的规定。

5）钢筋电渣压力焊

电渣压力焊是将两钢筋安放成竖向或斜向（倾斜度在 4：1 的范围内）对接形式，通过直接引弧法或间接引弧法，利用焊接电流通过两钢筋端部间隙，在焊剂层下形成电弧过程和电渣过程，产生电弧热和电阻热，熔化钢筋，加压完成的一种压焊方法。《钢筋焊接及验收规程》JGJ 18—2012 第 26 页第 4.6 条对电渣压力焊作了有关规定。电渣压力焊应用于现浇钢筋混凝土结构中竖向或斜向（倾斜度不大于 10°）的钢筋的连接，不得用于梁、板等构件中水平钢筋的连接。直径 12mm 钢筋电渣压力焊时，应采用小型焊接夹具，上下两根钢筋对正，不偏歪，多做焊接工艺试验，确保焊接质量。不同直径钢筋焊接时径差不得超过 7mm。适用的钢筋牌号及直径范围为：HPB300（12～22mm）、HRB335（12～32mm）、HRB400（12～32mm）、HRB500（12～32mm）。

6）钢筋气压焊

钢筋气压焊是利用氧乙炔火焰或氧液化石油气火焰（或其他火焰），对两根钢筋对接处加热，使其达到热塑形状态（固态）或熔化状态（熔态）后，加压完成的一种压焊方法。《钢筋焊接及验收规程》JGJ 18—2012 第 42 页第 5.7 条对钢筋气压焊作了有关规定。可用于钢筋在垂直位置、水平位置或倾斜位置的对接焊接。不同直径钢筋焊接时径差不得超过 7mm。气压焊（固态或熔态）适用的钢筋牌号及直径范围为：HPB300（12～22mm）、HRB335（12～42mm）、HRB400（12～42mm）、HRB500（12～32mm）。

7）预埋件钢筋埋弧压力焊

预埋件钢筋埋弧压力焊，将钢筋和钢板安放成 T 型接头形式，利用焊接电流通过，在焊剂层下产生电弧，形成溶池，加压完成的一种压焊方法。钢筋与预埋件 T 形接头的焊接应采用埋弧压力焊，也可用电弧焊或穿孔塞焊，但焊接电流不宜大，以防烧伤钢筋。《钢筋焊接及验收规程》JGJ 18—2012 第 30 页第 4.8 条对预埋件钢筋埋弧压力焊的焊接设备、工艺过程、焊接参数等作了详细的说明。

8）预埋件钢筋埋弧螺柱焊

用电弧螺柱焊焊枪夹持钢筋，使钢筋垂直对准钢板，采用螺柱焊电源设备产生强电流、短时间的焊接电弧，在熔剂层保护下使钢筋焊接端面与钢板间产生熔池后，适时将钢筋插入熔池，形成 T 形接头的焊接方法。《钢筋焊接及验收规程》JGJ 18—2012 第 31 页第 4.9 条对预埋件钢筋埋弧螺柱焊作了相关规定。

钢筋焊接时，各种焊接方法的适用范围应符合《钢筋焊接及验收规程》JGJ 18—2012

中的规定，如表 2-2 所示。

钢筋焊接方法的适用范围　　　　　　　　　　　表 2-2

焊接方法			适用范围	
			钢筋牌号	钢筋直径（mm）
电阻点焊			HPB300	6～16
			HRB335 HRBF335	6～16
			HRB400 HRBF400	6～16
			HRB500 HRBF500	6～16
			CRB550	4～12
			CDW550	3～8
闪光对焊			HPB300	8～22
			HRB335 HRBF335	8～40
			HRB400 HRBF400	8～40
			HRB500 HRBF500	8～40
			RRB400W	8～32
箍筋闪光对焊			HPB300	6～18
			HRB335 HRBF335	6～18
			HRB400 HRBF400	6～18
			HRB500 HRBF500	6～18
			RRB400W	6～18
电弧焊	帮条焊	双面焊	HPB300	10～22
			HRB335 HRBF335	10～40
			HRB400 HRBF400	10～40
			HRB500 HRBF500	10～32
			RRB400W	10～25
		单面焊	HPB300	10～22
			HRB335 HRBF335	10～40
			HRB400 HRBF400	10～40
			HRB500 HRBF500	10～32
			RRB400W	10～25
电渣压力焊			HPB300	12～22
			HRB335	12～32
			HRB400	12～32
			HRB500	12～32
气压焊	固态		HPB300	12～22
			HRB335	12～40
	熔态		HRB400	12～40
			HRB500	12～32
电弧焊	预埋件钢筋	角焊	HPB300	6～22
			HRB335 HRBF335	6～25
			HRB400 HRBF400	6～25
			HRB500 HRBF500	10～20
			RRB400W	10～20

焊接方法			适用范围	
			钢筋牌号	钢筋直径（mm）
电弧焊	预埋件钢筋	穿孔塞焊	HPB300	20～22
			HRB335 HRBF335	20～32
			HRB400 HRBF400	20～32
			HRB500 HRBF500	20～28
			RRB400W	20～28
		埋弧压力焊	HPB300	6～22
		埋弧螺柱焊	HRB335 HRBF335	6～28
			HRB400 HRBF400	6～28

（3）钢筋机械连接

钢筋机械连接，通过钢筋与连接件或其他介入材料的机械咬合作用或钢筋端面的承压作用，将一根钢筋中的力传递至另一根钢筋的连接方法。在粗直径的钢筋连接中，钢筋机械连接方法有广阔的应用前景。钢筋机械连接的性能要求、接头应用、接头形式检验、接头的现场加工与安装、接头的现场检验与验收等要求见《钢筋机械连接技术规程》JGJ 107—2016。

1）套筒挤压接头

套筒挤压接头，通过挤压力使连接件钢套筒塑性变形与带肋钢筋紧密咬合形成的接头。钢筋套筒挤压连接有轴向挤压和径向挤压两种方式，现常用径向挤压。钢筋径向挤压连接工艺的基本原理是：将两根待接钢筋端头插入钢套筒，用液压压接钳径向挤压套筒，使之产生塑性变形与带肋钢筋紧密咬合，由此产生摩擦力和抗剪力来传递钢筋连接处的轴向荷载。适用于直径 18～50mm 的 HRB335、HRB400 钢筋，操作净距大于 50mm 的各种场合。

2）锥螺纹接头

锥螺纹接头，通过钢筋端头特制的锥形螺纹和连接件锥螺纹咬合形成的接头。适用于按一、二级抗震等级设防的混凝土结构中直径为 16～40mm 的 HRB335、HRB400 的竖向、斜向和水平钢筋的现场连接施工。

3）直螺纹套筒接头

钢筋直螺纹连接分为镦粗直螺纹和滚轧直螺纹两类。镦粗直螺纹接头又分为冷镦粗和热镦粗直螺纹两种，钢筋冷镦粗直螺纹连接的基本原理是：通过钢筋镦粗机把钢筋镦头镦粗，再切削成直螺纹，然后用直螺纹的连接套筒将被连钢筋两端拧紧完成连接。

钢筋滚轧直螺纹接头，通过钢筋端头直接滚轧或剥肋后滚轧制作的直螺纹和连接件螺纹咬合形成的接头。滚轧直螺纹适用于中等或较粗直径的 HRB335、HRB400 带肋钢筋和 RRB400 余热处理钢筋的连接。

2.2 钢筋翻样有关术语

2.2.1 钢筋翻样

建筑工地的技术人员、钢筋工长或班组长，把建筑施工图纸和结构图纸中各种各样的钢筋样式、规格、尺寸以及所在位置，按照国家设计施工规范的要求，详细地列出清单，画出简图，作为作业班组进行钢筋绑扎、工程量计算的依据。

钢筋翻样在实际应用过程中分为两类：

1. 预算翻样，是指在设计与预算阶段对图纸进行钢筋翻样，以计算图纸中钢筋的含量，用于钢筋的造价预算；

2. 施工翻样，是指在施工过程中，根据图纸详细列示钢筋混凝土结构中钢筋构件的规格、形状、尺寸、数量、重量等内容，以形成钢筋构件下料单，方便钢筋工按料单进行钢筋构件制作。

2.2.2　钢筋下料

在施工现场，钢筋下料指的是钢筋加工工人按照技术人员或钢筋工长所提供的钢筋配料单进行加工成型的过程，所以钢筋下料是一个体力劳动，大家通常所说的钢筋下料应该指的是施工现场的钢筋翻样。

钢筋下料要考虑的因素：

1. 由于施工现场情况比较复杂，下料时需要施工进度和施工流水段，考虑施工流水段之间的插筋和搭接，还需根据现场情况进行钢筋的代换和配置。

2. 钢筋下料必须考虑钢筋的弯曲延伸率，钢筋弯曲后，弯曲处内皮收缩、外皮延伸、轴线不变，弯曲处形成圆弧，弯曲后尺寸不大于下料尺寸，应考虑弯曲调整值，否则加工后钢筋超出图纸尺寸。

3. 优化下料，下料需要考虑在规范允许的钢筋断点范围内达到一个钢筋长度最优组合的形式，尽量与钢筋的定尺长度的模数吻合，如钢筋的定尺长度为 9m，那么下料时可下长度 3m、4.5m、6m、12m、13.5m、15m、18m 等，以达到节约人工、机械和钢筋的目的；

4. 优化断料，下料单出来以后现场截料时优化、减少短料和废料，尽量减少和缩短钢筋接头，以节约钢筋。

5. 钢筋下料对计算精度要求较高，钢筋的长短根数和形状都要绝对的正确无误，否则将影响施工工期和质量，浪费人工和材料。预算可以容许一定的误差，这个地方多算了，另一个少算可以相互抵消，但下料却不行，尺寸不对无法安装，极有可能造成返工和浪费。

6. 钢筋下料需考虑接头的位置，钢筋接头的具体要求见《混凝土结构设计规范》GB 50010—2010（2015 版）第 106 页第 8.4 条。

2.2.3　钢筋预算

钢筋预算是依据施工图纸、标准图集、国家相关的规范和定额加损耗进行计算，在计算钢筋的接头数量和搭接时主要依据的是定额的规定，主要重视量的准确性。在施工前甚至在可行性研究、规划、方案设计阶段要对钢筋建筑工程估算，对钢筋进行估算和概算，不像钢筋下料这样详细。

2.2.4　钢筋预算与钢筋翻样的区别

钢筋翻样和钢筋预算没有本质上的区别，依据的规范、图集是相同的，只是这么多年来预算人员养成了一个预算就是粗算的习惯，只要得出一个比较准确的结果即可，快速地确定工程造价。具体的工程量在结算时再根据钢筋工长或钢筋翻样人员提供的钢筋配料单与甲方进行结算。其实在前期招投标阶段如果能准确地计算出钢筋工程量的话，那么后期双方承担的风险就会少了很多，但是前期由于时间的关系及诸多客观原因，其实最重要的原因还是大部分预算人员不了解钢筋工程的加工、绑扎全过程的施工工艺流程及施工现场的实际情况，所以根本也没有办法计算出十分准确的钢筋工程量。

钢筋预算主要重视量的准确性。但是由于钢筋工程本身具有不确定性，计算钢筋的长度及重量不像计算构件的体积及面积之类的工程量，计算土建工程量是根据构件的截面尺寸进行计算，且数字是唯一的；而计算钢筋工程量时考虑的因素有很多，且站在不同的立场所思考的方式是不尽相同的，即使按照国标规范也有不同的构造做法，几乎不会出现同一工程不同的人计算出的结果完全相同，总会有或多或少的差异，预算只需要在合理的范围内，存在误差是可以的。

钢筋翻样不仅要重视量的准确性，而且钢筋翻样时首先要做到不违背工程设计图纸、设计指定国家标准图集、国家施工验收规范、各种技术规程的基础上，结合施工方案及现场实际情况，再考虑合理的利用进场的原材料长度且便于施工为出发点，做到长料长用、短料短用，尽量使废料降到最低损耗；同时由于翻样工作与现场实际施工密切相关，而且钢筋翻样还与每个翻样的人员经验结合，同时考虑与钢筋工程施工的劳务队伍的操作习惯相结合，从而达到降低工程成本的目的而进行钢筋翻样。

2.3 钢筋弯曲调整值

2.3.1 钢筋弯曲调整值概念

钢筋弯曲调整值又称钢筋"弯曲延伸率"和"度量差值"，这主要是由于钢筋在弯曲过程中外侧表面受拉伸长，内侧表面受压缩短，钢筋中心线长度保持不变。钢筋弯曲后，在弯折点两侧，外包尺寸与中心线弧长之间有一个长度差值，这个长度差值称为弯曲调整值也叫度量差。

2.3.2 钢筋标注长度和下料长度

钢筋的图示尺寸（图 2-1 和图 2-2）与钢筋的下料长度（图 2-3）是两个不同的概念，钢筋图示尺寸是构件截面长度减去钢筋混凝土保护层厚度后的长度。

图 2-1　钢筋图示尺寸

钢筋下料长度是钢筋图示尺寸减去钢筋弯曲调整值后的长度。

钢筋弯曲调整值是钢筋外皮延伸的值，钢筋调整值＝钢筋弯曲范围内钢筋外皮尺寸之和-钢筋弯曲范围内钢筋中心线圆弧周长，这个差值就是钢筋弯曲调整值，是钢筋下料必须考虑的值。

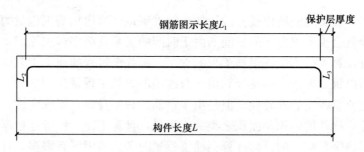

图 2-2　钢筋翻样简图

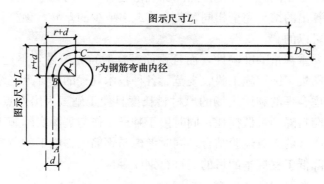

图 2-3　钢筋下料长度

如图 2-2 所示，L_1＝构件长度 $L-2×$保护层厚度，钢筋图示尺寸$=L_1+L_2+L_3$

《建设工程工程量清单计价规范》GB 50500—2013 要求钢筋长度按钢筋图示尺寸计算，所以钢筋的图示尺寸就是钢筋的预算长度。钢筋的下料长度是钢筋的图示尺寸减去钢筋弯曲调整值。

钢筋下料长度$=L_1+L_2+L_3-2×$弯曲调整值，钢筋弯曲后钢筋内皮缩短外皮增长而中心线不变。由于我们通常按钢筋外皮尺寸标注，所以钢筋下料时须减去钢筋弯曲后的外皮延伸长度。

根据钢筋中心线不变的原理：钢筋下料长度$=AB+BC$ 弧长$+CD$，见图 2-3。设钢筋弯曲 90°，$r=2.5d$

$$AB = L_2 - (r+d) = L_2 - 3.5d \quad CD = L_1 - (r+d) = L_1 - 3.5d$$

$$BC \text{ 弧长} = 2 × \pi × \left(r + \frac{d}{2}\right) × 90°/360° = 4.71d$$

$$钢筋下料长度 = L_2 - 3.5d + 4.71d + L_1 - 3.5d = L_1 + L_2 - 2.29d$$

2.3.3　钢筋弯弧内直径的取值

《混凝土结构工程施工质量验收规范》GB 50204—2015 中第 5.3.1 条和 5.3.2 条、《混凝土结构工程施工规范》GB 50666—2011 中第 5.3.4 条和 5.3.6 条规定对钢筋弯弧内直径的取值作了有关规定，具体如下所述：

钢筋弯折的弯弧内直径应符合下列规定：

（1）光圆钢筋，不应小于钢筋直径的 2.5 倍；

（2）335MPa 级、400MPa 级带肋钢筋，不应小于钢筋直径的 4 倍；

（3）500MPa 级带肋钢筋，当直径为 28mm 以下时，不应小于钢筋直径的 6 倍，当直径为 28mm 及以上时，不应小于钢筋直径的 7 倍；

（4）位于框架结构的顶层端节点处的梁上部纵向钢筋和柱外侧纵向钢筋，在节点角部弯折处，当钢筋直径为 28mm 以下时，弯弧内直径不宜小于钢筋直径的 12 倍，钢筋直径为 28mm 及以上时，弯弧内直径不宜小于钢筋直径的 16 倍；

（5）箍筋弯折处的弯弧内直径尚不应小于纵向受力钢筋直径；箍筋弯折处纵向受力钢筋为搭接钢筋或并筋时，应按钢筋实际排布情况确定箍筋弯弧内直径。

箍筋、拉筋的末端应按设计要求作弯钩，并应符合下列规定：

（1）对一般结构构件，箍筋弯钩的弯折角度不应小于 90°，弯折后平直部分长度不应小于箍筋直径的 5 倍；对有抗震设防及设计有专门要求的结构构件，箍筋弯钩的弯折角度不应小于 135°，弯折后平直部分长度不应小于箍筋直径的 10 倍和 75mm 的较大值；

（2）圆柱箍筋的搭接长度不应小于钢筋的锚固长度，两末端均应作 135°弯钩，弯折后平直部分长度对一般结构构件不应小于箍筋直径的 5 倍，对有抗震设防要求的结构构件不应小于箍筋直径的 10 倍和 75mm 的较大值；

（3）拉筋用作梁、柱复合箍筋中的单肢箍筋或梁腰筋间的拉结筋时，两端弯钩的弯折角度均不应小于 135°，弯折后平直部分长度不应小于拉筋直径的 10 倍和 75mm 的较大值；拉筋用作剪力墙、楼板构件中的拉结筋时，两端可采用一端 135°另一端 90°，弯折后平直部分长度不应小于箍筋直径的 5 倍。

2.3.4 钢筋弯曲调整值推导

图 2-4 和图 2-5 中：d 为钢筋直径；D 为钢筋弯曲直径；r 为钢筋弯曲半径；α 为钢筋弯曲角度。

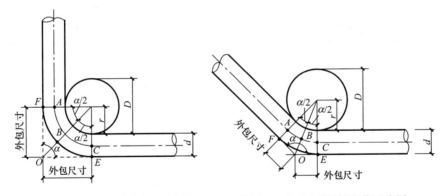

图 2-4 直角型钢筋弯曲示意图　　　图 2-5 小于 90°钢筋弯曲示意图

$$ABC\ 弧长 = \left(r+\frac{d}{2}\right)\times 2\pi \times \alpha/360 = \left(r+\frac{d}{2}\right)\times \pi \times \alpha/180$$

$$OE = OF = (r+d)\times \tan(\alpha/2)$$

钢筋弯曲调整值＝$OE+OF-ABC$ 弧长＝$2\times(r+d)\times\tan(\alpha/2)-\left(r+\dfrac{d}{2}\right)\times\pi\times\alpha/180$

钢筋弯曲 90°中心线弧长＝$(R+0.5d)\times 3.14\times 90/180$

钢筋弯曲 60°中心线弧长＝$(R+0.5d)\times 3.14\times 60/180$

钢筋弯曲 45°中心线弧长＝$(R+0.5d)\times 3.14\times 45/180$

钢筋弯曲 30°中心线弧=$(R+0.5d)\times3.14\times30/180$

当钢筋弯弧内半径为 1.25d，中心线弧长如下所示：

钢筋弯曲 90°中心线弧长=$1.75d\times3.14\times90/180=2.75d$

钢筋弯曲 60°中心线弧长=$1.75d\times3.14\times60/180=1.83d$

钢筋弯曲 45°中心线弧长=$1.75d\times3.14\times45/180=1.37d$

钢筋弯曲 30°中心线弧长=$1.75d\times3.14\times30/180=0.92d$

钢筋弯曲两侧外包尺寸：

钢筋弯曲 90°两侧外包尺寸=$OE+OF=2\times2.25d\times\tan45°=4.5d$

钢筋弯曲 60°两侧外包尺寸=$OE+OF=2\times2.25d\times\tan30°=2.6d$

钢筋弯曲 45°两侧外包尺寸=$OE+OF=2\times2.25d\times\tan22.5°=1.86d$

钢筋弯曲 30°两侧外包尺寸=$OE+OF=2\times2.25d\times\tan15°=1.21d$

钢筋弯曲调整值=外包尺寸之和－中心线弧长

钢筋弯曲 90°弯曲调整值=$4.5d-2.75d=1.75d$

钢筋弯曲 60°弯曲调整值=$2.6d-1.83d=0.77d$

钢筋弯曲 45°弯曲调整值=$1.86d-1.37d=0.49d$；

钢筋弯曲 30°弯曲调整值=$1.21d-0.92d=0.29d$

其他角度和弯曲内径弯曲调整值以此类推，钢筋弯曲调整值见表 2-3。

钢筋弯曲调整值　　　　　　　　　　　　　　　　　　　　表 2-3

弯曲角度＼弯曲内半径	$R=1.25d$	$R=2.5d$	$R=3d$	$R=4d$	$R=6d$	$R=8d$
30°	0.29	0.3	0.31	0.32	0.35	0.37
45°	0.49	0.54	0.56	0.61	0.7	0.79
60°	0.77	0.9	0.96	1.06	1.28	1.5
90°	1.75	2.29	2.5	2.93	3.79	4.65

2.4　弯钩长度计算

2.4.1　箍筋下料长度计算

（1）箍筋 135°弯钩增加长度计算

箍筋弯钩角度为 135°，弯钩平直段长度大于 10d 且不少于 75mm，设箍筋 135°弯曲内半径为 1.25d，则圆轴直径为 $D=2.5d$（内径 $R=1.25d$），一般箍筋是小规格钢筋，钢筋弯曲直径 2.5d 即可满足要求，也与构件纵向钢筋比较吻合。箍筋弯钩下料长度其实就是箍筋中心线长度（图 2-6 和图 2-7），计算如下：

$$中心线长度 = b+ABC 弧长+10d$$

$$135°的中心线 ABC 弧长 = \left(R+\frac{d}{2}\right)\times\pi\times\theta/180$$

$$= (1.25d+0.5d)\times3.14\times135/180 = 4.12d$$

$$135°弯钩外包长度 = d+1.25d = 2.25d$$

$$135°弯钩钢筋量度差 = 外包长度－中心线长度 = 2.25d-4.12d = -1.87d \approx -1.9d$$

B＝箍筋边长 a－箍筋直径－箍筋弯曲内半径＝$a-d-1.25d=a-2.25d$

设箍筋平直段长度为 $10d$，则

箍筋弯钩下料长度＝$b+4.12d+10d=a-2.25d+4.12d+10d=a+11.9d$

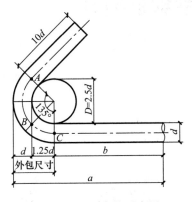

图 2-6 135°弯钩示意图

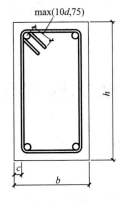

图 2-7 箍筋简图

（2）箍筋下料长度计算

图 2-7 箍筋下料长度为＝$(b+h)\times2-8c+1.9d\times2+\max(10d, 75)\times2-3\times1.75d$

箍筋 135°弯钩下料长度 11.9d 是按钢筋中心线推导，已考虑了钢筋弯曲延伸值，所以在计算箍筋下料长度时只需扣除其他 3 个直角的弯曲调整值即可。

如果对箍筋弯曲内径有特殊要求，那么弯钩长度重新计算。

（3）箍筋外包预算长度：

图 2-7 中箍筋外包长度为＝$(b+h)\times2-8c+1.9d\times2+\max(10d, 75)\times2$

2.4.2 180°弯钩长度计算

根据《混凝土结构工程施工规范》GB 50666—2011 中第 5.3.5 条要求受拉的 HPB300 级钢筋末端应做 180°弯钩，其弯弧内直径不少于 2.5 倍钢筋直径，弯钩平直段长度不小于 3d。

简图如图 2-8 所示，180°弯钩长度计算如下：

中心线长＝b＋ABC 弧长＋$3d=b+\pi\times(0.5D+0.5d)+3d$

将 $D=2.5d$ 代入得

中心线长＝$b+\pi\times(0.5\times2.5d+0.5d)+3d=b+8.495d$

将 $b+2.25d=a$ 代入上式得

中心线长＝$b+8.495d=a-2.25d+8.495d=a+6.245d\approx a+6.25d$

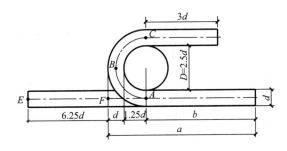

图 2-8 180°弯钩计算简图

33

第 3 章　柱钢筋翻样

3.1　柱的类型及计算项目

3.1.1　柱的类型

1. 框架柱

在框架结构中承受梁和板传来的荷载，并将荷载传给基础，是主要的竖向受力构件。

2. 框支柱

因为建筑功能要求，下部大空间，上部部分竖向构件不能直接连续贯通落地，而通过水平转换结构与下部竖向构件连接。当布置的转换梁支撑上部的剪力墙的时候，转换梁叫框支梁，支撑框支梁的柱子就叫做框支柱。

3. 芯柱

它不是一根独立的柱子，隐藏在柱内。当柱截面较大时，由设计人员计算柱的承力情况，当外侧一圈钢筋不能满足承力要求时，在柱中再设置一圈纵筋。由柱内侧钢筋围成的柱称之为芯柱。芯柱设置是使抗震柱等竖向构件在消耗地震能量时有适当的延性，满足轴压比要求。芯柱边长为矩形柱边长或圆柱直径的 1/3。芯柱钢筋构造同框架柱。

4. 梁上柱

柱的生根不在基础而在梁上的柱称之为梁上柱。主要出现在结构或建筑布局发生变化时。

5. 墙上柱

柱的生根不在基础而在墙上的柱称之为墙上柱。建筑物上下结构或建筑布局发生变化时。以下不属于平法范畴但在施工中会遇到的柱类型有：

（1）异体柱：指柱身沿高度方向发生变化如斜柱折柱。

（2）异形柱：异形柱是指在满足结构刚度和承载力等要求的前提下，根据建筑使用功能，建筑设计布置的要求而采取不同几何形状截面的柱，例如：T、L、Z 十字形等形状截面的柱，且截面各肢的肢高肢厚比不大于 4 的柱。

（3）排架柱：排架柱是单层厂房的承重构件，排架柱与屋架构成单跨或多跨、等高或不等高的排架结构。柱与屋架铰接，与基础刚接。

（4）构造柱：在砌体房屋墙体的规定部位，按构造配筋，并按先砌墙后浇灌混凝土柱的施工顺序制成的混凝土柱，通常称为混凝土构造柱，简称构造柱。

3.1.2　柱工程量计算

柱中要计算的钢筋见表 3-1。

柱中要计算的钢筋 表 3-1

钢筋类别	钢筋名称	钢筋特征	
柱钢筋	纵筋	基础插筋	
		底层纵筋	
		中间层纵筋	
		变化纵筋	根数变化
			直径变化
			截面变化
		顶层纵筋	角柱
			中柱
			边柱
	箍筋	矩形普通箍筋	
		矩形复核箍筋	
		圆箍筋	
		螺旋箍筋	
		异形箍筋	
	拉筋	同时钩住箍筋和纵筋	
		只钩住纵筋	

3.2 框架柱钢筋计算公式

3.2.1 纵筋长度计算

1. 基础层插筋计算

柱纵向钢筋在基础中的构造按照 16G101-3 图集第 66 页设置，当保护层厚度>5d 且基础高度满足直锚时采用构造（a）；当保护层厚度≤5d 且基础高度满足直锚时采用构造（b）；当保护层厚度>5d 且基础高度不满足直锚时采用构造（c）；当保护层厚度≤5d 且基础高度不满足直锚时采用构造（d）。构造（a）、（b）中插筋的弯折长度为 max(6d，150)，构造（c）、（d）中插筋的弯折长度为 15d。基础层插筋如图 3-1 所示。

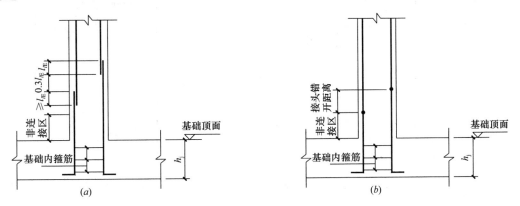

图 3-1 柱插筋计算示意图
（a）绑扎连接；（b）焊接或机械连接

（1）柱纵筋采用绑扎连接时

短插筋：弯折长度 a＋竖直长度 h_1＋非连接区高度＋搭接长度 l_{lE}

长插筋：短插筋长度＋$0.3l_{lE}$＋l_{lE}

（2）框架柱中纵筋接头通常为焊接或机械连接，搭接长度为零，则长插筋和短插筋的长度分别为：

短插筋：弯折长度 a＋竖直长度 h_1＋非连接区长度

长插筋：短插筋长度＋接头错开距离（机械连接为 $35d$，焊接为$\geqslant 500$，$\geqslant 35d$）

注：当无地下室时：基础顶面处的非连接区高度为 $H_n/3$，H_n 为首层柱净高，h_c 为首层柱长边尺寸。

当有地下室时：基础顶面处的非连接区高度为 $\max(H_n/6, h_c, 500)$。

2. 地下一层纵筋长度计算

地下室抗震 KZ 纵向钢筋连接构造按照 16G101-1 第 64 页设置，如图 3-2 所示。

（1）绑扎连接

纵筋长度＝地下一层层高－（地下一层非连接区）＋一层非连接区＋搭接长度 l_{lE}

（2）焊接或机械连接时

纵筋长度＝地下一层层高－（地下一层非连接区）＋一层非连接区长度

如果出现多层地下室，只有嵌固部位处的非连接区长度为 $H_n/3$，其余均为（$\geqslant H_n/6$，$\geqslant h_c$，$\geqslant 500$）取大值。

3. 一层柱子主筋长度

（1）绑扎连接：

纵筋长度＝首层层高－首层非连接区长度 $H_n/3$＋$\max(H_n/6, h_c, 500)$＋搭接长度 l_{lE}

（2）焊接或机械连接时，如图 3-3 所示。

纵筋长度＝首层层高－首层非连接区长度 $H_n/3$＋$\max(H_n/6, h_c, 500)$

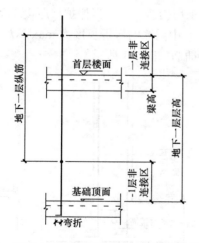

图 3-2　地下一层柱纵筋示意图（焊接或机械连接）

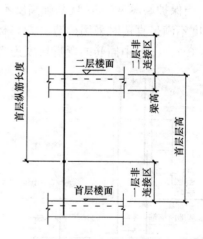

图 3-3　一层柱纵筋示意图（焊接或机械连接）

4. 中间层柱纵筋长度

中间层柱纵筋如图 3-4 所示。

1）绑扎连接

纵筋长度＝中间层层高－当前层非连接区长度＋（当前层＋1）非连接区长度＋搭接长度 l_{lE}

2）焊接或机械连接时

纵筋长度＝中间层层高－当前层非连接区长度＋（当前层＋1）非连接区长度

非连接区长度为：$\max(H_n/6, h_c, 500)$

5. 顶层柱纵筋长度

顶层柱分角柱、边柱、中柱三种情况，如图 3-5 所示。

（1）中柱

中柱按照 16G101-1 图集第 68 页设置，常见的构造做法如图 3-6 所示，当直锚长度≥l_{aE}时采用构造④；当直锚长度＜l_{aE}时采用构造①或②。

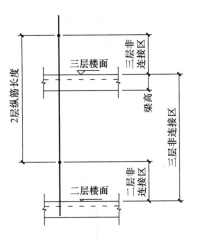

图 3-4　中间层柱纵筋示意图
（焊接或机械连接）

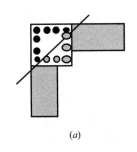

（a）

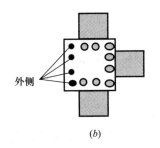

（b）

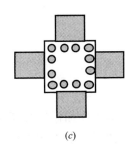

（c）

图 3-5　边、角、中柱示意图
（a）角柱；（b）边柱；（c）中柱

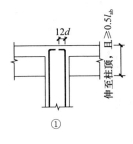

①

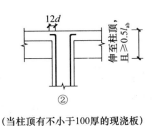

②

（当柱顶有不小于100厚的现浇板）

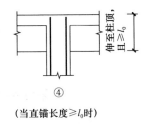

④

（当直锚长度≥l_0时）

图 3-6　中柱柱顶纵向钢筋构造

1）绑扎连接

长纵筋：＝顶层层高－顶层非连接区－梁高＋锚固长度

短纵筋：＝长纵筋－$1.3l_{lE}$

注：当直锚长度≥l_{aE}时，锚固长度＝$\max$（梁高－保护层＋12d，$0.5l_{aE}$＋12d）；当直锚长度＜l_{aE}时，锚固长度＝$\max$（梁高－保护层，l_{aE}）；

2）焊接或机械连接

长纵筋＝顶层层高－顶层非连接区－梁高＋锚固长度

短纵筋＝长纵筋长度－接头错开距离

注：当直锚长度<l_{aE}时，锚固长度＝max(梁高－保护层＋12d，0.5l_{abE}＋12d)；当直锚长度≥l_{aE}时，锚固长度＝max(梁高－保护层，l_{aE})，如图3-7所示。

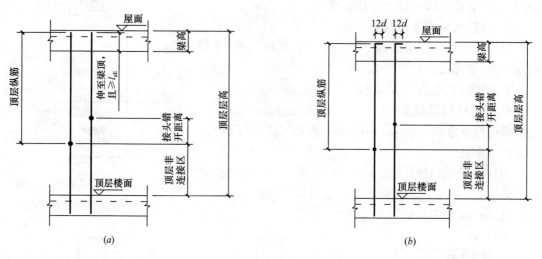

图3-7 顶层中柱纵筋
(*a*) 直锚长度≥l_{aE}；(*b*) 直锚长度<l_{aE}

(2) 边柱、角柱

顶层边柱和角柱按照16G101-1第67页设置，共有5种构造，节点①、②、③、④应配合使用，节点④不应单独使用(仅用于为伸入梁内的柱外侧纵筋锚固)，伸入梁内的柱外侧纵筋不宜少于柱外侧全部纵筋面积的65%，可以选择②＋④或①＋②＋④或①＋③＋④的做法。节点⑤用于梁、柱纵向钢筋接头沿节点柱外侧直线布置的情况，可与节点①组合使用。以②＋④做法为例，讲解顶层边柱和角柱纵筋计算方法，节点②＋④如图3-8所示。

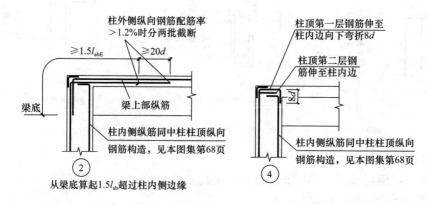

图3-8 KZ边柱和角柱②、④钢筋构造

1) 绑扎连接时，顶层边柱、角柱外侧纵筋长度

①号长纵筋，长度＝顶层层高－顶层非连接区－梁高＋锚固长度

①号短纵筋长度＝长纵筋长度－1.3l_{lE}

注：锚固长度＝1.5l_{abE}(未考虑分批截断时)，锚固长度＝1.5l_{abE}＋20d(考虑分批截

断时）。

②号长纵筋，长度＝顶层层高－顶层非连接区－梁高＋锚固长度

注：锚固长度＝梁高－主筋顶部保护层厚度＋柱宽－2×箍筋保护层厚度－2×箍筋直径＋8d

②号短纵筋，长度＝长纵筋长度－1.3l_{lE}

③号长纵筋，长度＝顶层层高－顶层非连接区＋锚固长度

注：锚固长度＝梁高－主筋顶部保护层厚度＋柱宽－2×箍筋保护层厚度－2×箍筋直径

③号短纵筋，长度＝长纵筋长度－1.3l_{lE}

2）绑扎连接时，顶层边柱、角柱内侧纵筋长度

④号长纵筋，长度＝顶层层高－顶层非连接区－梁高＋锚固长度

④号短纵筋，长度＝长纵筋长度－1.3l_{lE}

注：直锚长度＜l_{aE}时：锚固长度＝max(梁高－主筋顶部保护层厚度＋12d，0.5l_{abE}＋12d)；直锚长度≥l_{aE}时：锚固长度＝max(梁高－主筋顶部保护层厚度＋12d，0.5l_{abE}＋12d)；

⑤号长纵筋，长度＝顶层层高－顶层非连接区－梁高＋锚固长度

⑥号短纵筋，长度＝长纵筋长度－1.3l_{lE}

注：锚固长度＝max(梁高－主筋顶部保护层厚度，l_{aE})

3）焊接或机械连接时，如图3-9所示，顶层边柱、角柱外侧纵筋长度

①号长纵筋，长度＝顶层层高－顶层非连接区－梁高＋锚固长度→外侧

①号短纵筋，长度＝长纵筋长度－接头错开距离

注：锚固长度＝1.5l_{abE}（未考虑分批截断时），锚固长度＝1.5l_{abE}＋20d（考虑分批截断时）。

②号长纵筋，长度＝顶层层高－顶层非连接区－梁高＋锚固长度

②号短纵筋，长度＝长纵筋长度－接头错开距离

注：锚固长度＝梁高－主筋顶部保护层厚度＋柱宽－2×箍筋保护层厚度－2×箍筋直径＋8d

③号长纵筋，长度＝顶层层高－顶层非连接区－梁高＋锚固长度

③号短纵筋，长度＝长纵筋长度－接头错开距离

注：锚固长度＝梁高－主筋顶部保护层厚度＋柱宽－2×箍筋保护层－2×箍筋直径

4）焊接或机械连接时，顶层边柱、角柱内侧纵筋长度

④号长纵筋，长度＝顶层层高－顶层非连接区－梁高＋锚固长度

④号短纵筋，长度＝长纵筋长度－接头错开距离

注：直锚长度＜l_{aE}时：锚固长度＝max(梁高－主筋顶部保护层厚度＋12d，0.5l_{abE}＋12d)；直锚长度≥l_{aE}时：锚固长度＝max(梁高－主筋顶部保护层厚度＋12d，0.5l_{abE}＋12d)；

⑤号长纵筋，长度＝顶层层高－顶层非连接区－梁高＋锚固长度

⑤号短纵筋，长度＝长纵筋长度－接头错开距离

注：锚固长度＝max(梁高－主筋顶部保护层厚度，l_{aE})。

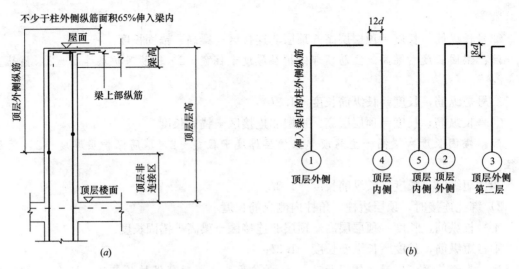

图 3-9　顶层边柱、角柱纵筋示意图

(a) 顶层纵筋；(b) 1～5 号钢筋

3.2.2　箍筋根数计算

1. 基础层

基础箍筋按照 16G101-3 图集第 66 页设置，如图 3-10 所示。

$$根数=\frac{基础高度-纵筋保护层}{间距}+1$$

2. 一层

一层箍筋根数计算如图 3-11 所示，按焊接或机械连接计算。

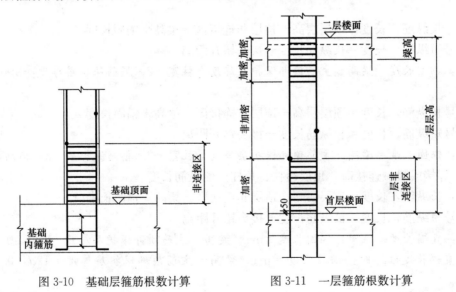

图 3-10　基础层箍筋根数计算　　　　图 3-11　一层箍筋根数计算

（1）加密区根数

$$根部根数=\frac{加密区长度-50}{加密区间距}+1；梁下根数=\frac{加密区长度}{加密区间距}+1；$$

梁高范围根数＝梁高/加密间距

（2）非加密区根数

$$=\frac{非加密区长度}{非加密区间距}-1$$

注：非加密区长度＝一层层高－一层柱根部加密区长度－梁下加密区长度－梁高

总根数＝加密区根数×2＋非加密区根数

3. 中间层

中间层箍筋根数计算如图 3-12 所示，按焊接或机械连接计算。

（1）加密区根数

$$根部根数＝\frac{加密区长度-50}{加密区间距}+1；梁下根数＝\frac{加密区长度}{加密区间距}+1；$$

梁高范围根数＝梁高/加密间距

（2）非加密区根数

$$=\frac{非加密区长度}{非加密区间距}-1$$

注：非加密区长度＝中间当前层层高－当前层柱根部加密区长度－梁下加密区长度－梁高

总根数＝加密区根数×2＋非加密区根数

4. 顶层

顶层箍筋根数如图 3-13 所示，按焊接或机械连接计算。

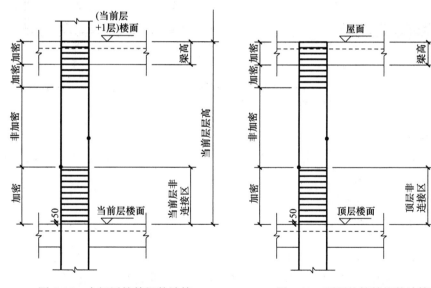

图 3-12 中间层箍筋根数计算　　　图 3-13 顶层柱箍筋根数计算

（1）加密区根数

$$根部根数＝\frac{加密区长度-50}{加密区间距}+1；梁下根数＝\frac{加密区长度}{加密区间距}+1；$$

梁高范围根数＝梁高/加密间距

（2）非加密区根数

$$=\frac{非加密区长度}{非加密区间距}-1$$

注：非加密区长度＝顶层层高－顶层柱根部加密区长度－梁下加密区长度－梁高

总根数＝加密区根数×2＋非加密区根数

3.2.3　箍筋长度计算

拉筋长度计算如图 3-14 所示。

1. 拉筋

同时钩住主筋和箍筋，如图 3-14（a）所示。

4 号拉筋长度＝$(h-c\times2+d\times2)+1.9d\times2+\max(10d，75\mathrm{mm})\times2$，其中 c 为保护层厚度。

只钩住主筋，如图 3-14（b）所示。

4 号拉筋长度＝$(h-c\times2)+1.9d\times2+\max(10d，75\mathrm{mm})\times2$

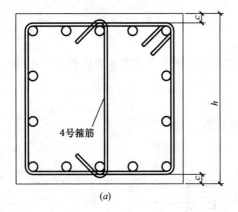
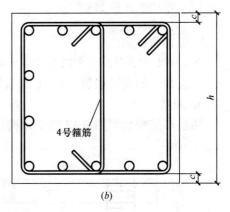

图 3-14　拉筋长度计算

（a）同时钩住主筋和箍筋；（b）只钩住主筋

2. 普通箍筋

（1）1 号箍筋，如图 3-15（a），长度＝$(b-2\times c+h-2\times c)\times2+2\times1.9d+2\times\max(10d，75)$

（2）2 号箍筋，如图 3-15（b）。

间距＝$\dfrac{b-2\times c-2d-D}{b\ \text{边纵筋数}-1}$，其中 d 为 1 号箍筋直径，D 为角筋直径。

2 号箍筋长度＝$[\text{间距}\times\text{间距数 j}+D_1+2\times d_1]\times2+(h-2c)\times2+2\times1.9d+2\max(10d，75)$，其中 d_1 为 2 号箍筋直径，D_1 为 2 号箍筋角部的主筋直径，布筋范围为角筋中心线即 $b-2\times c-2d-D$

（3）3 号箍筋，如图 3-15（c）。

间距＝$\dfrac{h-2\times c-2d-D}{h\ \text{边纵筋数}-1}$，其中 d 为 3 号箍筋直径，D 为角筋直径。

3 号箍筋长度＝$[\text{间距}\times\text{间距 j 数}+D_2+2\times d_2]\times2+(b-2bhc)\times2+2\times1.9d+2\max(10d，75)$，其中 d_2 为 2 号箍筋直径，D_2 为 3 号箍筋角部的主筋直径，布筋范围为角筋中心线即 $b-2\times c-2d-D$

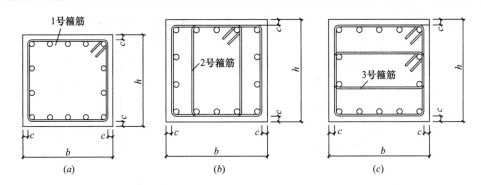

图 3-15 普通箍筋长度计算

(a) 1 号箍筋计算图；(b) 2 号箍筋计算图；(c) 3 号箍筋计算图

3.2.4 主筋变化处理

16G101-1 第 63 页给出了主筋变化时的构造做法，共有上柱钢筋比下柱多、上柱钢筋直径比下柱钢筋直径大、下柱钢筋比上柱多、下柱钢筋直径比上柱钢筋直径大四种情况。以一层、二层柱主筋的变化为例，给出有关钢筋长度的计算公式。

1. 上柱钢筋的根数比下柱多

上柱比下柱多出的钢筋构造如图 3-16 (a) 所示，当采用机械连接或焊接连接时，上柱比下柱多出的钢筋计算示意图如图 3-16 (b) 所示。

(1) ①号、②号上柱主筋

主筋长度＝二层高－二层非连接区＋三层非连接区

(2) ③号上柱插筋

插筋长度＝二层非连接区＋$1.2l_{aE}$

(3) ④号上柱插筋

插筋长度＝二层非连接区＋$1.2l_{aE}$＋二层柱主筋接头错开距离

2. 下柱钢筋的根数比上柱多

下柱比上柱多出的钢筋构造如图 3-17 (a) 所示，当采用机械连接或焊接连接时，下柱比上柱多出的钢筋计算示意图如图 3-17 (b) 所示。

(1) ①号下柱主筋

主筋长度＝一层层高－一层非连接区－梁高＋$1.2l_{aE}$

(2) ②号下柱主筋

主筋长度＝一层层高－一层非连接区－梁高＋$1.2l_{aE}$－一层柱主筋接头错开距离

3. 上柱钢筋直径比下柱钢筋直径大

上柱比下柱大的钢筋构造如图 3-18 (a) 所示，当采用机械连接或焊接连接时，上柱比下柱大的钢筋计算示意图如图 3-18 (b) 所示。

(1) 二层柱①号、②号上柱主筋

主筋长度＝二层层高－二层非连接区＋三层非连接区

(2) 一层③号上柱插筋

主筋长度＝二层非连接区＋梁高＋二层非连接区

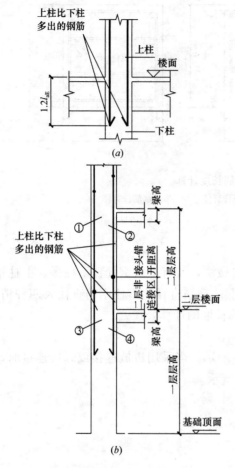

图 3-16　上柱钢筋的根数比下柱多
(a) 上柱比下柱多出的钢筋构造；
(b) 上柱比下柱多出的钢筋计算示意图

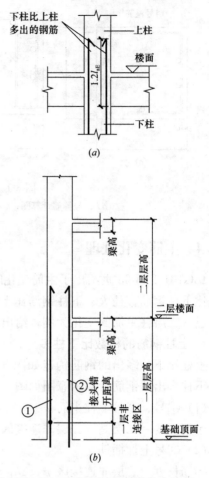

图 3-17　下柱钢筋的根数比上柱多
(a) 下柱比上柱多出的钢筋构造；
(b) 下柱比上柱多出的钢筋计算示意图

（3）一层④号上柱插筋

插筋长度＝二层非连接区＋二层柱主筋接头错开距离＋梁高
　　　　　＋二层非连接区＋二层柱主筋接头错开距离

（4）一层柱⑤号主筋

主筋长度＝一层层高－一层非连接区－梁高－二层非连接区

（5）一层柱⑥号主筋

主筋长度＝（一层层高－一层非连接区－首层柱主筋接头错开距离）
　　　　　－梁高－（二层非连接区＋二层柱主筋接头错开距离）

4. 下柱钢筋直径比上柱钢筋直径大

下柱比上柱大的钢筋构造如图 3-19 (a) 所示，当采用机械连接或焊接连接时，下柱比上柱大的钢筋计算示意图如图 3-19 (b) 所示。

①号、②号上柱主筋

主筋长度＝一层层高－一层非连接区＋二层非连接区

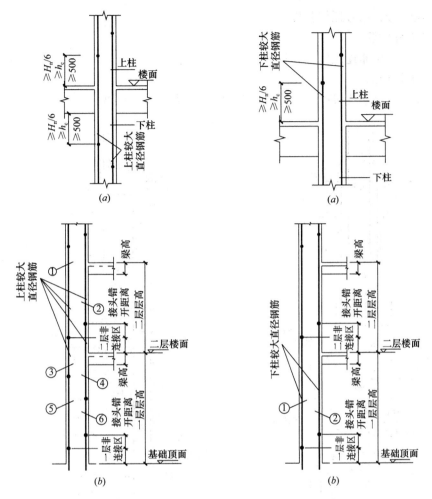

图 3-18　上柱钢筋直径比下柱钢筋直径大　　图 3-19　下柱钢筋直径比上柱钢筋直径大
（a）上柱比下柱大的钢筋构造；　　　　　　　　（a）下柱比上柱大的钢筋构造；
（b）上柱比下柱大的钢筋计算示意图　　　　　　（b）下柱比上柱大的钢筋计算示意图

3.2.5　柱变截面位置纵筋处理

16G101-1 第 68 页给出了柱变截面位置纵向钢筋构造做法，以一层、二层柱截面变化变化为例，给出有关钢筋长度的计算公式。

1. 变截面纵筋构造一

与一层柱相比，二层柱截面两边均减少 Δ，当 $\Delta/h_b > 1/6$ 时，采用图 3-20（a）构造，一层、二层柱主筋的长度计算示意图如图 3-20（b）所示。

（1）一层①号、②号主筋长度

①号主筋长度＝一层层高－一层非连接区－梁高＋$\max(0.5l_{abE}+12d，梁高－保护层+12d)$

②号主筋长度＝①号长度－一层柱主筋接头错开距离

（2）二层③号、④号主筋长度

主筋长度＝二层层高－二层非连接区＋三层非连接区

（3）二层⑤号、⑥号插筋长度

1）⑤号上柱插筋

插筋长度＝二层非连接区＋$1.2l_{aE}$

2）⑥号上柱插筋

插筋长度＝二层非连接区＋$1.2l_{aE}$＋二层柱主筋接头错开距离

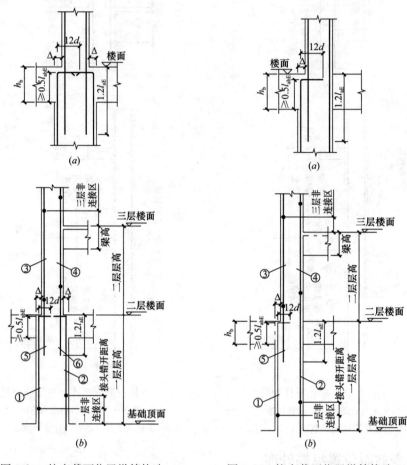

图 3-20　柱变截面位置纵筋构造一　　　　图 3-21　柱变截面位置纵筋构造二

（a）$\Delta/h_b>1/6$ 构造一；　　　　　　　　（a）$\Delta/h_b>1/6$ 构造二；

（b）$\Delta/h_b>1/6$ 构造一主筋计算示意图　　（b）$\Delta/h_b>1/6$ 构造二主筋计算示意图

2. 变截面纵筋构造二

与一层柱相比，二层柱截面一边减少 Δ，当 $\Delta/h_b>1/6$ 时，采用图 3-21（a）构造，一层、二层柱主筋的长度计算示意图如图 3-21（b）所示。

（1）一层①号、②号主筋长度

①号主筋长度＝一层层高－一层非连接区－梁高＋$\max(0.5l_{abE}+12d$，梁高－保护层＋$12d)$

②号主筋长度＝一层层高－一层非连接区长度＋二层非连接区长度

（2）二层③号、④号主筋长度

主筋长度＝二层层高－二层非连接区＋三层非连接区

（3）二层 5 号插筋长度

上柱插筋长度＝二层非连接区＋$1.2l_{aE}$

3. 变截面纵筋构造三

（1）柱变截面位置纵筋构造一、二（$\Delta/h_b \leq 1/6$）

与一层柱相比，当二层柱截面两边均减少 Δ，当 $\Delta/h_b \leq 1/6$ 时，采用图 3-22 构造；当二层柱截面只有一边减少 Δ，当 $\Delta/h_b \leq 1/6$ 时，采用图 3-23 构造，此时由于截面改变对主筋的长度计算无影响。

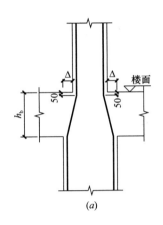

(a)

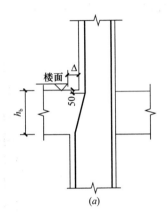

(a)

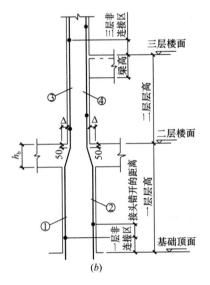

(b)

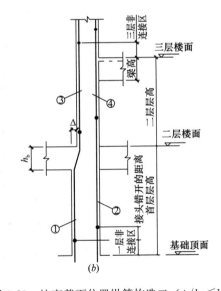

(b)

图 3-22　柱变截面位置纵筋构造一（$\Delta/h_b \leq 1/6$）

　　(a) $\Delta/h_b \leq 1/6$ 构造一；

　　(b) $\Delta/h_b \leq 1/6$ 构造一主筋计算示意图

图 3-23　柱变截面位置纵筋构造二（$\Delta/h_b \leq 1/6$）

　　(a) $\Delta/h_b \leq 1/6$ 构造二；

　　(b) $\Delta/h_b \leq 1/6$ 构造二主筋计算示意图

一层①、②主筋长度＝一层层高－一层非连接区长度＋二层非连接区长度

二层③、④主筋长度＝二层层高－二层非连接区长度＋三层非连接区长度

（2）柱变截面位置纵筋构造三（$\Delta/h_b \leq 1/6$）

当二层柱截面只有一边减少 Δ，当 $\Delta/h_b \leq 1/6$ 时，也可采用图 3-24 构造，此时应考虑

截面尺寸改变对主筋长度的影响。

1）一层主筋长度

①主筋长度＝一层层高－一层非连接区长度－梁高＋（$0.5l_{aE}+\Delta+l_{aE}$）

②主筋长度＝一层层高－一层非连接区长度＋二层非连接区长度

2）二层③、④主筋长度

二层③、④主筋长度＝二层层高－二层非连接区长度＋三层非连接区长度

3）⑤上柱插筋长度

⑤上柱插筋长度＝二层非连接区＋$1.2l_{aE}$

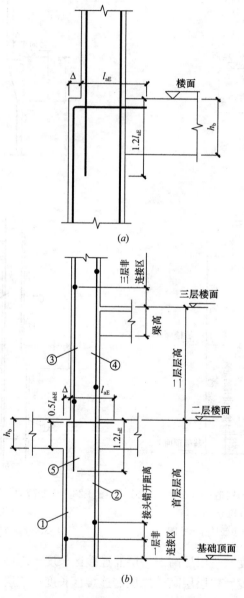

图 3-24 柱变截面位置纵筋构造三（$\Delta/h_b \leqslant 1/6$）

（a）$\Delta/h_b \leqslant 1/6$ 构造三；（b）$\Delta/h_b \leqslant 1/6$ 构造三主筋计算示意图

3.3　框架柱结构施工图

3.3.1　结构施工图设计说明

1. 主要结构材料

基础垫层混凝土为 C15，基础、上部结构（梁、板、柱）混凝土为 C35。

2. 抗震等级

（1）框架部分（框架梁、框架柱）为二级抗震；

（2）次梁、楼面板、屋面板为非抗震。

3. 混凝土结构的环境类别

框架部分为一类即室内干燥环境。

4. 保护层厚度

（1）柱

柱主筋顶部保护层厚度为 35mm，主筋基础底部保护层厚度为 40mm，箍筋保护层厚度为 25mm。

（2）梁

框架梁箍筋的保护层厚度为 25mm。

5. 钢筋的种类

框架结构中钢筋的种类见表 3-2。

表 3-2

钢筋的种类

牌号	符号	抗拉、抗压强度设计值（N/mm²）
HPB300	Φ	270
HRB335	Φ	300
HRB400	Φ	360

6. 钢筋接头的连接方式

（1）柱纵筋

框架柱纵筋的接头为电渣压力焊。

（2）梁纵筋

框架梁纵筋的接头方式闪光对焊。

7. 钢筋的加工

（1）框架柱、框架梁、次梁中 HRB400 级主筋的弯曲内直径为 $4d$，弯曲调整值为 $2.93d$。

（2）框架柱、框架梁、次梁中 HRB400 级箍筋的弯曲内直径为 $2.5d$，弯曲调整值为 $1.75d$。

3.3.2　基础、柱、梁施工图

基础、柱、梁的配筋图见图 3-25～图 3-32。

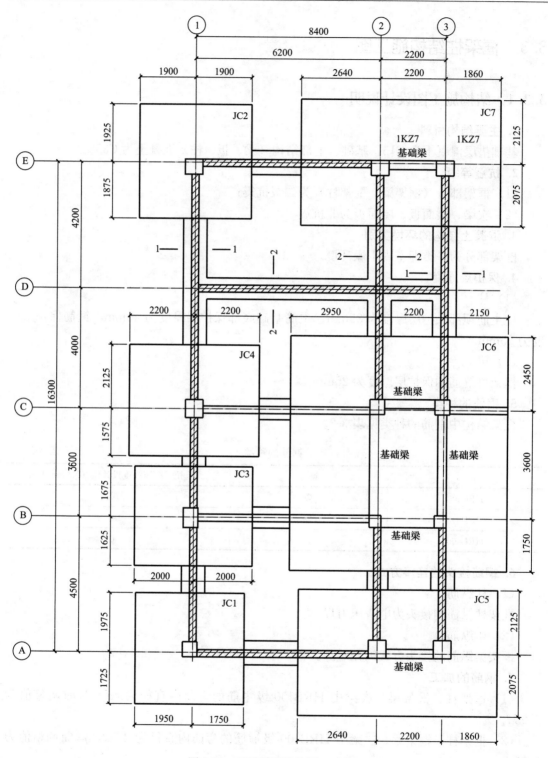

图 3-25　基础平面定位图 1：100

说明：1. 本图混凝土采用 C35 级；

　　　2. 图中基础底面标高为 −1.800。

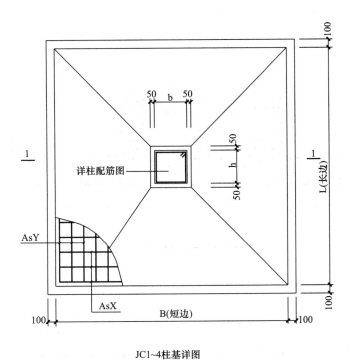

JC1~4柱基详图

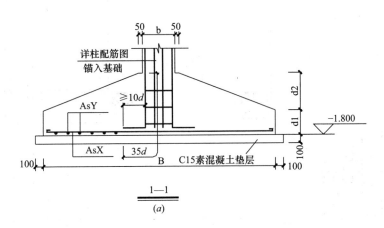

1—1

(a)

基础编号	b	h	B	L	d1	d2	AsX	AsY
JC1	500	500	3700	3700	200	450	Φ14@150	Φ14@150
JC2	600	500	3800	3800	200	500	Φ14@140	Φ14@160
JC3	650	500	3300	4000	200	550	Φ14@140	Φ14@140
JC4	500	500	3700	4400	200	600	Φ14@125	Φ14@125

(b)

图 3-26 基础详图 (一)

(a) JC1-4 柱基详图；(b) JC1-4 柱基尺寸及配筋参数表

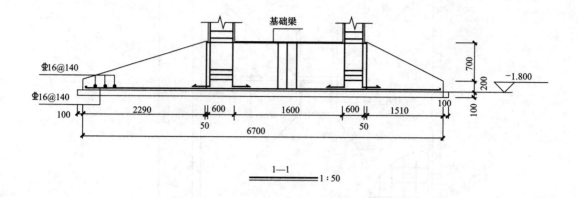

1—1　1 : 50

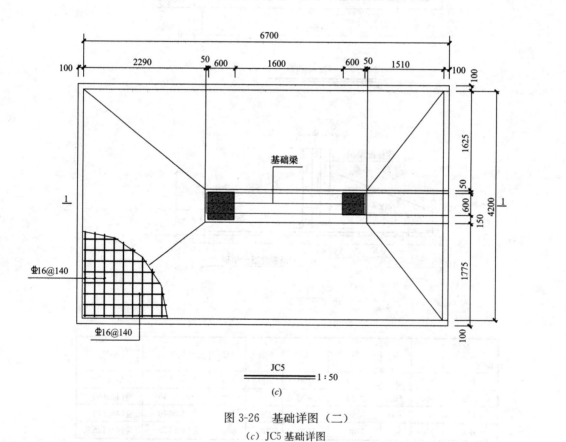

JC5　1 : 50

(c)

图 3-26　基础详图（二）

(c) JC5 基础详图

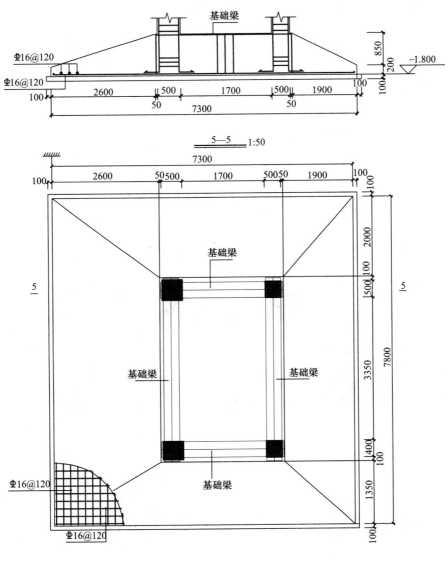

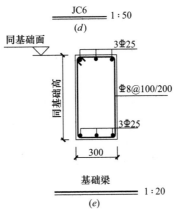

图 3-26 基础详图（三）

（d）JC6 基础详图；（e）基础梁详图

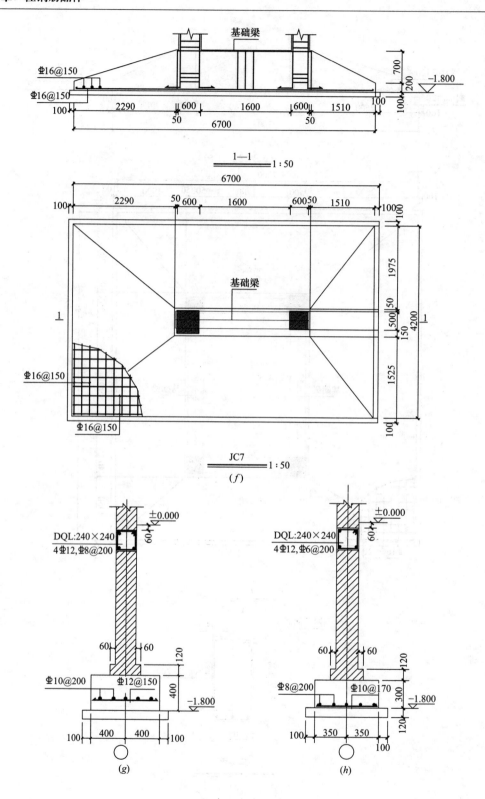

图 3-26 基础详图（四）

（f）JC7 基础详图；（g）1-1 断面图；（h）2-2 断面图

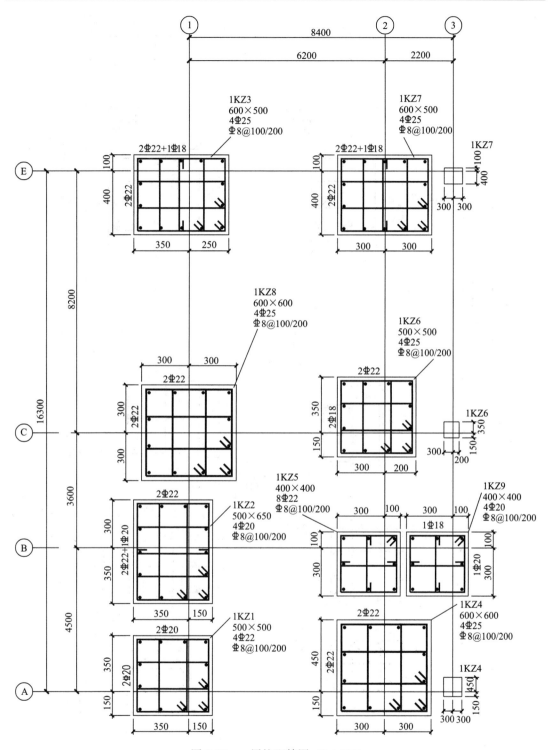

图 3-27　一层柱配筋图（1：100）

说明：1. 本图混凝土采用 C35 级；

　　　2. 一层柱标高：基础顶面～3.97。

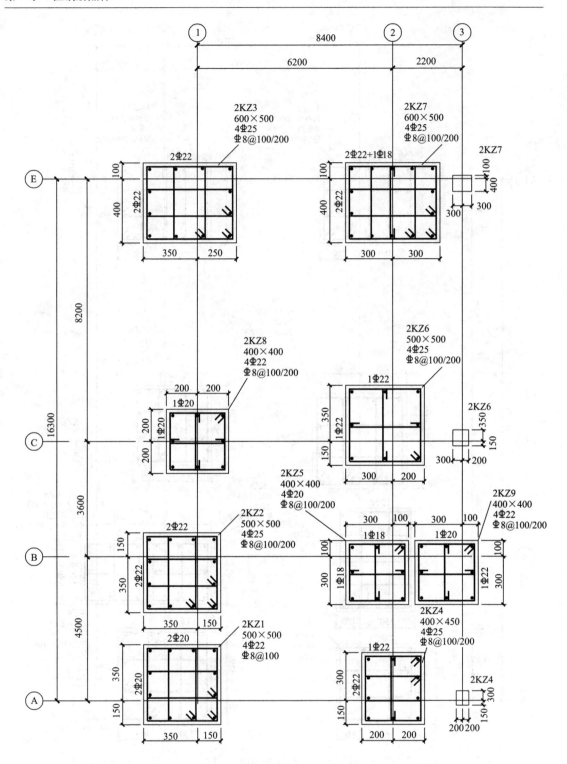

图 3-28　二、三层柱配筋图（1∶100）

说明：1. 本图混凝土采用 C35 级；

　　　2. 二层柱标高：3.97～7.57，三层柱标高：7.57～11.37。

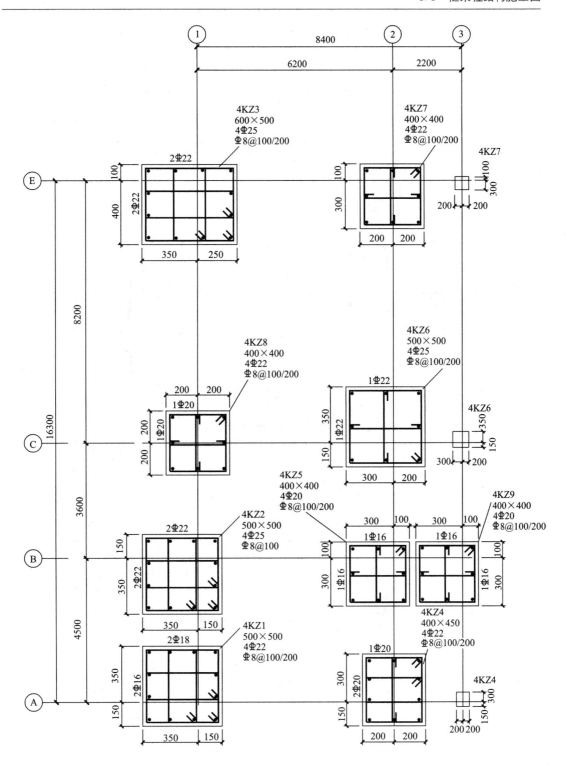

图 3-29 顶层柱配筋图 (1:100)

说明：1. 本图混凝土采用 C35 级；

2. 顶层柱标高：11.370～15.570。

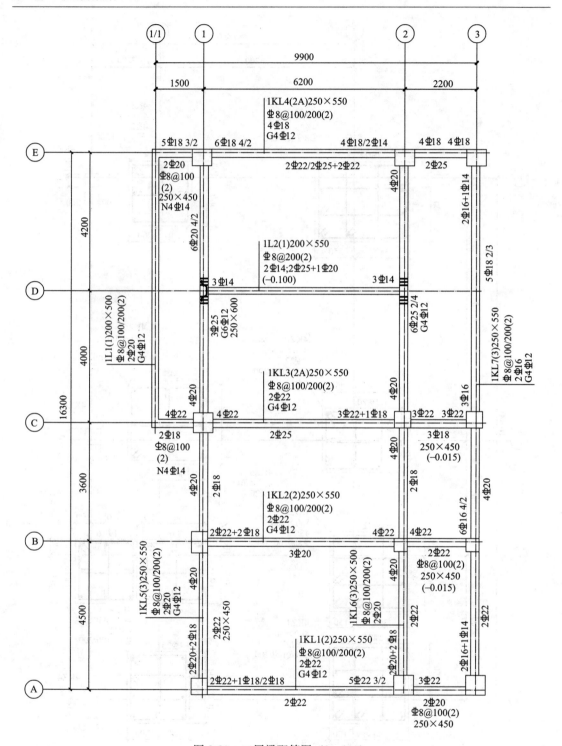

图 3-30　二层梁配筋图（1∶100）

说明：1. 本图混凝土采用 C35 级；

2. 二层梁顶标高为 3.97；

3. 图中主次梁相交处，符号 ⫿ ⫿ 表示为附加箍筋，未特别注明时直径、肢数同所在梁箍筋，次梁两侧
各配 3 道@50。

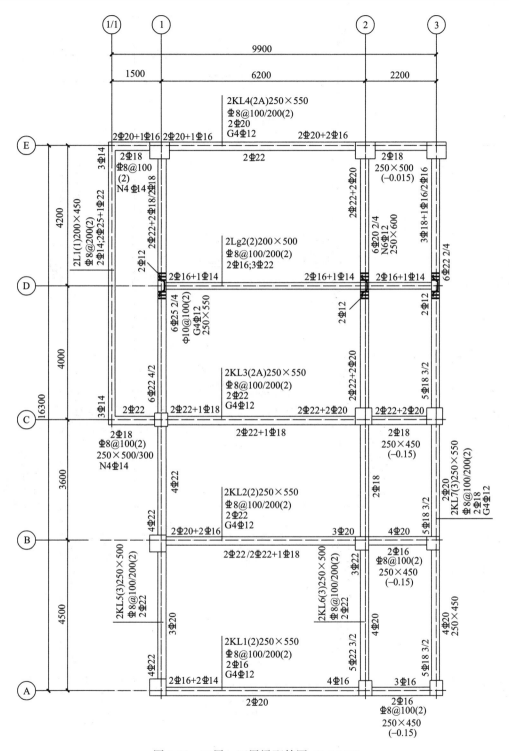

图 3-31 三层、四层梁配筋图 (1:100)

说明：1. 本图混凝土采用 C35 级；

2. 三、四层梁顶标高分别为 7.57、11.37；

3. 图中主次梁相交处，符号 ⅢⅢ 表示为附加箍筋，未特别注明时直径、肢数同所在梁箍筋，次梁两侧各配 3 道@50。

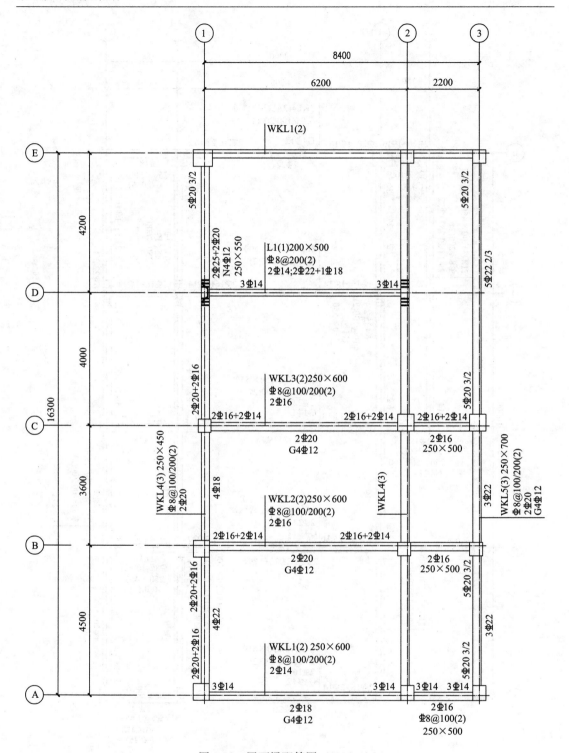

图 3-32　屋面梁配筋图 （1∶100）

说明：1. 本图混凝土采用 C35 级；

2. 屋面梁顶标高为 15.57；

3. 图中主次梁相交处，符号Ⅲ Ⅲ表示为附加箍筋，未特别注明时直径、肢数同所在梁箍筋，次梁两侧各配 3 道@50。

3.4 框架柱 KZ1 钢筋翻样（案例一）

阅读基础、柱、梁的配筋图见图 3-25～图 3-32 后，完成轴线①/轴线Ⓐ KZ1 从基础层-顶层钢筋翻样。

3.4.1 柱主筋翻样

从图 3-33KZ1 配筋图可知，首层-三层 KZ1 角筋为 4Φ22，b 边和 h 边中部筋为 2Φ20，顶层柱的角筋为 4Φ22，b 边中部筋为 2Φ18，b 边中部筋为 2Φ16。KZ1 柱主筋配筋示意图如图 3-34 所示。

1KZ1 柱主筋强度等级为 HRB400，主筋直径为≤25mm，混凝土强度等级为 C35，二级抗震，从 16G101-1 第 57、58 页可知：$l_{aE}=37d$，$l_{abE}=37d$。

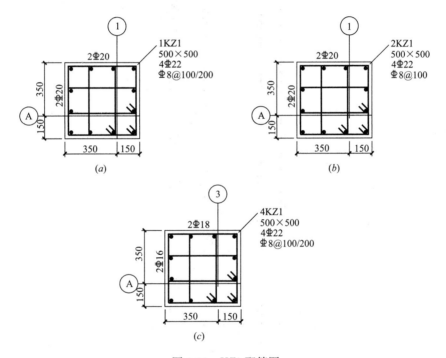

图 3-33 KZ1 配筋图

（a）一层 1KZ1 配筋图；（b）二、三层 2KZ1 配筋图；（c）顶层 4KZ1 配筋图

1. 基础层插筋计算

轴线①/轴线Ⓐ 1KZ1 柱下的基础为 JC1，插筋构造依据 16G101-3 第 66 页。插筋保护层厚度为 40mm，插筋与首层 1KZ1 配筋相同，为 4Φ22+8Φ20。

插筋保护层厚度<5d=5×22=110；h_j=650<l_{aE}=37×22=814mm，故应选择构造（d）

短插筋和长插筋的长度计算公式如下：

短插筋长度=弯折长度+基础内长度+首层非连接区长度

长插筋长度=短插筋长度+接头错开距离

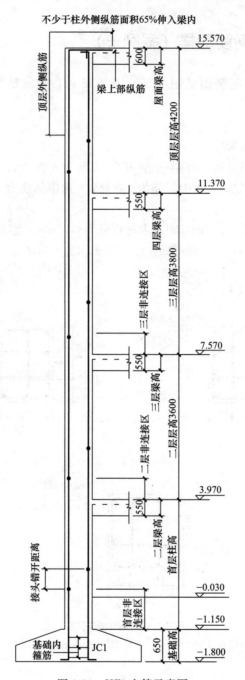

图 3-34　KZ1 主筋示意图

1）2Φ22 短插筋长度：$=15\times 22+650-40+\dfrac{3970+1150-550}{3}=2463$mm，

简图如下图所示：

330 2133
2Φ22

下料长度$=2463-2.93\times 22=2399$mm

2）2Φ22 长插筋长度：＝2463＋max(500，35×22)＝3233mm

简图如下图所示：

330 ⌐———————
　　　　2903
　　　　2Φ22

下料长度＝3233－2.93×22＝3169mm

3）4Φ20 短插筋长度：＝15×20＋650－40＋$\dfrac{3970+1150-550}{3}$＝2433mm，

简图如下图所示：

300 ⌐———————
　　　　2133
　　　　4Φ20

下料长度＝2433－2.93×20＝2375mm

4）4Φ20 长插筋长度：＝2433＋max(500，35×22)＝3203mm

简图如下图所示：

300 ⌐———————
　　　　2903
　　　　4Φ20

下料长度为：3203－2.93×20＝3145mm

2. 首层主筋计算

计算公式：1 层层高－1 层非连接区长度＋2 层非连接区

$$=3970+1150-\dfrac{3970+1150-550}{3}+\max\left(\dfrac{3600-550}{6},500,500\right)=4105\text{mm}$$

简图如下图所示：

————4105————
4Φ22+8Φ20

3. 二层主筋计算

计算公式：2 层层高－2 层非连接区长度＋3 层非连接区

$$=3600-\max\left(\dfrac{3600-550}{6},500,500\right)+\max\left(\dfrac{3800-550}{6},500,500\right)$$

$$=3633.33\text{mm}$$

简图如下图所示：

————3633————
4Φ22+8Φ20

4. 三层主筋计算

计算公式：3 层层高－3 层非连接区长度＋4 层非连接区

$$=3800-\max\left(\dfrac{3800-550}{6},500,500\right)+\max\left(\dfrac{4200-600}{6},500,500\right)$$

$$=3858\text{mm}$$

简图如下图所示：

————3858————
4Φ22+8Φ20

5. 顶层主筋计算

顶层角柱节点构造依据 16G101-1 第 67 页，选择②＋④做法，伸入梁内的柱外侧纵筋不宜小于柱外侧全部纵筋面积的 65%。柱内侧纵筋同中柱柱顶纵向钢筋构造，见 16G101-1 第 68 页。顶层柱纵筋布置如图 3-35 所示。

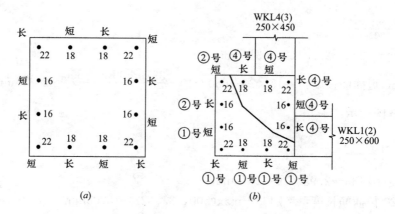

图 3-35　KZ1 基础层插筋和顶层主筋布置

（a）基础层 KZ1 插筋布置；（b）顶层 4KZ1 主筋布置

（1）锚固方式判断

由图 2-1（b）可知 4KZ1 为角柱，外侧共有 7 根主筋，其中 65%（$7 \times 65\% = 4.55$，取 5 根，$2\Phi22 + 2\Phi18 + 1\Phi16$）按①号钢筋计算伸入屋面梁中，锚固长度为 $1.5l_{aE}$，剩余按照②号钢筋计算。

内侧：当直锚长度 $\geqslant l_{aE}$，采用构造④；当直锚长度 $< l_{aE}$ 时，且柱顶有不小于 100mm 厚现浇板时，采用构造②；当直锚长度 $< l_{aE}$ 时，且柱顶无不小于 100mm 厚现浇板时，采用构造①。

4KZ1 内侧为（$2\Phi18 + 2\Phi16 + 1\Phi22$），直锚长度 = 与 4KZ1 相连梁高-保护层，$600 - 35 = 565 < l_{aE} = 37 \times 16 = 592$mm，均采用构造②。

（2）外侧主筋长度计算

①号钢筋（$2\Phi22 + 2\Phi18 + 1\Phi16$），如图 3-35（b）所示。

1）$1\Phi22$（长纵筋），伸入 WKL1（2）梁中，如图 3-36（a）所示。

长度 = 顶层层高 − 顶层非连接区 − 梁高 + 锚固长度（$1.5l_{aE}$）

$$= 4200 - \max\left(\frac{4200-600}{6}, 500, 500\right) - 600 + 1.5 \times 37 \times 22 = 4221\text{mm}$$

其中，弯折 $= 1.5l_{aE} -$（梁高-保护层）$= 1.5 \times 37 \times 22 -$（$600 - 35$）$= 656$mm

简图如下所示

656 | 3565
1Φ22

下料长度 $= 4221 - 2.93 \times 22 = 4157$mm

2）$1\Phi22$（短纵筋），伸入 WKL1（2）梁中，如图 3-36（b）所示。

长度 = 顶层层高 − 顶层非连接区 − 梁高 + 锚固长度（$1.5l_{aE}$）− 接头错开距离

$$= 4221 - \max(35 \times 22, 500) = 3451\text{mm}$$

简图如下所示

656 | 2795
1Φ22

下料长度＝3451－2.93×22＝3400mm

3）1Φ18（长纵筋），伸入 WKL1（2）梁中，如图 3-36（a）所示。

长度＝顶层层高－顶层非连接区－梁高＋1.5l_{aE}

$$=4200-\max\left(\frac{4200-600}{6},\ 500,\ 500\right)-600+1.5\times37\times18=3999\text{mm}$$

其中，弯折＝1.5l_{aE}－（梁高－保护层）＝1.5×37×18－（600－35）＝434mm

简图如下所示

434 | 3565
1Φ18

下料长度＝3999－2.93×18＝3946mm

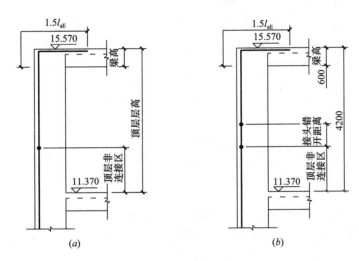

图 3-36　顶层柱外侧①号纵筋计算示意图

（a）外侧①号长纵筋；（b）外侧①号短纵筋

4）1Φ18（短纵筋），伸入 WKL1（2）梁中，如图 3-36（a）所示。

长度＝顶层层高－顶层非连接区－梁高＋1.5l_{aE}－接头错开距离

$$=3999-\max(35\times22,\ 500)=3373\text{mm}$$

简图如下所示

434 | 2795
1Φ18

下料长度＝3373－2.93×18＝3320mm

5）1Φ16（短纵筋），伸入 WKL1（2）梁中，如图 3-36（b）所示。

长度＝顶层层高－顶层非连接区－梁高＋1.5l_{aE}－接头错开距离

$$=4200-\max\left(\frac{4200-600}{6},\ 500,\ 500\right)-600+1.5\times37\times16-\max\ (35\times22,\ 500)$$

$$=3118\text{mm}$$

其中，弯折＝1.5l_{aE}－（梁高－保护层）＝1.5×37×16－（600－35）＝323mm

$$=3888-\max\ (35\times22,\ 500)=3118\text{mm}$$

简图如下所示

```
323 |  2795
      1Φ16
```

下料长度＝3118－2.93×16＝3071mm

②号钢筋（1Φ22＋1Φ16），如图3-37所示。

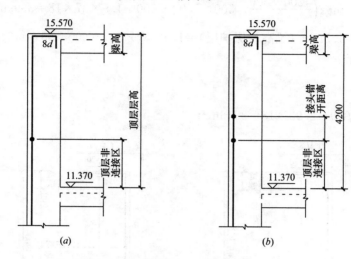

图 3-37 顶层柱外侧②号纵筋计算示意图

（a）外侧②号长纵筋；（b）外侧②号短纵筋

1）1Φ16（长纵筋），如图3-37（a）所示。

长度＝顶层层高－顶层非连接区－梁高＋锚固长度

注：锚固长度＝梁高－主筋保护层＋柱宽－2×箍筋保护层－2×箍筋直径＋8d

$$=4200-\max\left(\frac{4200-600}{6},500,500\right)-600+(600-35+500-2\times25-$$

$$2\times8+8\times16)$$

$$=4127\text{mm}$$

简图如下所示：

```
     128
434 |  3565
      1Φ16
```

下料长度＝4127－2×2.93×16＝4033mm

2）1Φ22（短纵筋），如图3-37（b）所示。

长度＝顶层层高－顶层非连接区－梁高＋锚固长度－接头错开距离

注：锚固长度＝梁高－主筋保护层＋柱宽－2×箍筋保护层－2×箍筋直径＋8d

$$=4200-\max\left(\frac{4200-600}{6},500,500\right)-600$$

$$+(600-35+500-2\times25-2\times8+8\times22)-\max(35\times22,500)$$

$$=3405\text{mm}$$

简图如下所示：

```
     176
434 |  2795
      1Φ22
```

下料长度＝3405－2×2.93×22＝3276mm

（3）内侧主筋长度计算

内侧主筋为 2⊕18＋2⊕16＋1⊕22，如图 3-38 所示。

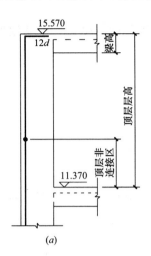 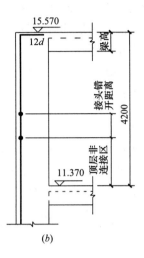

图 3-38 顶层柱内侧④号纵筋计算示意图

（a）外侧④号长纵筋；（b）外侧④号短纵筋

1）1⊕18（长纵筋），如图 3-38（a）所示。

长度＝顶层层高－顶层非连接区－梁高＋锚固长度（梁高－主筋顶保护层＋12×d）

$$=4200-\max\left(\frac{4200-600}{6}, 500, 500\right)-600+(600-35+12\times18)$$

$$=3781\text{mm}$$

简图如下所示：

216 | 3565
     1⊕18

下料长度＝3781－2.93×18＝3728mm

2）1⊕18（短纵筋），如图 3-38（b）所示。

长度＝顶层层高－顶层非连接区－梁高＋锚固长度（梁高－主筋顶保护层＋12×d）

　　　　－接头错开距离

$$=3781-\max(35\times22, 500)=3011\text{mm}$$

简图如下所示：

216 | 2795
     1⊕18

下料长度＝3011－2.93×18＝2958mm

3）1⊕16（长纵筋），如图 3-38（a）所示。

长度＝顶层层高－顶层非连接区－梁高＋锚固长度（梁高－主筋顶保护层＋12×d）

$$=4200-\max\left(\frac{4200-600}{6}, 500, 500\right)-600+(600-35+12\times16)$$

$$=3757\text{mm}$$

简图如下所示：

192 | 3565
1⌀16

下料长度＝3757－2.93×16＝3710mm

4）1⌀16（短纵筋），如图 3-38（b）所示。

长度＝顶层层高－顶层非连接区－梁高＋锚固长度（梁高－主筋顶保护层＋12×d）
　　　－接头错开距离

$$＝3757－max(35×22，500)＝2987mm$$

简图如下所示：

192 | 2795
1⌀16

下料长度＝2987－2.93×16＝2940mm

5）1⌀22（长纵筋），如图 3-38（a）所示。

长度＝顶层层高－顶层非连接区－梁高＋锚固长度（梁高－主筋顶保护层＋12×d）

$$＝4200－max\left(\frac{4200－600}{6}，500，500\right)－600＋(600－35＋12×22)$$

$$＝3829mm$$

简图如下所示：

264 | 3565
1⌀22

下料长度＝3829－2.93×22＝3765mm

3.4.2　箍筋翻样

1. 基础层箍筋计算

基础层箍筋按照 16G101-3 第 66 页构造（d）设置，间距≤500，且不少于两道矩形封闭箍筋（非复合箍筋）。

$$根数＝\frac{基础高度－保护层}{间距}＋1＝\frac{650－40}{500}＋1＝2.22，取 3 根$$

按外包尺寸计算：长度＝2×(b+h)－8×c＋2×1.9d＋2×max(10d，75mm)

当 10d＞75 时，公式可简化为：＝2×(b+h)－8×c＋23.8d

2×(500＋500)－8×25＋23.8×8＝1990mm，简图如下图所示：

下料长度＝1990－3×1.75×8＝1948mm

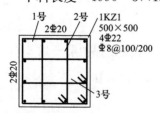

图 3-39　1KZ1 柱箍筋示意图

2. 首层柱箍筋计算

1KZ1 柱箍筋示意图如图 3-39 所示：

（1）长度计算

1 号箍筋

2×(500＋500)－8×25＋23.8×8＝1990mm，简图如下图所示：

下料长度＝1990－3×1.75×8＝1948mm

2 号箍筋

B 边共有 4 根主筋，间距＝$\dfrac{b-2c-2d-D}{b \text{边纵筋根数}-1}=\dfrac{500-2\times25-2\times8-22}{3}=137.33$mm

2 号箍筋长度＝（137.33＋2×8＋20）×2＋（500－2×25）×2＋23.8×8＝1437mm

简图如下所示：

下料长度＝1437－3×1.75×8＝1395mm

3 号箍筋长度同 2 号箍筋，简图如下所示：

（2）根数计算

加密区：

①柱根部非连接区$\dfrac{3970+1150-550}{3}=1523.33$mm，$\dfrac{1523.33-50}{100}+1=15.73$ 根

②梁下部位 $\max\left(\dfrac{3970+1150-550}{6},\ 500,\ 500\right)=761.67$mm，$\dfrac{761.67}{100}+1=8.62$ 根

③梁高范围内$\dfrac{550}{100}=5.5$ 根

非加密区

$=\dfrac{3970+1150-1523.33-761.67-550}{200}-1=10.43$

共 15.73＋8.62＋5.5＋10.43＝40.28，取 41 根

3. 二层、三层柱箍筋计算

从二层、三层柱配筋图可知，2KZ1 箍筋为 Φ8@100，箍筋的长度同首层，不再重复计算。

二层柱箍筋根数$\dfrac{3600-50\times2}{100}+1=36$ 根

三层柱箍筋根数$\dfrac{3800-50\times2}{100}+1=38$ 根

4. 顶层柱箍筋计算

4KZ1 柱箍筋示意图如图 3-40 所示。

（1）长度计算

1 号箍筋

2×（500＋500）－8×25＋23.8×8＝1990mm，简图如下

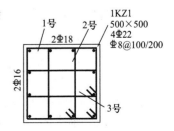

图 3-40 4KZ1 箍筋示意图

69

图所示：

下料长度＝1990－3×1.75×8＝1948mm

2 号箍筋

B 边共有 4 根主筋，间距＝$\dfrac{b-2c-2d-D}{b\text{边纵筋根数}-1}=\dfrac{500-2\times25-2\times8-22}{3}=137.33$mm

2 号箍筋长度＝(137.33＋2×8＋18)×2＋(500－2×25)×2＋23.8×8＝1433mm

简图如下所示：

下料长度＝1433－3×1.75×8＝1391mm

3 号箍筋长度

B 边共有 4 根主筋，间距＝$\dfrac{b-2c-2d-D}{b\text{边纵筋根数}-1}=\dfrac{500-2\times25-2\times8-22}{3}=137.33$mm

3 号箍筋长度＝(137.33＋2×8＋16)×2＋(500－2×25)×2＋23.8×8＝1428mm

简图如下所示：

下料长度＝1428－3×1.75×8＝1386mm

简图如下所示：

（2）根数计算

1）加密区根数

① 柱根部非连接区 $\max\left(\dfrac{4200-600}{6},\ 500,\ 500\right)=600$mm，$\dfrac{600-50}{100}+1=6.5$ 根

② 梁下部位 $\max\left(\dfrac{4200-600}{6},\ 500,\ 500\right)=600$mm，$\dfrac{600}{100}+1=7$ 根

③ 梁高范围内$\dfrac{600}{100}=6$ 根

2）非加密区根数

$=\dfrac{4200-600-600-600}{200}-1=11$ 根

共 6.5＋7＋6＋11＝40.28，取 31 根

一～四层轴线①/Ⓐ柱 KZ1 钢筋见表 3-3。

轴线①/Ⓐ KZ1 柱钢筋明细表　　　　　表 3-3

序号	级别直径	简图	单长（mm）	总根数	总长（m）	总重（kg）	备注
\多列7> 构件信息：0 层（基础层）\ 柱 \ 1KZ-1 _ A-B/1 外 个数：1 构件单质（kg）：95.35 构件总质（kg）：95.35							
1	Φ22	2903 / 330	3233	2	6.466	19.294	基础插筋
2	Φ22	2133 / 330	2463	2	4.926	14.7	基础插筋
3	Φ20	2903 / 300	3203	4	12.812	31.596	基础插筋
4	Φ20	2133 / 300	2433	4	9.732	24	基础插筋
5	Φ8	450 / 450	1990	3	5.97	2.358	箍筋
6	Φ8	173 / 450	1436	3	4.308	1.701	箍筋
7	Φ8	450 / 173	1436	3	4.308	1.701	箍筋
构件信息：1 层（首层）\ 柱 \ 1KZ-1 _ A-B/1 外 个数：1 构件单质（kg）：208.7 构件总质（kg）：208.7							
1	Φ22	4105	4105	4	16.42	48.996	中间层主筋
2	Φ20	4105	4105	8	32.84	80.984	中间层主筋
3	Φ8	450 / 450	1990	41	81.59	32.226	箍筋
4	Φ8	173 / 450	1436	41	58.876	23.247	箍筋
5	Φ8	450 / 173	1436	41	58.876	23.247	箍筋
构件信息：2 层（普通层）\ 柱 \ 2KZ-1 _ A-B/1 外 个数：1 构件单质（kg）：184.156 构件总质（kg）：184.156							
1	Φ22	3633	3633	4	14.532	43.364	中间层主筋
2	Φ20	3633	3633	8	29.064	71.672	中间层主筋
3	Φ8	450 / 450	1990	36	71.64	28.296	箍筋
4	Φ8	173 / 450	1436	36	51.696	20.412	箍筋

序号	级别直径	简图	单长（mm）	总根数	总长（m）	总重（kg）	备注
5	Φ8	450 ⌐173	1436	36	51.696	20.412	箍筋

构件信息：3层（普通层）\柱\2KZ-1_A-B/1外
个数：1 构件单质（kg）：195.12 构件总质（kg）：195.12

序号	级别直径	简图	单长（mm）	总根数	总长（m）	总重（kg）	备注
1	Φ22	3858	3858	4	15.432	46.048	中间层主筋
2	Φ20	3858	3858	8	30.864	76.112	中间层主筋
3	Φ8	450 ⌐450	1990	38	75.62	29.868	箍筋
4	Φ8	173 ⌐450	1436	38	54.568	21.546	箍筋
5	Φ8	450 ⌐173	1436	38	54.568	21.546	箍筋

构件信息：4层（顶层）\柱\4KZ-1_A-B/1外
个数：1 构件单质（kg）：151.39 构件总质（kg）：151.39

序号	级别直径	简图	单长（mm）	总根数	总长（m）	总重（kg）	备注
1	Φ22	656 3565	4221	1	4.221	12.595	外侧1号钢筋
2	Φ22	656 2795	3451	1	3.451	10.298	外侧1号钢筋
3	Φ18	434 3565	3999	1	3.999	7.99	外侧1号钢筋
4	Φ18	434 2795	3229	1	3.229	5.095	外侧1号钢筋
5	Φ16	323 2795	3118	1	3.118	4.92	外侧1号钢筋
6	Φ16	2795 434 128	3357	1	3.357	5.297	外侧2号钢筋
7	Φ22	2795 434 176	3405	1	3.405	10.161	外侧2号钢筋
8	Φ18	216 3565	3781	1	3.781	7.554	内侧4号钢筋
9	Φ18	216 2795	3011	1	3.011	6.016	内侧4号钢筋
10	Φ16	192 3565	3757	1	3.757	5.929	内侧4号钢筋
11	Φ16	192 2795	2987	1	2.987	4.713	内侧4号钢筋
12	Φ22	264 3565	3829	1	3.829	11.426	内侧4号钢筋
13	Φ8	450 ⌐450	1990	31	61.69	24.366	箍筋

续表

序号	级别直径	简图	单长（mm）	总根数	总长（m）	总重（kg）	备注
14	⏀8	171 / 450	1432	31	44.392	17.546	箍筋
15	⏀8	450 / 169	1428	31	44.268	17.484	箍筋

3.5 框架柱 KZ2 钢筋翻样（案例二 h 边截面改变）

阅读基础、柱、梁的配筋图见图 3-25～图 3-32 后，完成轴线①/轴线⑧KZ2 从基础层-顶层钢筋翻样。

3.5.1 柱主筋翻样

从图 3-41 首层和二层 KZ2 柱配筋示意图可知：首层 1KZ2 截面尺寸为 500×650，角筋为 4⏀25，b 边中部筋为 2⏀22，h 边中部筋为 2⏀22+1⏀20；二层-顶层 KZ1 截面尺寸为 500×500，角筋为 4⏀25，b 边中部筋不变，h 边筋变为 2⏀22；截面尺寸和配筋均有变化。

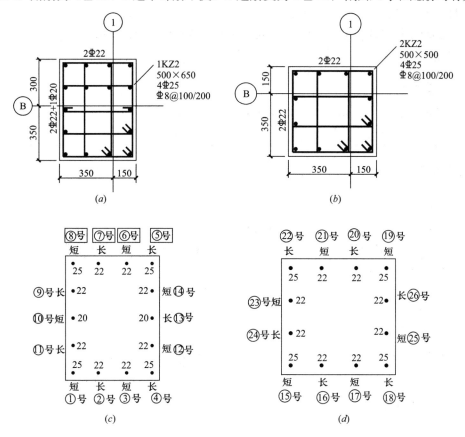

图 3-41 首层和二层 KZ2 柱主筋布置

（a）首层 1KZ2 配筋；（a）二层 2KZ2 配筋；（c）首层 1KZ2 主筋布置；（d）二层 2KZ2 主筋布置

KZ2 柱主筋强度等级为 HRB400，主筋直径为≤25mm，混凝土强度等级为 C35，二级抗震，从 16G101-1 第 57、58 页可知：$l_{aE}=37d$，$l_{abE}=37d$。

1. 基础层插筋计算

轴线①/轴线⑧1KZ2 柱下的基础为 JC3，插筋构造依据 16G101-3 第 66 页。插筋保护层厚度为 40mm，插筋与首层 1KZ1 配筋相同，为 4Φ25＋8Φ22＋2Φ20。

当 $d=22$ 时：插筋保护层厚度＝40＜$5d$＝5×22＝110mm，h_j＝750＜l_{aE}＝37×22＝814mm，当 $d=20$ 时，插筋保护层厚度＝40＜$5d$＝5×20＝100mm，h_j＝750＞l_{aE}＝37×20＝740mm。

4Φ25＋8Φ22 应选择构造（d），插筋端部弯折为 15d；2Φ20 应选择构造（b），端部弯折为 max(6d，150)＝max(6×20，150)＝150mm。

短插筋和长插筋的长度计算公式如下：

短插筋长度＝弯折长度＋基础内长度＋首层非连接区长度

长插筋长度＝短插筋长度＋接头错开距离

(1) 2Φ25 短插筋长度：＝$15\times25+750-40+\dfrac{3970+1050-550}{3}$＝2575mm，

简图如下图所示：

375 | 2200
2Φ25

下料长度＝2575－2.93×25＝2502mm

(2) 2Φ25 长插筋长度：＝2575＋max(500，35×25)＝3450mm

简图如下图所示：

375 | 2200
2Φ25

下料长度＝3450－2.93×25＝3377mm

(3) 4Φ22 短插筋长度：＝$15\times22+750-40+\dfrac{3970+1050-550}{3}$＝2530mm，

简图如下图所示：

330 | 2200
4Φ22

下料长度＝2530－2.93×22＝2466mm

(4) 4Φ22 长插筋长度：＝2533＋max(500，35×25)＝3405mm

简图如下图所示：

330 | 3075
4Φ22

下料长度为＝3405－2.93×22＝3341mm

(5) 1Φ20 短插筋长度：＝$\max(6\times22，150)+750-40+\dfrac{3970+1050-550}{3}$＝2350mm，

简图如下图所示：

150 | 2200
1Φ20

下料长度为：2350－2.93×20＝2291mm

（6）1 Φ 20 长插筋长度：＝2350＋max(500，35×25)=3225mm

简图如下图所示：

150 | 3075
| 1Φ20

下料长度＝3225－2.93×20＝3166mm

2. 首层主筋计算

（1）b 边主筋

①号、②号、③号、④号（2Φ25＋2Φ22），⑤号、⑥号、⑦号、⑧号主筋（2Φ25＋2Φ22），如图 3-42 所示。

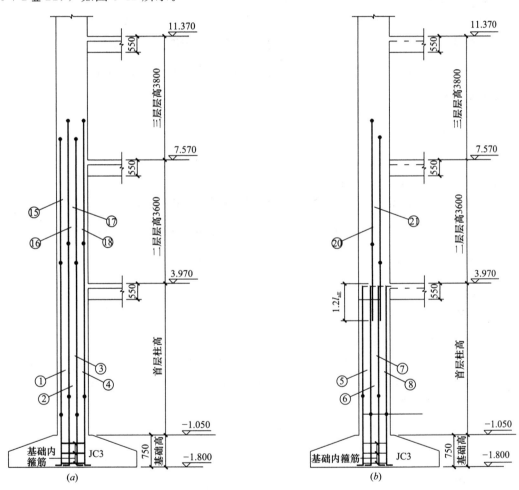

图 3-42 KZ2 柱 *b* 边主筋示意图

（*a*）*b* 边①号、②号、③号、④号主筋；（*b*）*b* 边⑤号、⑥号、⑦号、⑧号主筋

①号、②号、③号、④号（2Φ25＋2Φ22）

计算公式：1 层层高－1 层非连接区长度＋2 层非连接区

$$=3970+1050-\frac{3970+1050-550}{3}+\max\left(\frac{3600-550}{6}, 500, 500\right)=4038\text{mm}$$

简图如下图所示：

$$\frac{4038}{2\,\underline{\Phi}\,25+2\,\underline{\Phi}\,22}$$

⑤号（1 $\underline{\Phi}$ 25 收头，短纵筋）

计算公式：1 层层高－1 层非连接区长度－保护层＋弯折（12d）－接头错开距离

$$=3970+1050-\frac{3970+1050-550}{3}-35+12\times25-\max(35\times25,500)=2920\text{mm}$$

简图如下图所示：

$$300\,\bigg|\,\frac{2620}{1\underline{\Phi}25}$$

下料长度＝2920－2.93×25＝2847mm

⑧号（1 $\underline{\Phi}$ 25 收头，长纵筋）

计算公式：1 层层高－1 层非连接区长度－保护层＋弯折（12d）

$$=3970+1050-\frac{3970+1050-550}{3}-35+12\times25=3795\text{mm}$$

简图如下图所示：

$$300\,\bigg|\,\frac{3495}{1\underline{\Phi}25}$$

下料长度＝2920－2.93×25＝2847mm

⑥号（1 $\underline{\Phi}$ 22 收头，长纵筋）

计算公式：1 层层高－1 层非连接区长度－保护层＋弯折（12d）

$$=3970+1050-\frac{3970+1050-550}{3}-35+12\times22=3759\text{mm}$$

简图如下图所示：

$$264\,\bigg|\,\frac{3495}{1\underline{\Phi}22}$$

下料长度＝3759－2.93×22＝3695mm

⑦号（1 $\underline{\Phi}$ 22 收头，短纵筋）

计算公式：1 层层高－1 层非连接区长度－保护层＋弯折（12d）－接头错开距离

$$=3759-\max(35\times25,500)=2884\text{mm}$$

简图如下图所示：

$$264\,\bigg|\,\frac{2620}{1\underline{\Phi}22}$$

下料长度＝2884－2.93×22＝2820mm

（2）h 边主筋

h 边主筋为⑨号、⑩号、⑪号（2 $\underline{\Phi}$ 22＋1 $\underline{\Phi}$ 20），⑫号、⑬号、⑭号主筋（2 $\underline{\Phi}$ 22＋1 $\underline{\Phi}$ 20），如图 3-43 所示。

计算公式：1 层层高－1 层非连接区长度＋2 层非连接区

$$=3970+1050-\frac{3970+1050-550}{3}+\max\left(\frac{3600-550}{6},500,500\right)=4038\text{mm}$$

简图如下图所示：

$$\frac{4038}{4\,\underline{\Phi}\,22+2\,\underline{\Phi}\,20}$$

（3）b 边二层⑳号、㉑号主筋的插筋

1）⑳号主筋的插筋（1⌀22，长插筋）

计算公式：2 层非连接区＋1.2l_{aE}＋接头错开距离

$$=\max\left(\frac{3600-550}{6}, 500, 500\right)+1.2\times37\times22+\max(35\times25, 500)=2360\text{mm}$$

简图如下图所示：

$$\frac{2360}{1⌀22}$$

2）㉑号主筋的插筋（1⌀22，短插筋）

计算公式：2 层非连接区＋1.2l_{aE}

$$=\max\left(\frac{3600-550}{6}, 500, 500\right)+1.2\times37\times22=1485\text{mm}$$

简图如下图所示：

$$\frac{1485}{1⌀22}$$

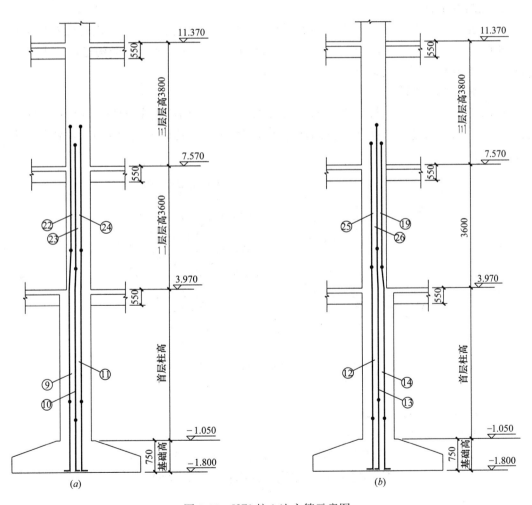

图 3-43 KZ2 柱 h 边主筋示意图

（a）h 边⑨号、⑩号、⑪号主筋；（b）h 边⑫号、⑬号、⑭号主筋

77

3. 二层主筋计算

计算公式：2 层层高－2 层非连接区长度＋3 层非连接区

$$=3600-\max\left(\frac{3600-550}{6},\ 500,\ 500\right)+\max\left(\frac{3800-550}{6},\ 500,\ 500\right)$$

$$=3633.33\text{mm}$$

简图如下图所示：

$$\underline{3633}$$
$$4\Phi25+8\Phi22$$

4. 三层主筋计算

计算公式：3 层层高－3 层非连接区长度＋4 层非连接区

$$=3800-\max\left(\frac{3800-550}{6},\ 500,\ 500\right)+\max\left(\frac{4200-600}{6},\ 500,\ 500\right)=3858\text{mm}$$

简图如下图所示：

$$\underline{3858}$$
$$4\Phi25+8\Phi22$$

5. 顶层主筋计算

顶层角柱节点构造依据 16G101-1 第 67 页，选择②＋④做法，伸入梁内的柱外侧纵筋不宜小于柱外侧全部纵筋面积的 65％。柱内侧纵筋同中柱柱顶纵向钢筋构造，见 16G101-1 第 68 页。顶层柱纵筋布置如图 3-44 所示。

（1）锚固长度判断

由图 3-44（b）可知 4KZ2 为边柱，外侧共有 6 根主筋，其中 65％（6×65％＝3.9，取 4 根，2Φ25＋2Φ20）按①号钢筋计算伸入屋面梁中，锚固长度为 1.5l_{aE}，剩余按照②号钢筋计算。

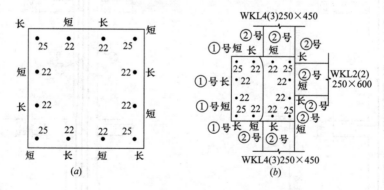

图 3-44　三层和顶层 KZ2 柱主筋布置

（a）三层 3KZ1 主筋布置；（b）顶层 4KZ1 主筋布置

（2）外侧①号主筋长度计算

①号钢筋（2Φ25＋2Φ22），如图 3-45 所示。

1）1Φ25（长纵筋），伸入 WKL2（2）梁中，如图 3-45（a）所示。

长度＝顶层层高－顶层非连接区－梁高＋锚固长度（1.5l_{aE}）

$$=4200-\max\left(\frac{4200-600}{6},\ 500,\ 500\right)-600+1.5\times37\times25=4388\text{mm}$$

其中，弯折＝1.5l_{aE}－（梁高－主筋顶部保护层）＝1.5×37×25－（600－35）＝823mm

简图如下所示

823 | 3565
1Φ25

下料长度＝4338－2.93×25＝4314mm

2）1Φ25（短纵筋），伸入 WKL2（2）梁中，如图 2-9（b）所示。

长度＝顶层层高－顶层非连接区－梁高＋锚固长度（1.5l_{aE}）－接头错开距离
＝4388－max(35×25，500)＝3513mm

简图如下所示

823 | 2690
1Φ25

下料长度＝3513－2.93×25＝3439mm

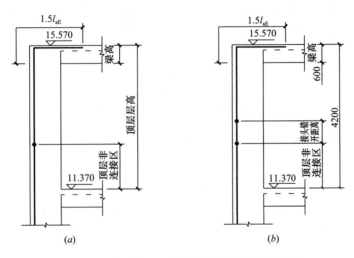

图 3-45　顶层柱 KZ2 外侧①号纵筋计算示意图
（a）外侧①号长纵筋；（b）外侧①号短纵筋

3）1Φ22（长纵筋），伸入 WKL2（2）梁中，如图 3-45（a）所示。

长度＝顶层层高－顶层非连接区－梁高＋锚固长度（1.5l_{aE}）

$$=4200-\max\left(\frac{4200-600}{6}, 500, 500\right)-600+1.5×37×22=4221mm$$

其中，弯折＝1.5l_{aE}－（梁高－主筋顶部保护层）＝1.5×37×22－（600－35）＝656mm

简图如下所示

656 | 3565
1Φ22

下料长度＝4221－2.93×22＝4157mm

4）1Φ22（短纵筋），伸入 WKL2（2）梁中，如图 3-45（b）所示。

长度＝顶层层高－顶层非连接区－梁高＋锚固长度（1.5l_{aE}）－接头错开距离
＝4221－max(35×25，500)＝3346mm

简图如下所示

656 | 2690
1Φ22

79

下料长度＝3346－2.93×22＝3282mm

（3）②号主筋长度计算

②号钢筋（2 Φ 25＋6 Φ 22），如图3-46所示。

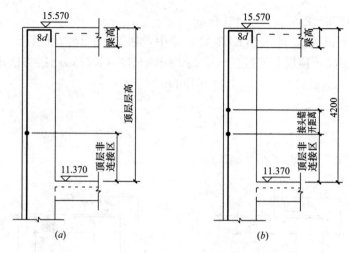

图3-46　顶层柱 KZ2 外侧②号纵筋计算示意图

（a）外侧②号长纵筋；（b）外侧②号短纵筋

1）1 Φ 25（长纵筋），如图3-46（a）所示。

长度＝顶层层高－顶层非连接区－梁高＋锚固长度

注：锚固长度＝梁高－主筋顶部保护层＋柱宽－2×箍筋保护层－2×箍筋直径＋8d

$$=4200-\max\left(\frac{4200-600}{6}, 500, 500\right)-600+(600-35+500-2\times25$$

$$-2\times8+8\times25)$$

$$=4199\text{mm}$$

简图如下所示：

```
   200
434⌐
  │  3565
   └────────
     1Φ25
```

下料长度＝4199－2×2.93×25＝4053mm

2）1 Φ 25（短纵筋），如图3-46（b）所示。

长度＝顶层层高－顶层非连接区－梁高＋锚固长度

注：锚固长度＝梁高－主筋顶部保护层＋柱宽－2×箍筋保护层－2×箍筋直径＋8d－
接头错开距离

$$=4199-\max(35\times25, 500)=3324\text{mm}$$

简图如下所示：

```
   200
434⌐
  │  2795
   └────────
     1Φ25
```

下料长度＝3324－2×2.93×25＝3178mm

3）3 Φ 22（长纵筋），如图3-46（a）所示。

长度＝顶层层高－顶层非连接区－梁高＋锚固长度

注：锚固长度＝梁高－主筋保护层＋柱宽－2×箍筋保护层－2×箍筋直径＋8d

$$=4200-\max\left(\frac{4200-600}{6},\ 500,\ 500\right)-600+(600-35+500-2\times25$$
$$-2\times8+8\times22)$$
$$=4175\text{mm}$$

简图如下所示：

$$\begin{array}{c}176\\434\ \big|\overline{\underline{3565}}\\3\Phi22\end{array}$$

下料长度＝4175－2×2.93×22＝4046mm

4）3Φ22（短纵筋），如图 3-46（b）所示。

长度＝顶层层高－顶层非连接区－梁高＋锚固长度－接头错开距离

注：锚固长度＝梁高－主筋保护层＋柱宽－2×箍筋保护层－2×箍筋直径＋8d

$$=4175-\max(35\times25,\ 500)=3300\text{mm}$$

简图如下所示：

$$\begin{array}{c}176\\434\ \big|\overline{\underline{2795}}\\3\Phi22\end{array}$$

下料长度＝3300－2×2.93×22＝3171mm

3.5.2 箍筋翻样

1. 基础层箍筋计算

基础层箍筋按照 16G101-3 第 66 页构造（d）设置，间距≤500，且不少于两道矩形封闭箍筋（非复合箍筋）。

$$根数＝\frac{基础高度－保护层}{间距}+1=\frac{750-40}{500}+1=2.42，取 3 根$$

按外包尺寸计算：长度＝2×(b＋h)－8×c＋2×1.9d＋2×max(10d，75mm)

当 10d＞75 时，公式可简化为：＝2×(b＋h)－8×c＋23.8d

2×(500＋650)－8×25＋23.8×8＝2290mm，简图如下图所示：

下料长度＝2290－3×1.75×8＝2248mm

2. 首层箍筋计算

（1）长度计算

首层 1KZ2 柱配筋如图 3-47 所示，共有 4 种类型的箍筋。

1）1 号箍筋

2×(500＋650)－8×25＋23.8×8＝2290mm，简图如下图所示：

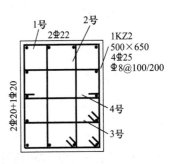

图 3-47　首层 1KZ2 柱配筋

下料长度 ＝ 2290 － 3 × 1.75 × 8 ＝ 2248mm

2）2 号箍筋

B 边共有 4 根主筋，间距 ＝ $\dfrac{b-2c-2d-D}{b\text{ 边纵筋根数}-1}$ ＝ $\dfrac{500-2\times25-2\times8-25}{3}$ ＝ 136.33mm

2 号箍筋长度 ＝（136.33 ＋ 2 × 8 ＋ 22）× 2 ＋（650 － 2 × 25）× 2 ＋ 23.8 × 8 ＝ 1739mm

简图如下所示：

下料长度 ＝ 1739 － 3 × 1.75 × 8 ＝ 1697mm

3）3 号箍筋

B 边共有 4 根主筋，间距 ＝ $\dfrac{b-2c-2d-D}{b\text{ 边纵筋根数}-1}$ ＝ $\dfrac{650-2\times25-2\times8-25}{4}$ ＝ 139.75mm

2 号箍筋长度 ＝（139.75 × 2 ＋ 2 × 8 ＋ 22）× 2 ＋（500 － 2 × 25）× 2 ＋ 23.8 × 8 ＝ 1725mm

简图如下所示：

下料长度 ＝ 1725 － 3 × 1.75 × 8 ＝ 1683mm

4）4 号箍筋

按只勾住主筋计算

长度 ＝ 500 － 2 × 25 ＋ 23.8 × 8 ＝ 640.4mm

简图如下所示：

（2）根数计算

加密区：

① 柱根部非连接区 $\dfrac{3970+1050-550}{3}$ ＝ 1490mm，$\dfrac{1490-50}{100}$ ＋ 1 ＝ 15.4 根

② 梁下部位 $\max\left(\dfrac{3970+1050-550}{6},\ 650,\ 500\right)$ ＝ 745mm，$\dfrac{745}{100}$ ＋ 1 ＝ 8.45 根

③ 梁高范围内 $\dfrac{550}{100}$ ＝ 5.5 根

非加密区

＝ $\dfrac{3970+1050-1490-745-550}{200}$ － 1 ＝ 10.175

共 15.4 ＋ 8.45 ＋ 5.5 ＋ 10.175 ＝ 39.525，取 40 根

3. 二层～顶层柱箍筋计算

二层、三层 2KZ2 柱配筋如图 3-48 所示，2 号箍筋、3 号箍筋的长度相同。顶层 4KZ2

柱配筋如图 3-49 所示，1号、2号、3号箍筋与二层相同。

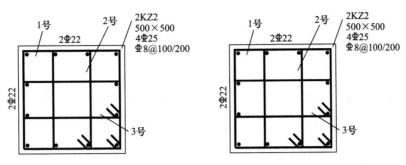

图 3-48　二层、三层 2KZ1 柱配筋　　图 3-49　顶层 4KZ1 柱配筋

（1）长度计算

1号箍筋

$2\times(500+500)-8\times25+23.8\times8=1990mm$，简图如下图所示：

下料长度为：$1990-3\times1.75\times8=1948mm$

2号箍筋

B 边共有 4 根主筋，间距$=\dfrac{b-2c-2d-D}{b\text{边纵筋根数}-1}=\dfrac{500-2\times25-2\times8-25}{3}=136.33mm$

2 号箍筋长度$=(136.33+2\times8+22)\times2+(500-2\times25)\times2+23.8\times8=1439mm$

简图如下所示：

下料长度$=1439-3\times1.75\times8=1397mm$

3 号箍筋长度与 2 号箍筋相同

简图如下所示：

下料长度$=1439-3\times1.75\times8=1397mm$

（2）二层柱 2KZ2 根数计算

加密区：

① 柱根部非连接区 $\max\left(\dfrac{3600-550}{6},\ 500,\ 500\right)=508.33mm$，$\dfrac{508.33-50}{100}+1=5.58$ 根

② 梁下部位 $\max\left(\dfrac{3600-550}{6},\ 500,\ 500\right)=508.33mm$，$\dfrac{508.33}{100}+1=6.08$ 根

③ 梁高范围内 $\dfrac{550}{100}=5.5$ 根

非加密区

$$=\frac{3600-508.33-508.33-550}{200}-1=9.17 \text{ 根}$$

共 $5.58+6.08+5.5+9.17=26.33$，取 27 根

（3）三层柱 2KZ2 根数计算

加密区：

① 柱根部非连接区 $\max\left(\frac{3800-550}{6}, 500, 500\right)=541.67\text{mm}$，$\frac{541.67-50}{100}+1=5.92$ 根

② 梁下部位 $\max\left(\frac{3800-550}{6}, 500, 500\right)=541.67\text{mm}$，$\frac{541.67}{100}+1=6.42$ 根

③ 梁高范围内 $\frac{550}{100}=5.5$ 根

非加密区

$$=\frac{3800-541.67-541.67-550}{200}-1=9.83 \text{ 根}$$

共 $5.92+6.42+5.5+9.83=27.67$，取 28 根

（4）顶层柱 2KZ2 根数计算

$$=\frac{4200-50\times2}{100}+1=42 \text{ 根}$$

一～四层轴线①/⑧柱 KZ2 钢筋见表 3-4。

轴线①/⑧KZ1 柱钢筋明细表

表 3-4

序号	级别直径	简图	单长（mm）	总根数	总长（m）	总重（kg）	备注
构件信息：0 层（基础层）\ 柱 \ 1KZ-2 _ B-C/1-2 个数：1 构件单质（kg）：138.598 构件总质（kg）：138.598						
1	Φ25	3075 375	3450	2	6.9	26.586	基础插筋
2	Φ25	2200 375	2575	2	5.15	19.842	基础插筋
3	Φ22	3075 330	3405	4	13.62	40.644	基础插筋
4	Φ22	2200 330	2530	4	10.12	30.2	基础插筋
5	Φ20	3075 150	3225	1	3.225	7.953	基础插筋
6	Φ20	2200 150	2350	1	2.35	5.795	基础插筋
7	Φ8	450 600	2290	3	6.87	2.715	箍筋

序号	级别直径	简图	单长（mm）	总根数	总长（m）	总重（kg）	备注
8	Φ8	174 ⌐ 600	1738	3	5.214	2.061	箍筋
9	Φ8	450 ⌐ 317	1724	3	5.172	2.043	箍筋
10	Φ8	450	640	3	1.92	0.759	箍筋

构件信息：1 层（首层）\ 柱 \ 1KZ-2 _ B-C/1-2

个数：1 构件单质（kg）：281.535 构件总质（kg）：281.535

序号	级别直径	简图	单长（mm）	总根数	总长（m）	总重（kg）	备注
1	Φ22	2360	2360	1	2.36	7.042	上柱插筋
2	Φ22	1485	1485	1	1.485	4.431	上柱插筋
3	Φ25	2620 ⌐ 300	2920	1	2.92	11.251	变截面弯折
4	Φ25	3495 ⌐ 300	3795	1	3.795	14.622	变截面弯折
5	Φ25	4038	4038	2	8.076	31.116	中间层主筋
6	Φ22	2620 ⌐ 264	2884	1	2.884	8.606	变截面弯折
7	Φ22	3495 ⌐ 264	3759	1	3.759	11.217	变截面弯折
8	Φ22	4038	4038	6	24.228	72.294	中间层主筋
9	Φ20	4038	4038	2	8.076	19.916	中间层主筋
10	Φ8	450 ⌐ 600	2290	40	91.6	36.2	箍筋
11	Φ8	450 ⌐ 317	1724	40	68.96	27.24	箍筋
12	Φ8	174 ⌐ 600	1738	40	69.52	27.48	箍筋
13	Φ8	450	640	40	25.6	10.12	箍筋

序号	级别直径	简图	单长（mm）	总根数	总长（m）	总重（kg）	备注
构件信息：2层（普通层）\ 柱 \ 2KZ-2 _ B-C/1-2 个数：1 构件单质（kg）：194.614 构件总质（kg）：194.614							
1	Φ25	3633	3633	4	14.532	55.992	中间层主筋
2	Φ22	3633	3633	8	29.064	86.728	中间层主筋
3	Φ8	450 / 450	1990	27	53.73	21.222	箍筋
4	Φ8	450 / 174	1438	27	38.826	15.336	箍筋
5	Φ8	174 / 450	1438	27	38.826	15.336	箍筋
构件信息：3层（普通层）\ 柱 \ 2KZ-2 _ B-C/1-2 个数：1 构件单质（kg）：205.372 构件总质（kg）：205.372							
1	Φ25	3858	3858	4	15.432	59.46	中间层主筋
2	Φ22	3858	3858	8	30.864	92.096	中间层主筋
3	Φ8	450 / 450	1990	28	55.72	22.008	箍筋
4	Φ8	450 / 174	1438	28	40.264	15.904	箍筋
5	Φ8	174 / 450	1438	28	40.264	15.904	箍筋
构件信息：4层（顶层）\ 柱 \ 4KZ-2 _ B-C/1-2 个数：1 构件单质（kg）：229.647 构件总质（kg）：229.647							
1	Φ25	823 3565	4388	1	4.388	16.907	外侧1号钢筋
2	Φ25	823 2690	3513	1	3.513	13.536	外侧1号钢筋
3	Φ22	656 2690	3346	1	3.346	9.984	外侧1号钢筋
4	Φ22	656 3565	4221	1	4.221	12.595	外侧1号钢筋
5	Φ25	3565 / 434 / 200	4199	1	4.199	16.179	外侧2号钢筋
6	Φ25	2690 / 434 / 200	3324	1	3.324	12.807	外侧2号钢筋
7	Φ22	2690 / 434 / 176	3300	3	9.9	29.541	外侧2号钢筋
8	Φ22	3565 / 434 / 176	4175	3	12.525	37.374	外侧2号钢筋

序号	级别直径	简图	单长（mm）	总根数	总长（m）	总重（kg）	备注
9	Φ8	450 450	1990	42	83.58	33.012	箍筋
10	Φ8	450 174	1438	42	60.396	23.856	箍筋
11	Φ8	174 450	1438	42	60.396	23.856	箍筋

3.6　框架柱 KZ4 钢筋翻样（案例三 b 边和 h 边尺寸均改变）

阅读基础、柱、梁的配筋图见图 3-25～图 3-32 后，完成轴线②/轴线Ⓐ KZ4 从基础层-顶层钢筋翻样。

3.6.1　柱主筋翻样

从图 3-50 一层和二层 KZ4 柱配筋示意图可知：首层 1KZ3 截面尺寸为 600×500，角筋为 $4\Phi25$，b 边和 h 边中部筋均为 $2\Phi22$；二层-三 KZ4 截面尺寸为 400×450，角筋为 $4\Phi25$，b 边中部筋变为 $1\Phi22$，h 边中部筋不变。

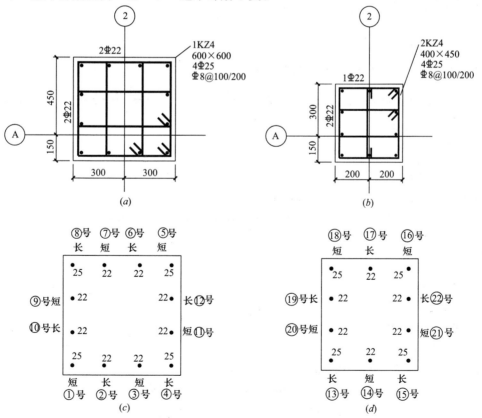

图 3-50　一层和二层 KZ4 柱配筋

（a）一层 1KZ4 配筋；（b）二层 2KZ4 配筋；（c）一层 2KZ4 主筋布置；（d）二层 2KZ4 主筋布置

KZ4 柱主筋强度等级为 HRB400，主筋直径为≤25mm，混凝土强度等级为 C35，二级抗震，从 16G101-1 第 57 和 58 页可知：$l_{aE}=37d$，$l_{abE}=37d$。

1. 基础层插筋计算

轴线②/轴线Ⓐ1KZ4 柱下的基础为 JC5，插筋构造依据 16G101-3 第 66 页。插筋保护层厚度为 40mm，插筋与首层 1KZ4 配筋相同，为 4$\underline{\Phi}$25＋8$\underline{\Phi}$22。

当 $d=22$ 时：插筋保护层厚度＝40＜5d＝5×22＝110mm，$h_j=900>l_{aE}=37×22=814$mm，当 $d=25$ 时，插筋保护层厚度＝40＜5d＝5×25＝125mm，$h_j=900<l_{aE}=37×25=925$mm，4$\underline{\Phi}$25 应选择构造（d），插筋端部弯折为 15d；8$\underline{\Phi}$22 应选择构造（b），端部弯折为 max(6d，150)＝max(6×22，150)＝150mm。

短插筋长度＝弯折长度＋基础内长度＋首层非连接区长度

1）2$\underline{\Phi}$25 短插筋长度：$=15×25+900-40+\dfrac{3970+900-550}{3}=2675$mm，

简图如下图所示：

375 ⌐
　　　2300
　　2$\underline{\Phi}$25

下料长度＝2675－2.93×25＝2602mm

2）2$\underline{\Phi}$25 长插筋长度：＝2675＋max(500，35×25)＝3550mm

简图如下图所示：

375 ⌐
　　　3175
　　2$\underline{\Phi}$25

下料长度＝3550－2.93×25＝3477mm

3）4$\underline{\Phi}$22 短插筋长度：$=\max(6×22，150)+900-40+\dfrac{3970+900-550}{3}=2450$mm

简图如下图所示：

150 ⌐
　　　2300
　　4$\underline{\Phi}$22

下料长度＝2450－2.93×22＝2386mm

4）4$\underline{\Phi}$22 长插筋长度：＝2450＋max(500，35×25)＝3325mm

简图如下图所示：

150 ⌐
　　　3175
　　4$\underline{\Phi}$22

下料长度＝3325－2.93×22＝3261mm

2. 首层主筋计算

（1）b 边主筋

1）②号、③号主筋（2$\underline{\Phi}$22），如图 3-51 所示。

计算公式：1 层层高－1 层非连接区长度＋2 层非连接区

$$=3970+900-\dfrac{3970+900-550}{3}+\max\left(\dfrac{3600-550}{6}，450，500\right)=3938\text{m}$$

简图如下图所示：

$$\frac{3928}{2\Phi22}$$

2）①号、④号（2Φ25），如图 3-51（b）所示。

①号（1Φ25 收头，长纵筋）

计算公式：1 层层高－1 层非连接区长度－保护层＋弯折（12d）

$$=3970+900-\frac{3970+900-550}{3}-35+12\times25=3695mm$$

简图如下图所示：

$$\frac{\begin{array}{c}300\\ 3395\end{array}}{1\Phi25}$$

下料长度＝3695－2.93×25＝3622mm

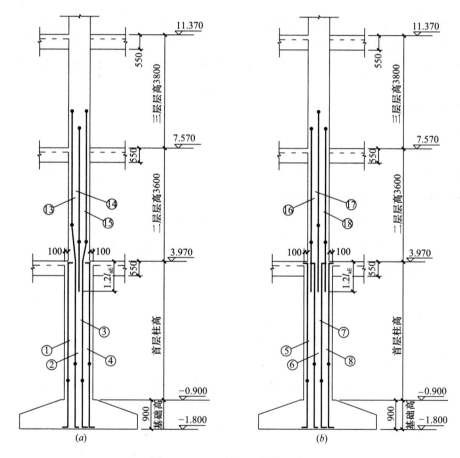

图 3-51　KZ4 柱 b 边主筋示意图

（a）b 边①号、②号、③号、④号主筋；（b）b 边⑤号、⑥号、⑦号、⑧号主筋

④号（1Φ25 收头，短纵筋）

计算公式：1 层层高－1 层非连接区长度－保护层＋弯折（12d）－接头错开距离

$$=3695-\max(35\times25,500)=2820mm$$

简图如下图所示：

```
300 |
    |_____
        2520
      1Φ25
```

下料长度＝2820－2.93×25＝2747mm

3）⑤号、⑥号、⑦号、⑧号主筋（2Φ25＋2Φ22）

⑤号主筋（1Φ25 收头，长纵筋）

计算公式：1 层层高－1 层非连接区长度－保护层＋弯折（12d）

$$=3970+900-\frac{3970+900-550}{3}-35+12×25=3695mm$$

简图如下图所示：

```
300 |
    |_____
        3395
      1Φ25
```

下料长度＝3695－2.93×25＝3622mm

⑧号（1Φ25 收头，短纵筋）

计算公式：1 层层高－1 层非连接区长度－保护层＋弯折（12d）－接头错开距离

$$=3695-max(35×25，500)=2820mm$$

简图如下图所示：

```
300 |
    |_____
        2520
      1Φ25
```

下料长度＝2820－2.93×25＝2747mm

⑦号主筋（1Φ22 收头，长纵筋）

计算公式：1 层层高－1 层非连接区长度－保护层＋弯折（12d）

$$=3970+900-\frac{3970+900-550}{3}-35+12×22=3659mm$$

简图如下图所示：

```
264 |
    |_____
        3395
      1Φ22
```

下料长度＝3659－2.93×22＝3595mm

⑥号（1Φ22 收头，短纵筋）

计算公式：1 层层高－1 层非连接区长度－保护层＋弯折（12d）－接头错开距离

$$=3659-max(35×25，500)=2784mm$$

简图如下图所示：

```
264 |
    |_____
        2520
      1Φ22
```

下料长度＝2784－2.93×22＝2720mm

（2）h 边主筋

1）⑨号、⑪号主筋（2Φ22 收头，长纵筋），如图 3-52 所示。

计算公式：1 层层高－1 层非连接区长度－保护层＋弯折（12d）

$$=3970+900-\frac{3970+900-550}{3}-35+12×22=3659mm$$

简图如下图所示：

264 |
 |___ 3395
      2⏀22

下料长度＝3659－2.93×22＝3595mm

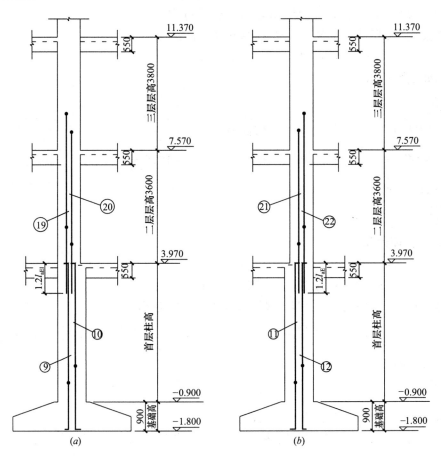

图 3-52　KZ4 柱 *h* 边主筋示意图
(*a*) *h* 边⑨号、⑩号主筋；(*b*) *h* 边⑪号、⑫号主筋

2）⑩号、⑫号主筋（2⏀22 收头，短纵筋），如图 3-52 所示。

计算公式：1 层层高－1 层非连接区长度－保护层＋弯折（12*d*）－接头错开距离
　　　　＝3659－max(35×25，500)＝2784mm

简图如下图所示：

264 |
 |___ 2520
      2⏀22

下料长度＝2784－2.93×22＝2720mm

（3）上柱插筋

1）二层柱⑭、⑳、㉑号（3⏀22，短插筋）

计算公式：2 层非连接区＋1.2*l*_{aE}

$$=\max\left(\frac{3600-550}{6}, 450, 500\right)+1.2\times37\times22=1485\text{mm}$$

简图如下图所示：

$$\frac{1485}{3\Phi22}$$

2）二层柱⑰号、⑲号、㉒号（3 Φ 22　长插筋）

计算公式：2 层非连接区＋1.2l_{aE}＋接头错开距离

$$=1485+\max(35\times25, 500)=2360\text{mm}$$

简图如下图所示：

$$\frac{2360}{3\Phi22}$$

3）二层柱⑯号、⑱号（2 Φ 25，短插筋）

$$=\max\left(\frac{3600-550}{6}, 450, 500\right)+1.2\times37\times25=1618\text{mm}$$

简图如下图所示：

$$\frac{1618}{2\Phi25}$$

3. 二层主筋计算

（1）b 边主筋

1）⑬号、⑯号、⑱（3 Φ 25），如图 3-51 所示。

计算公式：2 层层高－2 层非连接区长度＋3 层非连接区

$$=3600-\max\left(\frac{3600-550}{6}, 450, 500\right)+\max\left(\frac{3800-550}{6}, 450, 500\right)=3633\text{mm}$$

简图如下图所示：

$$\frac{3633}{3\Phi25}$$

2）15 号（1 Φ 25），如图 3-51 所示。

计算公式：2 层层高－2 层非连接区长度＋3 层非连接区＋接头错开距离

$$=3600-\max\left(\frac{3600-550}{6}, 450, 500\right)+\max\left(\frac{3800-550}{6}, 450, 500\right)$$

$$+\max(35\times25, 500)$$

$$=3633+35\times25=4508\text{mm}$$

简图如下图所示：

$$\frac{4508}{1\Phi25}$$

3）⑭、⑰号（2 Φ 22），如图 3-51 所示。

计算公式：2 层层高－2 层非连接区长度＋3 层非连接区

$$=3600-\max\left(\frac{3600-550}{6}, 450, 500\right)+\max\left(\frac{3800-550}{6}, 450, 500\right)$$

$$=3633\text{mm}$$

简图如下图所示：

$$\frac{3633}{2\Phi22}$$

（2）*h* 边主筋

⑲、⑳、㉑、㉒号（4 Φ 22），如图 3-50 所示。

计算公式：2 层层高－2 层非连接区长度＋3 层非连接区

$$=3600-\max\left(\frac{3600-550}{6},\ 450,\ 500\right)+\max\left(\frac{3800-550}{6},\ 450,\ 500\right)$$

$$=3633\text{mm}$$

简图如下图所示：

3633
4Φ22

4. 三层主筋计算

计算公式：3 层层高－3 层非连接区长度＋4 层非连接区

$$=3800-\max\left(\frac{3800-550}{6},\ 450,\ 500\right)+\max\left(\frac{4200-600}{6},\ 450,\ 500\right)$$

$$=3658\text{mm}$$

简图如下图所示：

3658
4Φ25+6Φ22

5. 顶层主筋计算

顶层角柱节点构造依据 16G101-1 第 67 页，选择②＋④做法，伸入梁内的柱外侧纵筋不宜小于柱外侧全部纵筋面积的 65%。柱内侧纵筋同中柱柱顶纵向钢筋构造，见 16G101-1 第 68 页。顶层柱纵筋布置如图 3-53 所示。

（1）锚固长度判断

由图 3-53（*b*）可知 4KZ4 为边柱，外侧共有 3 根主筋，其中 65%（3×65%＝1.95，取 2 根，1 Φ 20＋1 Φ 22）按①号钢筋计算伸入屋面梁中，锚固长度为 1.5l_{aE}，剩余按照②号钢筋计算。

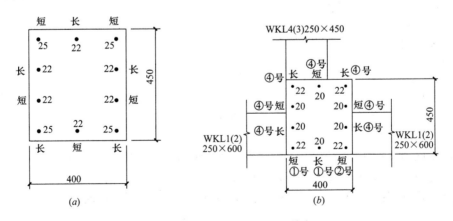

图 3-53 三层和顶层 KZ4 柱主筋布置

（*a*）三层 3KZ4 主筋布置；（*b*）顶层 4KZ4 主筋布置

（2）外侧①号主筋长度计算

①号钢筋（1 Φ 20＋1 Φ 22）

1）1 Φ 22（短纵筋），伸入 WKL4（3）梁中，如图 3-51（*b*）所示。

长度＝顶层层高－顶层非连接区－梁高＋锚固长度（$1.5l_{aE}$）－接头错开距离

$$=4200-\max\left(\frac{4200-600}{6},\ 450,\ 500\right)-450+1.5\times37\times22$$

$$-\max(35\times25,\ 500)=3496m$$

其中，弯折＝$1.5l_{aE}$－（梁高－保护层）＝$1.5\times37\times22-(450-35)=806mm$

简图如下所示

```
806 |
    |_____
       2690
    1Φ22
```

下料长度＝$3496-2.93\times22=3432mm$

2）1Φ20（长纵筋），伸入 WKL4（3）梁中，如图 3-51（b）所示。

长度＝顶层层高－顶层非连接区－梁高＋锚固长度（$1.5l_{aE}$）

$$=4200-\max\left(\frac{4200-600}{6},\ 450,\ 500\right)-450+1.5\times37\times22=4260m$$

简图如下所示

```
695 |
    |_____
       3565
    1Φ20
```

下料长度＝$4260-2.93\times20=4201mm$

（3）②号主筋长度计算

②号钢筋（1Φ22），如图 3-53 所示。

1）1Φ22（短纵筋），如图 3-53（b）所示。

长度＝顶层层高－顶层非连接区－梁高＋锚固长度－接头错开距离

注：锚固长度＝梁高－主筋保护层＋柱宽－2×箍筋保护层－2×箍筋直径＋8d

$$=4200-\max\left(\frac{4200-600}{6},\ 450,\ 500\right)-600+(600-35+400-2\times25-2\times8+8\times22)$$

$$-\max(35\times25,\ 500)$$

$$=3200mm$$

简图如下所示：

```
   176
334 |‾|
    |  |_____
          2690
      1Φ22
```

下料长度＝$3200-2\times2.93\times20=3083mm$

（4）内侧主筋长度计算

内侧主筋为 5Φ20＋2Φ22。如图 3-53（b）所示。

1）2Φ20（长纵筋），如图 3-53（b）所示。

长度＝顶层层高－顶层非连接区－梁高＋锚固长度（梁高－主筋顶保护层＋12×d）

$$=4200-\max\left(\frac{4200-600}{6},\ 450,\ 500\right)-600+(600-35+12\times20)$$

$$=3805mm$$

简图如下所示：

```
240 |
    |_____
       3565
    2Φ20
```

94

下料长度＝3805－2.93×20＝3746mm

2）3 Φ 20（短纵筋），如图 3-53（b）所示

长度＝顶层层高－顶层非连接区－梁高＋锚固长度（梁高－主筋顶保护层＋12×d）－
接头错开距离

$$＝3805－max(35×25，500)＝2930mm$$

简图如下所示：

240 | 2690
3Φ20

下料长度＝2930－2.93×20＝2871mm

3）2 Φ 22（长纵筋），如图 3-53（b）所示。

长度＝顶层层高－顶层非连接区－梁高＋锚固长度（梁高－主筋顶保护层＋12×d）

$$＝4200－max\left(\frac{4200－600}{6}，450，500\right)－600＋(600－35＋12×22)$$

$$＝3829mm$$

简图如下所示：

264 | 3565
2Φ22

下料长度＝3829－2.93×22＝3765mm

3.6.2 箍筋翻样

1. 基础层箍筋计算

基础层箍筋按照 16G101-3 第 66 页构造（d）设置，间距≤500，且不少于两道矩形封闭箍筋（非复合箍筋）。

$$根数＝\frac{基础高度－保护层}{间距}＋1＝\frac{750－40}{500}＋1＝2.42，取 3 根$$

按外包尺寸计算：长度＝2×(b+h)－8×c＋2×1.9d＋2×max(10d，75mm)

当 10d＞75 时，公式可简化为：＝2×(b+h)－8×c＋23.8d

2×(600＋600)－8×25＋23.8×8＝2390mm，简图如下图所示：

下料长度＝2390－3×1.75×8＝2348mm

2. 首层箍筋计算

（1）长度计算

首层 1KZ4 柱配筋如图 3-54 所示，共有 3 种类型的箍筋。

1）1 号箍筋

2×(600＋600)－8×25＋23.8×8＝2390mm，

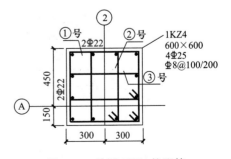

图 3-54　首层 1KZ4 柱配筋

简图如下图所示：

下料长度＝2390－3×1.75×8＝2348mm

2）2号、3号箍筋

b 边共有 4 根主筋，间距＝$\dfrac{b-2c-2d-D}{b\,边纵筋根数-1}=\dfrac{600-2\times25-2\times8-25}{3}=169.67$mm

2 号箍筋长度＝(169.67＋2×8＋22)×2＋(600－2×25)×2＋23.8×8＝1706mm

简图如下所示：

下料长度＝1706－3×1.75×8＝1664mm

（2）根数计算

加密区：

① 柱根部非连接区 $\dfrac{3970+900-550}{3}=1440$mm，$\dfrac{1440-50}{100}+1=14.9$ 根

② 梁下部位 $\max\left(\dfrac{3970+900-550}{6},\ 600,\ 500\right)=720$mm，$\dfrac{720}{100}+1=8.2$ 根

③ 梁高范围内 $\dfrac{550}{100}=5.5$ 根

非加密区

$=\dfrac{3970+900-1440-720-550}{200}-1=9.8$ 根

共 14.9＋8.2＋5.5＋9.8＝38.4，取 39 根。

3. 二层～顶层柱箍筋计算

二层、三层2KZ3柱配筋如图3-55所示。顶层4KZ4柱配筋如图3-56所示。

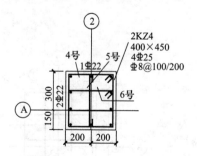

图 3-55 二层、三层 2KZ4 柱配筋

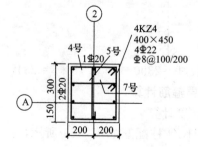

图 3-56 顶层 4KZ4 柱配筋

（1）二、层 2KZ4 箍筋长度计算

1）4 号箍筋

$2×(400+450)-8×25+23.8×8=1690mm$，简图如下图所示：

下料长度为：$1690-3×1.75×8=1648mm$

2）5 号箍筋

按只勾住主筋计算

长度$=450-2×25+23.8×8=590mm$

简图如下所示：

3）6 号箍筋

b 边共有 4 根主筋，间距$=\dfrac{b-2c-2d-D}{b\text{边纵筋根数}-1}=\dfrac{450-2×25-2×8-25}{3}=119.67mm$

2 号箍筋长度$=(119.67+2×8+22)×2+(400-2×25)×2+23.8×8=1206mm$

简图如下所示：

下料长度$=1206-3×1.75×8=1164mm$

（2）二层柱 2KZ3 根数计算

加密区：

① 柱根部非连接区 $\max\left(\dfrac{3600-550}{6}，450，500\right)=508.33mm$，$\dfrac{508.33-50}{100}+1=5.58$ 根

② 梁下部位 $\max\left(\dfrac{3600-550}{6}，450，500\right)=508.33mm$，$\dfrac{508.33}{100}+1=6.08$ 根

③ 梁高范围内 $\dfrac{550}{100}=5.5$ 根

非加密区

$=\dfrac{3600-508.33-508.33-550}{200}-1=9.17$ 根

共 $5.58+6.08+5.5+9.17=26.33$，取 27 根

（3）三层柱 3KZ3 根数计算

加密区：

① 柱根部非连接区 $\max\left(\dfrac{3800-550}{6}，450，500\right)=541.67mm$，$\dfrac{541.67-50}{100}+1=5.92$ 根

② 梁下部位 $\max\left(\dfrac{3800-550}{6}，450，500\right)=541.67mm$，$\dfrac{541.67}{100}+1=6.42$ 根

③ 梁高范围内 $\dfrac{550}{100}=5.5$ 根

非加密区

$=\dfrac{3800-541.67-541.67-550}{200}-1=9.83$ 根

共 $5.92+6.42+5.5+9.83=27.67$，取 28 根

（4）顶层 4KZ4 箍筋长度计算

6 号箍筋

b 边共有 4 根主筋，间距$=\dfrac{b-2c-2d-D}{b\ 边纵筋根数-1}=\dfrac{450-2\times25-2\times8-22}{3}=120.67\mathrm{mm}$

2 号箍筋长度$=(120.67+2\times8+20)\times2+(400-2\times25)\times2+23.8\times8=1204\mathrm{mm}$

简图如下所示：

下料长度$=1204-3\times1.75\times8=1162\mathrm{mm}$

（5）顶层柱 4KZ3 根数计算

加密区：

① 柱根部非连接区 $\max\left(\dfrac{4200-600}{6},\ 450,\ 500\right)=600\mathrm{mm}$，$\dfrac{600-50}{100}+1=6.5$ 根

② 梁下部位 $\max\left(\dfrac{4200-600}{6},\ 450,\ 500\right)=600\mathrm{mm}$，$\dfrac{600}{100}+1=7$ 根

③ 梁高范围内 $\dfrac{600}{100}=6$ 根

非加密区

$=\dfrac{4200-600-600-600}{200}-1=11$ 根

共 $6.5+7+6+11=30.5$，取 31 根

一～四层轴线②/Ⓐ柱 KZ4 钢筋见表 3-5。

轴线①/ⒷKZ1 柱钢筋明细表　　　　　　　　　　　　表 3-5

序号	级别直径	简图	单长（mm）	总根数	总长（m）	总重（kg）	备注
构件信息：0 层（基础层）\ 柱 \ 1KZ-4 _ A-B/2-3 个数：1 构件单质（kg）：123.778 构件总质（kg）：123.778							
1	Φ25	3175 375	3550	2	7.1	27.356	基础插筋
2	Φ25	2300 375	2675	2	5.35	20.614	基础插筋
3	Φ22	3175 150	3325	4	13.3	39.688	基础插筋
4	Φ22	2300 150	2450	4	9.8	29.244	基础插筋
5	Φ8	550 550	2390	3	7.17	2.832	箍筋
6	Φ8	208 550	1706	3	5.118	2.022	箍筋

续表

序号	级别直径	简图	单长（mm）	总根数	总长（m）	总重（kg）	备注
7	Φ8	550 ⌐208	1706	3	5.118	2.022	箍筋

构件信息：1 层（首层）\ 柱 \ 1KZ-4 _ A-B/2-3
个数：1 构件单质（kg）：267.656 构件总质（kg）：267.656

序号	级别直径	简图	单长（mm）	总根数	总长（m）	总重（kg）	备注
1	Φ25	1618	1618	2	3.236	12.468	上柱插筋
2	Φ22	1485	1485	3	4.455	13.293	上柱插筋
3	Φ22	2360	2360	3	7.08	21.126	上柱插筋
4	Φ25	2520 ⌐300	2820	2	5.64	21.73	变截面弯折
5	Φ25	3395 ⌐300	3695	2	7.39	28.474	变截面弯折
6	Φ22	2520 ⌐264	2784	3	8.352	24.921	变截面弯折
7	Φ22	3395 ⌐264	3659	3	10.977	32.754	变截面弯折
8	Φ22	3938	3938	2	7.876	23.502	中间层主筋
9	Φ8	550 ⌐550	2390	39	93.21	36.816	箍筋
10	Φ8	208 ⌐550	1706	39	66.534	26.286	箍筋
11	Φ8	550 ⌐208	1706	39	66.534	26.286	箍筋

构件信息：2 层（普通层）\ 柱 \ 2KZ-4 _ A-B/2-3
个数：1 构件单质（kg）：193.529 构件总质（kg）：193.529

序号	级别直径	简图	单长（mm）	总根数	总长（m）	总重（kg）	备注
1	Φ25	3633	3633	3	10.899	41.994	中间层主筋
2	Φ25	4508	4508	1	4.508	17.369	中间层主筋
3	Φ22	3633	3633	6	21.798	65.046	中间层主筋
4	Φ8	450 ⌐450	1990	36	71.64	28.296	箍筋
5	Φ8	173 ⌐450	1436	36	51.696	20.412	箍筋

续表

序号	级别直径	简图	单长（mm）	总根数	总长（m）	总重（kg）	备注
6	Φ8	450 ⌐ 173	1436	36	51.696	20.412	箍筋

构件信息：3层（普通层）\柱\2KZ-4 _ A-B/2-3
个数：1 构件单质（kg）：167.088 构件总质（kg）：167.088

序号	级别直径	简图	单长（mm）	总根数	总长（m）	总重（kg）	备注
1	Φ25	3858	3858	4	15.432	59.46	中间层主筋
2	Φ22	3858	3858	6	23.148	69.072	中间层主筋
3	Φ8	350 ⌐ 400	1690	28	47.32	18.704	箍筋
4	Φ8	350 ⌐ 158	1206	28	33.768	13.328	箍筋
5	Φ8	400	590	28	16.52	6.524	箍筋

构件信息：4层（顶层）\柱\4KZ-4 _ A-B/3 外
个数：1 构件单质（kg）：136.466 构件总质（kg）：136.466

序号	级别直径	简图	单长（mm）	总根数	总长（m）	总重（kg）	备注
1	Φ22	806 \ 2690	3496	1	3.496	10.432	外侧1号钢筋
2	Φ20	695 \ 3565	4260	1	4.26	10.505	外侧1号钢筋
3	Φ22	334 2690 176	3200	1	3.2	9.549	外侧2号钢筋
4	Φ20	240 \ 2690	2930	3	8.79	21.675	外侧4号钢筋
5	Φ20	240 \ 3565	3805	2	7.61	18.766	外侧4号钢筋
6	Φ22	264 \ 3565	3829	2	7.658	22.852	外侧4号钢筋
7	Φ8	350 ⌐ 400	1690	31	52.39	20.708	箍筋
8	Φ8	350 ⌐ 157	1204	31	37.324	14.756	箍筋
9	Φ8	400	590	31	18.29	7.223	箍筋

3.7 框架柱 KZ8 钢筋翻样（案例四 b 边和 h 边尺寸均改变）

阅读基础、柱、梁的配筋图见图 3-25～图 3-32 后，完成轴线①/轴线ⓒKZ8 从基础层-顶层钢筋翻样。

3.7.1 基础层插筋计算

轴线①/轴线ⓒ1KZ8 柱如图 3-57 所示，其柱下的基础为 JC4，插筋构造依据 16G101-3 第 66 页。插筋保护层厚度为 40mm，插筋与首层 1KZ8 配筋相同，为 4Φ25＋8Φ22。

当 $d=22$ 时：插筋保护层厚度＝40＜$5d=5\times22=110$mm，$h_j=800<l_{aE}=37\times22=$814mm。4$\Phi$25＋8$\Phi$22 应选择构造（d），插筋端部弯折为 $15d$。

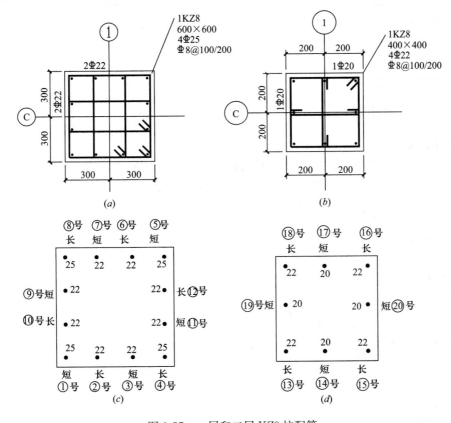

图 3-57　一层和二层 KZ8 柱配筋

（a）一层 1KZ8 配筋；（b）二层 2KZ8 配筋；（c）一层 1KZ8 主筋布置；（d）二层 2KZ8 主筋布置

短插筋长度＝弯折长度＋基础内长度＋首层非连接区长度

1. 2Φ25 短插筋长度：$=15\times25+800-40+\dfrac{3970+1000-600}{3}=2592$mm，

简图如下图所示：

375 | 2217
―――――
2Φ25

下料长度＝2592－2.93×25＝2518mm

2. 2Φ25 长插筋长度：$=2592+\max(500,35\times25)=3467$mm

简图如下图所示：

375 | 3092
―――――
2Φ25

下料长度＝3467－2.93×25＝3393mm

101

3. 4 Φ 22 短插筋长度：$=15\times22+900-40+\dfrac{3970+1000-600}{3}=2547\text{mm}$

简图如下图所示：

$$330 \quad | \quad \underline{\quad 2217 \quad}$$
$$4\Phi22$$

下料长度 $=2547-2.93\times22=2482\text{mm}$

4. 4 Φ 22 长插筋长度：$=2547+\max(500，35\times25)=3422\text{mm}$

简图如下图所示：

$$330 \quad | \quad \underline{\quad 3092 \quad}$$
$$4\Phi22$$

下料长度 $=3422-2.93\times22=3357\text{mm}$

3.7.2 首层主筋计算

1. b 边主筋

(1) ①号、⑤主筋（2 Φ 25 收头，长纵筋），如图 3-58 所示。

计算公式：1 层层高－1 层非连接区长度＋2 层非连接区

$$=3970+1000-\dfrac{3970+1000-600}{3}-35+12\times25=3778\text{m}$$

简图如下图所示：

$$300 \quad | \quad \underline{\quad 3478 \quad}$$
$$2\Phi25$$

下料长度 $=3778-2.93\times25=3705\text{mm}$

(2) ④号、⑧号（2 Φ 25 收头，短纵筋），如图 3-58 所示。

计算公式：1 层层高－1 层非连接区长度－保护层＋弯折（12d）－接头错开距离

$$=3778-\max(35\times25，500)=2903\text{mm}$$

简图如下图所示：

$$300 \quad | \quad \underline{\quad 2603 \quad}$$
$$2\Phi25$$

下料长度 $=2903-2.93\times25=2830\text{mm}$

(3) ③号、⑦主筋（2 Φ 22 收头，长纵筋），如图 3-58 所示。

计算公式：1 层层高－1 层非连接区长度＋2 层非连接区

$$=3970+1000-\dfrac{3970+1000-600}{3}-35+12\times22=3742\text{m}$$

简图如下图所示：

$$264 \quad | \quad \underline{\quad 3478 \quad}$$
$$2\Phi22$$

下料长度 $=3742-2.93\times22=3678\text{mm}$

(4) ②号、⑥号（2 Φ 22 收头，短纵筋），如图 3-58 所示。

计算公式：1 层层高－1 层非连接区长度－保护层＋弯折（12d）－接头错开距离

$$=342-\max(35\times25，500)=2867\text{mm}$$

简图如下图所示：

下料长度＝2867－2.93×22＝2803mm

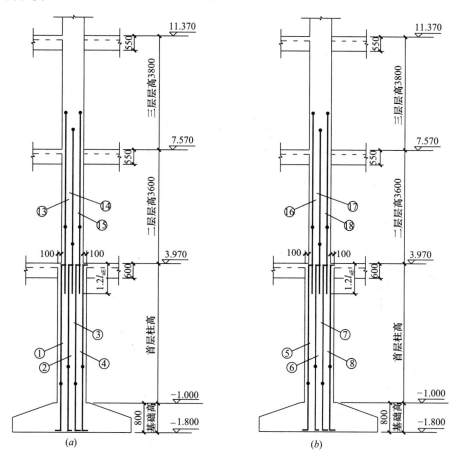

图 3-58 KZ8 柱 *b* 边主筋示意图

（*a*）*b* 边①号、②号、③号、④号主筋；（*b*）*b* 边⑤号、⑥号、⑦号、⑧号主筋

2. *h* 边主筋

（1）⑨号、⑪主筋（2⊕22 收头，长纵筋），如图 3-59 所示。

计算公式：1 层层高－1 层非连接区长度＋2 层非连接区

$$=3970+1000-\frac{3970+1000-600}{3}-35+12\times22=3742\mathrm{m}$$

简图如下图所示：

下料长度＝3742－2.93×22＝3678mm

（2）⑩号、⑫号（2⊕22 收头，短纵筋），如图 3-59 所示。

计算公式：1 层层高－1 层非连接区长度－保护层＋弯折（12*d*）－接头错开距离

$$=342-\max(35\times25,500)=2867\mathrm{mm}$$

简图如下图所示：

103

$$\frac{264 \mid 2603}{2\,\underline{\Phi}\,22}$$

下料长度＝2867－2.93×22＝2803mm

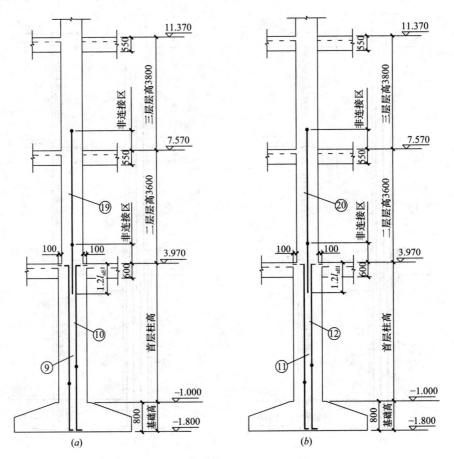

图 3-59　KZ8 柱 h 边主筋示意图

(a) b 边⑨号、⑩号主筋；(b) b 边⑪号、⑫号主筋

3. 上柱插筋

（1）二层柱⑬、⑮、⑯、⑱号（4 $\underline{\Phi}$ 22，长插筋）

计算公式：2 层非连接区＋1.2l_{aE}＋接头错开距离

$$=\max\left(\frac{3600-550}{6},\ 400,\ 500\right)+1.2\times37\times22+\max(35\times22,\ 500)$$

$$=2255\text{mm}$$

简图如下图所示：

$$\frac{2255}{4\,\underline{\Phi}\,22}$$

（2）二层柱⑲、⑳、⑭、⑰号（4 $\underline{\Phi}$ 20，短插筋）

计算公式：2 层非连接区＋1.2l_{aE}

$$=\max\left(\frac{3600-550}{6},\ 450,\ 500\right)+1.2\times37\times20=1396\text{mm}$$

简图如下图所示：

$$\frac{1396}{4\Phi20}$$

3.7.3 二层主筋计算

计算公式：二层层高－二层非连接区长度＋三层非连接区

$$=3600-\max\left(\frac{3600-550}{6},\ 400,\ 500\right)+\max\left(\frac{3800-550}{6},\ 400,\ 500\right)=3633\text{mm}$$

简图如下图所示：

$$\frac{3633}{4\Phi22+4\Phi20}$$

3.7.4 三层主筋计算

计算公式：三层层高－三层非连接区长度＋四层非连接区

$$=3600-\max\left(\frac{3800-550}{6},\ 400,\ 500\right)+\max\left(\frac{4200-600}{6},\ 400,\ 500\right)=3858\text{mm}$$

简图如下图所示：

$$\frac{3858}{4\Phi22+4\Phi20}$$

3.7.5 顶层主筋计算

顶层角柱节点构造依据 16G101-1 第 67 页，选择②＋④做法，伸入梁内的柱外侧纵筋不宜小于柱外侧全部纵筋面积的 65%。柱内侧纵筋同中柱柱顶纵向钢筋构造，见 16G101-1 第 68 页。顶层柱纵筋布置如图 3-60 所示。

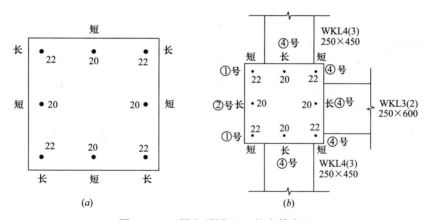

图 3-60 三层和顶层 KZ8 柱主筋布置

（*a*）三层 3KZ8 主筋布置；（*b*）顶层 4KZ8 主筋布置

1. 锚固方式判断

由图 3-60（*b*）可知 4KZ8 为边柱，外侧共有 3 根主筋，其中 65%（$3\times65\%=1.5$，取 2 根，2Φ22）按①号钢筋计算伸入屋面梁中，锚固长度为 $1.5l_{aE}$，1Φ20 按照②号钢筋计算。

内侧：当直锚长度$\geq l_{aE}$ 时，采用构造④；当直锚长度$< l_{aE}$ 时，且柱顶有不小于 100mm 厚现浇板时，采用构造②；当直锚长度$< l_{aE}$ 时，且柱顶无不小于 100mm 厚现浇板时，采用构造①。

4KZ8 内侧（3Φ20）：直锚长度＝与 4KZ8 相连梁高－保护层，$600-35=565<l_{aE}=$

$37 \times 20 = 740\text{mm}$，采用构造②；

4KZ8内侧（$2 \phi 22$）：直锚长度＝与4KZ8相连梁高－保护层，$600 - 35 = 565 < l_{aE} = 37 \times 22 = 814\text{mm}$，采用构造②。

2. ②号外侧主筋长度计算

（1）$2 \phi 22$（短纵筋），伸入WKL4（2）梁中，如图3-60（b）所示。

长度＝顶层层高－顶层非连接区－梁高＋锚固长度（$1.5 l_{aE}$）－接头错开距离

$$= 4200 - \max\left(\frac{4200 - 600}{6}, 400, 500\right) - 600 + 1.5 \times 37 \times 22 - \max(35 \times 22, 500)$$

$$= 3601\text{mm}$$

其中，弯折＝$1.5 l_{aE} -$（梁高－保护层）$= 1.5 \times 37 \times 22 - (450 - 35) = 806\text{mm}$

简图如下所示

$$806 \underline{\left| \begin{array}{c} 2795 \\ \hline 2 \phi 22 \end{array} \right.}$$

下料长度＝$3607 - 2.93 \times 22 = 3537\text{mm}$

（2）$1 \phi 20$（长纵筋），如图3-60（b）所示。

长度＝顶层层高－顶层非连接区－梁高＋锚固长度（$1.5 l_{aE}$）

$$= 4200 - \max\left(\frac{4200 - 600}{6}, 400, 500\right) - 600 + 600 - 35 + 400 - 2 \times 25 - 2 \times 8 + 8 \times 20$$

$$= 4059\text{mm}$$

简图如下所示

$$334 \underline{\left| \begin{array}{c} 160 \\ \overline{} \\ 3565 \\ \hline 1 \phi 20 \end{array} \right.}$$

下料长度＝$4059 - 2.93 \times 20 \times 2 = 3942\text{mm}$

3. ④号内侧主筋长度计算

（1）$2 \phi 22$（短纵筋），如图3-60（b）所示。

长度＝顶层层高－顶层非连接区－梁高＋锚固长度（梁高－主筋顶保护层＋$12 \times d$）－接头错开距离

$$= 4200 - \max\left(\frac{4200 - 600}{6}, 400, 500\right) - 600 + (600 - 35 + 12 \times 22)$$

$$- \max(35 \times 22, 500)$$

$$= 3059\text{mm}$$

简图如下所示：

$$264 \underline{\left| \begin{array}{c} 2795 \\ \hline 2 \phi 22 \end{array} \right.}$$

下料长度＝$3059 - 2.93 \times 22 = 2995\text{mm}$

（2）$3 \phi 20$（长纵筋），如图3-60（b）所示。

长度＝顶层层高－顶层非连接区－梁高＋锚固长度（梁高－主筋顶保护层）

$$= 4200 - \max\left(\frac{4200 - 600}{6}, 400, 500\right) - 600 + (600 - 35 + 12 \times 20)$$

$$= 3805\text{mm}$$

简图如下所示：

240 | 3565
3⊈20

一～四层轴线①/ⓒ柱 KZ8 钢筋见表 3-6。

轴线①/ⓒ柱 KZ8 钢筋明细表　　　　　　　　　　表 3-6

序号	级别直径	简图	单长（mm）	总根数	总长（m）	总重（kg）	备注
构件信息：0 层（基础层）\ 柱 \ 1KZ-8 _ C-D/1-2　个数：1 构件单质（kg）：124.81 构件总质（kg）：124.81							
1	⊈ 25	3092 / 375	3467	2	6.934	26.716	基础插筋
2	⊈ 25	2217 / 375	2592	2	5.184	19.974	基础插筋
3	⊈ 22	3092 / 330	3422	4	13.688	40.844	基础插筋
4	⊈ 22	2217 / 330	2547	4	10.188	30.4	基础插筋
5	⊈ 8	550 / 550	2390	3	7.17	2.832	箍筋
6	⊈ 8	208 / 550	1706	3	5.118	2.022	箍筋
7	⊈ 8	550 / 208	1706	3	5.118	2.022	箍筋
构件信息：1 层（首层）\ 柱 \ 1KZ-8 _ C-D/1-2　个数：1 构件单质（kg）：262.736 构件总质（kg）：262.736							
1	⊈ 22	2255	2255	4	9.02	26.916	上柱插筋
2	⊈ 20	1396	1396	4	5.584	13.772	上柱插筋
3	⊈ 25	2603 / 300	2903	2	5.806	22.37	变截面弯折
4	⊈ 25	3478 / 300	3778	2	7.556	29.114	变截面弯折
5	⊈ 22	2603 / 264	2867	4	11.468	34.22	变截面弯折
6	⊈ 22	3478 / 264	3742	4	14.968	44.664	变截面弯折

序号	级别直径	简图	单长（mm）	总根数	总长（m）	总重（kg）	备注
7	Φ8	550 / 550	2390	40	95.6	37.76	箍筋
8	Φ8	208 / 550	1706	40	68.24	26.96	箍筋
9	Φ8	550 / 208	1706	40	68.24	26.96	箍筋

构件信息：2 层（普通层）\ 柱 \ 2KZ-8 _ 1-2/C-D
个数：1 构件单质（kg）：107.658 构件总质（kg）：107.658

序号	级别直径	简图	单长（mm）	总根数	总长（m）	总重（kg）	备注
1	Φ22	3633	3633	4	14.532	43.364	中间层主筋
2	Φ20	3633	3633	4	14.532	35.836	中间层主筋
3	Φ8	350 / 350	1590	27	42.93	16.956	箍筋
4	Φ8	350	540	54	29.16	11.502	箍筋

构件信息：3 层（普通层）\ 柱 \ 2KZ-8 _ C-D/1-2
个数：1 构件单质（kg）：113.616 构件总质（kg）：113.616

序号	级别直径	简图	单长（mm）	总根数	总长（m）	总重（kg）	备注
1	Φ20	3858	3858	4	15.432	46.048	中间层主筋
2	Φ20	3858	3858	4	15.432	38.056	中间层主筋
3	Φ8	350 / 350	1590	28	44.52	17.584	箍筋
4	Φ8	350	540	56	30.24	11.928	箍筋

构件信息：4 层（顶层）\ 柱 \ 4KZ-8 _ 1-2/C-D
个数：1 构件单质（kg）：110.578 构件总质（kg）：110.578

序号	级别直径	简图	单长（mm）	总根数	总长（m）	总重（kg）	备注
1	Φ22	806 | 2795	3601	2	7.202	21.49	本层收头弯折
2	Φ20	334 | 3565 / 160	4059	1	4.059	10.009	本层收头弯折
3	Φ22	264 | 2795	3059	2	6.118	18.256	本层收头弯折
4	Φ20	240 | 3565	3805	3	11.415	28.149	本层收头弯折
5	Φ8	350 / 350	1590	31	49.29	19.468	箍筋
6	Φ8	350	540	62	33.48	13.206	箍筋

3.8 框架柱 KZ3 钢筋翻样（案例五截面不变，下柱比上柱的钢筋根数多）

阅读基础、柱、梁的配筋图见图 3-25～图 3-32 后，完成轴线①/轴线ⒺKZ3 从基础层-顶层钢筋翻样。

3.8.1 柱主筋翻样

从图 3-61 首层和二层 KZ3 柱配筋示意图可知：首层 1KZ3 截面尺寸为 600×500，角筋为 $4 \oplus 25$，b 边中部筋为 $2 \oplus 22 + 1 \oplus 18$，$h$ 边中部筋为 $2 \oplus 22$；二层-顶层 KZ3 截面尺寸为 600×500，角筋为 $4 \oplus 25$，b 边中部筋变为 $2 \oplus 22$，h 边中部筋不变；截面尺寸不变，而配筋有变化，④号，⑦号为下柱比上柱多出的钢筋。

KZ3 柱主筋强度等级为 HRB400，主筋直径为 $\leqslant 25$mm，混凝土强度等级为 C35，二级抗震，从 16G101-1 第 57 和 58 页可知：$l_{aE} = 37d$，$l_{abE} = 37d$。

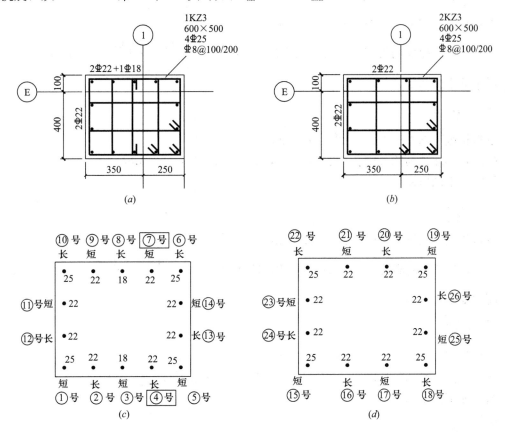

图 3-61　首层和二层 KZ3 柱主筋布置

（a）一层 1KZ3 配筋；（b）二层 2KZ3 配筋；（c）一层 1KZ3 主筋布置；（d）二层 2KZ3 主筋布置

1. 基础层插筋计算

轴线①/轴线Ⓑ1KZ2 柱下的基础为 JC2，插筋构造依据 16G101-3 第 66 页。插筋保护层厚度为 40mm，插筋与首层 1KZ1 配筋相同，为 $4 \oplus 25 + 8 \oplus 22 + 2 \oplus 18$。

当 $d=22$ 时：插筋保护层厚度$=40<5d=5\times22=110\mathrm{mm}$，$h_{\mathrm{j}}=700<l_{\mathrm{aE}}=37\times22=814\mathrm{mm}$，
当 $d=18$ 时，插筋保护层厚度$=40<5d=5\times18=90\mathrm{mm}$，$h_{\mathrm{j}}=700>l_{\mathrm{aE}}=37\times18=666\mathrm{mm}$，

$4\,\Phi\,25+8\,\Phi\,22$ 应选择构造（d），插筋端部弯折为 $15d$；$2\,\Phi\,18$ 应选择构造（b），端部弯折为 $\max(6d,150)=\max(6\times18,150)=150\mathrm{mm}$

短插筋长度＝弯折长度＋基础内长度＋首层非连接区长度

（1）$2\,\Phi\,25$ 短插筋长度：$=15\times25+700-40+\dfrac{3970+1100-600}{3}=2525\mathrm{mm}$

简图如下图所示：

$$375\ \underline{\big|\ \ \underset{2\Phi25}{2150}}$$

下料长度$=2525-2.93\times25=2452\mathrm{mm}$

（2）$2\,\Phi\,25$ 长插筋长度：$=2525+\max(500,35\times25)=3400\mathrm{mm}$

简图如下图所示：

$$375\ \underline{\big|\ \ \underset{2\Phi25}{3025}}$$

下料长度$=3400-2.93\times25=3327\mathrm{mm}$

（3）$4\,\Phi\,22$ 短插筋长度：$=15\times22+700-40+\dfrac{3970+1100-600}{3}=2480\mathrm{mm}$

简图如下图所示：

$$330\ \underline{\big|\ \ \underset{4\Phi22}{2150}}$$

下料长度$=2480-2.93\times22=2416\mathrm{mm}$

（4）$4\,\Phi\,22$ 长插筋长度：$=2480+\max(500,35\times25)=3355\mathrm{mm}$

简图如下图所示：

$$330\ \underline{\big|\ \ \underset{4\Phi22}{3025}}$$

下料长度$=3355-2.93\times22=3291\mathrm{mm}$

（5）$1\,\Phi\,18$ 短插筋长度：$=\max(6\times18,150)+700-40+\dfrac{3970+1100-600}{3}=2300\mathrm{mm}$，

简图如下图所示：

$$150\ \underline{\big|\ \ \underset{1\Phi18}{2150}}$$

下料长度$=2300-2.93\times18=2247\mathrm{mm}$

（6）$1\,\Phi\,18$ 长插筋长度：$=2300+\max(500,35\times25)=3175\mathrm{mm}$

简图如下图所示：

$$150\ \underline{\big|\ \ \underset{1\Phi18}{3025}}$$

下料长度$=3175-2.93\times18=3122\mathrm{mm}$

2. 首层主筋计算

（1）b 边主筋

1）①号、⑤号、⑥号、⑩号主筋（$4\,\Phi\,25$），如图 3-62 所示。

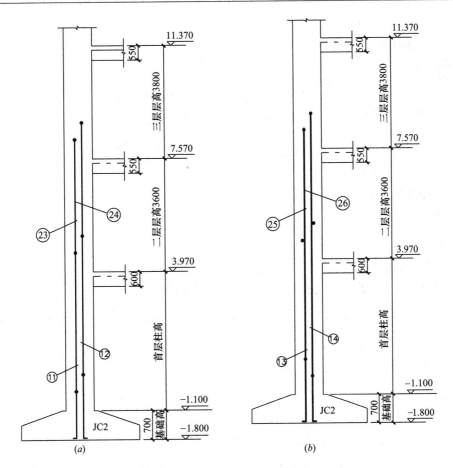

图 3-63 KZ3 柱 h 边主筋示意图

(a) h 边⑪号、⑫号主筋；(b) h 边⑬号、⑭号主筋

2) ⑱号主筋（1⊕25），如图 3-62 所示。

计算公式：2 层层高－2 层非连接区长度＋3 层非连接区＋接头错开距离

$$=3600-\max\left(\frac{3600-550}{6},\ 600,\ 500\right)+\max\left(\frac{3800-550}{6},\ 600,\ 500\right)$$

$$+\max(35\times25,\ 500)$$

$$=3600+\max(35\times25,\ 500)$$

$$=4475\text{mm}$$

简图如下图所示：

$$\frac{4475}{1⊕25}$$

3) ⑲号主筋（1⊕25），如图 3-62 所示。

计算公式：2 层层高－2 层非连接区长度＋3 层非连接区－接头错开距离

$$=3600-\max\left(\frac{3600-550}{6},\ 600,\ 500\right)+\max\left(\frac{3800-550}{6},\ 600,\ 500\right)$$

$$-\max(35\times25,\ 500)$$

$$=3600-\max(35\times25,\ 500)$$

$$=2725\text{mm}$$

简图如下图所示：

$$\frac{2725}{1\oplus25}$$

4）⑯号、⑰号、⑳号、㉑号主筋（4$\oplus$22），如图 3-62 所示。

计算公式：2 层层高$-$2 层非连接区长度$+$3 层非连接区

$$=3600-\max\left(\frac{3600-550}{6},\ 600,\ 500\right)+\max\left(\frac{3800-550}{6},\ 600,\ 500\right)$$

$$=3600\text{mm}$$

简图如下图所示：

$$\frac{3600}{4\oplus22}$$

（2）h 边主筋

1）㉓号、㉔号主筋（2$\oplus$22），如图 3-63 所示。

计算公式：2 层层高$-$2 层非连接区长度$+$3 层非连接区

$$=3600-\max\left(\frac{3600-550}{6},\ 600,\ 500\right)+\max\left(\frac{3800-550}{6},\ 600,\ 500\right)$$

$$=3600\text{mm}$$

简图如下图所示：

$$\frac{3600}{2\oplus22}$$

2）㉕号主筋（1$\oplus$22），如图 3-63 所示。

计算公式：2 层层高$-$2 层非连接区长度$+$3 层非连接区$-$接头错开距离

$$=3600-\max\left(\frac{3600-550}{6},\ 600,\ 500\right)+\max\left(\frac{3800-550}{6},\ 600,\ 500\right)$$

$$\quad-\max(35\times25,\ 500)$$

$$=3600-\max(35\times25,\ 500)$$

$$=2725\text{mm}$$

简图如下图所示：

$$\frac{2725}{1\oplus22}$$

3）㉖号主筋（2$\oplus$22）如图 3-63 所示。

计算公式：2 层层高$-$2 层非连接区长度$+$3 层非连接区$+$接头错开距离

$$=3600-\max\left(\frac{3600-550}{6},\ 600,\ 500\right)+\max\left(\frac{3800-550}{6},\ 600,\ 500\right)$$

$$\quad+\max(35\times25,\ 500)$$

$$=3600+\max(35\times25,\ 500)$$

$$=4475\text{mm}$$

简图如下图所示：

$$\frac{4475}{1\oplus22}$$

4. 三层主筋计算

计算公式：3 层层高$-$3 层非连接区长度$+$4 层非连接区

$$=3800-\max\left(\frac{3800-550}{6}, 600, 500\right)+\max\left(\frac{4200-600}{6}, 600, 500\right)=3800\text{mm}$$

简图如下图所示：

$$\frac{3800}{4\underline{\Phi}25+8\underline{\Phi}22}$$

5. 顶层主筋计算

顶层角柱节点构造依据 16G101-1 第 67 页，选择②＋④做法，伸入梁内的柱外侧纵筋不宜小于柱外侧全部纵筋面积的 65%。柱内侧纵筋同中柱柱顶纵向钢筋构造，见 16G101-1 第 68 页。顶层柱纵筋布置如图 3-64 所示。

（1）锚固长度判断

由图 3-64（b）可知 4KZ3 为角柱，外侧共有 7 根主筋，其中 65%（7×65%＝4.55，取 5 根，2$\underline{\Phi}$25＋3$\underline{\Phi}$22）按①号钢筋计算伸入屋面梁中，锚固长度为 1.5l_{aE}，剩余按照②号钢筋计算，如图 3-64（b）所示。

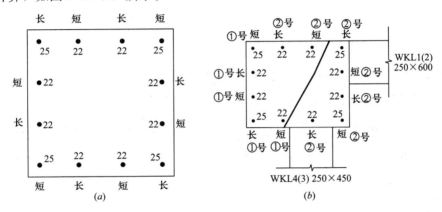

图 3-64 三层和顶层 KZ3 柱主筋布置

（a）三层 3KZ3 主筋布置；（b）顶层 4KZ3 主筋布置

（2）外侧①号主筋长度计算

①号钢筋（2$\underline{\Phi}$25＋3$\underline{\Phi}$22），如图 3-65 所示。

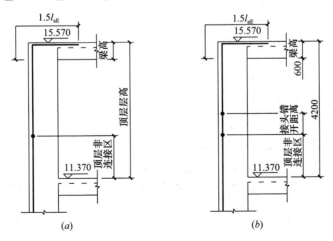

图 3-65 顶层柱 KZ3 外侧①号纵筋计算示意图

（a）外侧①号长纵筋；（b）外侧①号短纵筋

1）1Φ25（长纵筋），伸入 WKL1（2）梁中，如图 3-65（a）所示。

长度＝顶层层高－顶层非连接区－梁高＋锚固长度（1.5l_{aE}）

$$=4200-\max\left(\frac{4200-600}{6},\ 500,\ 500\right)-600+1.5\times37\times25=4388mm$$

其中，弯折＝1.5l_{aE}－（梁高－保护层）＝1.5×37×25－（600－35）＝823mm

简图如下所示

823 | 3565
1Φ25

下料长度＝4338－2.93×25＝4314mm

2）1Φ25（短纵筋），伸入 WKL1（2）梁中，如图 3-65（b）所示。

长度＝顶层层高－顶层非连接区－梁高＋锚固长度（1.5l_{aE}）－接头错开距离

$$=4388-\max(35\times25,\ 500)=3513mm$$

简图如下所示

823 | 2690
1Φ25

下料长度＝3513－2.93×25＝3439mm

3）1Φ22（长纵筋），伸入 WKL1（2）梁中，如图 3-65（a）所示。

长度＝顶层层高－顶层非连接区－梁高＋锚固长度（1.5l_{aE}）

$$=4200-\max\left(\frac{4200-600}{6},\ 500,\ 500\right)-600+1.5\times37\times22=4221mm$$

其中，弯折＝1.5l_{aE}－（梁高－保护层）＝1.5×37×22－（600－35）＝656mm

简图如下所示

656 | 3565
1Φ22

下料长度＝4221－2.93×22＝4157mm

4）2Φ22（短纵筋），伸入 WKL1（2）梁中，如图 3-65（b）所示。

长度＝顶层层高－顶层非连接区－梁高＋锚固长度（1.5l_{aE}）－接头错开距离

$$=4221-\max(35\times25,\ 500)=3346mm$$

简图如下所示

656 | 2690
2Φ22

下料长度＝3346－2.93×22＝3282mm

（3）②号主筋长度计算

②号钢筋（2Φ25＋5Φ22），如图 3-66 所示。

1）1Φ25（长纵筋），如图 3-65（a）所示。

长度＝顶层层高－顶层非连接区－梁高＋锚固长度

注：锚固长度＝梁高－主筋保护层＋柱宽－2×箍筋保护层－2×箍筋直径＋8d

$$=4200-\max\left(\frac{4200-600}{6},\ 500,\ 500\right)-600+(600-35+500-2\times25-2\times8+8\times25)$$

$$=4199mm$$

简图如下所示：

```
      200
434 ⌐──3565
      1Φ25
```

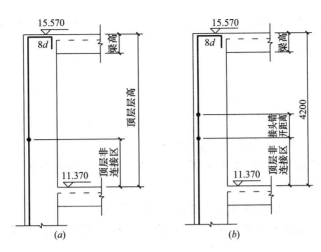

图 3-66　顶层柱 KZ2②号纵筋计算示意图

(a) 外侧②号长纵筋；(b) 外侧②号短纵筋

下料长度＝4199－2×2.93×25＝4053mm

2）1Φ25（短纵筋），伸向 WKL1（2）中，如图 3-66（b）所示。

长度＝顶层层高－顶层非连接区－梁高＋锚固长度

注：锚固长度＝梁高－主筋保护层＋柱宽－2×箍筋保护层－2×箍筋直径＋8d－接头错开距离

$$＝4200-\max\left(\frac{4200-600}{6}，500，500\right)-600+(600-35+600-2\times25-2\times8+8\times25)$$
$$-\max(35\times25，500)$$

＝3424mm

简图如下所示：

```
      200
534 ⌐──2690
      1Φ25
```

下料长度＝3424－2×2.93×25＝3278mm

3）3Φ22（长纵筋），如图 3-66（a）所示。

长度＝顶层层高－顶层非连接区－梁高＋锚固长度

注：锚固长度＝梁高－主筋保护层＋柱宽－2×箍筋保护层－2×箍筋直径＋8d

2Φ22 伸入伸向 WKL1（2）中

$$＝4200-\max\left(\frac{4200-600}{6}，500，500\right)-600+(600-35+600-2\times25-2\times8+8\times22)$$

＝4275mm

简图如下所示：

```
      176
534 ⌐──3565
      2Φ22
```

117

下料长度＝4275－2×2.93×22＝4146mm

1Φ22 伸入伸向 WKL4 (3) 中

$$=4200-\max\left(\frac{4200-600}{6}, 500, 500\right)-600+(600-35+500-2\times25-2\times8+8\times22)$$

$$=4175mm$$

简图如下所示：

```
      176
434┌──────┐
   └ 3565 ┘
    1Φ22
```

下料长度＝4175－2×2.93×22＝4046mm

4) 2Φ22 (短纵筋)，1Φ22 伸向 WKL1 (2)，1Φ22 伸向 WKL4 (3) 如图 3-66 (b) 所示。

长度＝顶层层高－顶层非连接区－梁高＋锚固长度

注：锚固长度＝梁高－主筋保护层＋柱宽－2×箍筋保护层－2×箍筋直径＋8d－接头错开距离

1Φ22 伸向 WKL1 (2)

$$=4200-\max\left(\frac{4200-600}{6}, 500, 500\right)-600+(600-35+600-2\times25-2\times8+8\times22)-$$

$$\max(35\times25, 500)$$

$$=3400mm$$

图如下所示：

```
      176
534┌──────┐
   └ 2690 ┘
    1Φ22
```

下料长度＝3400－2×2.93×22＝3271mm

1Φ22 伸向 WKL4 (3)

$$=4200-\max\left(\frac{4200-600}{6}, 500, 500\right)-600+(600-35+500-2\times25-2\times8+8\times22)-$$

$$\max(35\times25, 500)$$

$$=3300mm$$

简图如下所示：

```
      176
434┌──────┐
   └ 2690 ┘
    1Φ22
```

下料长度＝3300－2×2.93×22＝3171mm

3.8.2 箍筋翻样

1. 基础层箍筋计算

基础层箍筋按照 16G101-3 第 66 页构造 (d) 设置，间距≤500，且不少于两道矩形封闭箍筋（非复合箍筋）。

$$根数＝\frac{基础高度－保护层}{间距}+1＝\frac{700-40}{500}+1＝2.32，取 3 根$$

按外包尺寸计算：长度$=2\times(b+h)-8\times c+2\times1.9d+2\times\max(10d，75mm)$

当 $10d>75$ 时，公式可简化为：$=2\times(b+h)-8\times c+23.8d$

$2\times(500+600)-8\times25+23.8\times8=2190mm$，简图如下图所示：

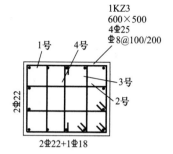

1KZ3
600×500
4Φ25
Φ8@100/200

图 3-67 首层 1KZ3 柱配筋

下料长度为：$2190-3\times1.75\times8=2148mm$

2. 首层箍筋计算

（1）长度计算

首层 1KZ2 柱配筋如图 3-67 所示，共有 4 种类型的箍筋。

1）1 号箍筋

$2\times(500+600)-8\times25+23.8\times8=2190mm$，简图如下图所示：

下料长度为：$2190-3\times1.75\times8=2148mm$

2）2 号箍筋

b 边共有 4 根主筋，间距$=\dfrac{b-2c-2d-D}{b\,\text{边纵筋根数}-1}=\dfrac{500-2\times25-2\times8-25}{3}=136.33mm$

2 号箍筋长度$=(136.33+2\times8+22)\times2+(600-2\times25)\times2+23.8\times8=1639mm$

简图如下所示：

下料长度$=1639-3\times1.75\times8=1597mm$

3）3 号箍筋

b 边共有 4 根主筋，间距$=\dfrac{b-2c-2d-D}{b\,\text{边纵筋根数}-1}=\dfrac{600-2\times25-2\times8-25}{4}=127.25mm$

2 号箍筋长度$=(127.25\times2+2\times8+22)\times2+(500-2\times25)\times2+23.8\times8=1675mm$

简图如下所示：

下料长度$=1675-3\times1.75\times8=1633mm$

4）4 号箍筋

按只勾住主筋计算

长度$=500-2\times25+23.8\times8=640.4mm$

（2）根数计算

加密区：

① 柱根部非连接区$\dfrac{3970+1100-600}{3}=1490mm$，$\dfrac{1490-50}{100}+1=15.4$ 根

② 梁下部位 $\max\left(\dfrac{3970+1100-600}{6}，600，500\right)=745mm$，$\dfrac{745}{100}+1=8.45$ 根

③ 梁高范围内$\dfrac{600}{100}=6$ 根

非加密区

$$=\frac{3970+1100-1490-745-550}{200}-1=10.175$$

共 $15.4+8.45+6+10.175=40.025$，取 40 根

3. 二层-顶层柱 KZ3 箍筋计算

二层-顶层柱筋 KZ3 如图 3-68 所示，共有三种类型的箍筋，其中 1 号、2 号箍筋的长度与首层相同。

（1）长度计算

3 号箍筋

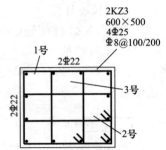

图 3-68 二层-顶层 KZ3 柱配筋

b 边共有 4 根主筋，间距 $=\dfrac{b-2c-2d-D}{b\text{ 边纵筋根数}-1}$

$$=\frac{600-2\times25-2\times8-25}{3}=169.67\text{mm}$$

2 号箍筋长度 $=(169.67+2\times8+22)\times2+(500-2\times25)\times2+23.8\times8=1506\text{mm}$

简图如下所示：

下料长度 $=1506-3\times1.75\times8=1464\text{mm}$

（2）二层柱 2KZ2 根数计算

加密区：

① 柱根部非连接区 $\max\left(\dfrac{3600-550}{6},\ 600,\ 500\right)=600\text{mm}$，$\dfrac{600-50}{100}+1=6.5$ 根

② 梁下部位 $\max\left(\dfrac{3600-550}{6},\ 600,\ 500\right)=600\text{mm}$，$\dfrac{600}{100}+1=7$ 根

③ 梁高范围内 $\dfrac{550}{100}=5.5$ 根

非加密区

$$=\frac{3600-600-600-550}{200}-1=8.25\text{ 根}$$

共 $6.5+7+5.5+8.25=27.25$，取 28 根

（3）三层柱 2KZ2 根数计算

加密区：

① 柱根部非连接区 $\max\left(\dfrac{3800-550}{6},\ 600,\ 500\right)=600\text{mm}$，$\dfrac{600-50}{100}+1=6.5$ 根

② 梁下部位 $\max\left(\dfrac{3800-550}{6},\ 600,\ 500\right)=600\text{mm}$，$\dfrac{600}{100}+1=7$ 根

③ 梁高范围内 $\dfrac{550}{100}=5.5$ 根

非加密区

$$=\frac{3800-600-600-550}{200}-1=9.25\text{ 根}$$

共 6.5＋7＋5.5＋9.25＝28.25，取 29 根

（4）顶层柱 4KZ3 根数计算

加密区：

① 柱根部非连接区 $\max\left(\dfrac{4200-600}{6}, 600, 500\right)=600mm$，$\dfrac{600-50}{100}+1=6.5$ 根

② 梁下部位 $\max\left(\dfrac{4200-600}{6}, 600, 500\right)=600mm$，$\dfrac{600}{100}+1=7$ 根

③ 梁高范围内 $\dfrac{600}{100}=6$ 根

非加密区

$$=\dfrac{4200-600-600-600}{200}-1=11$$ 根

共 6.5＋7＋6＋11＝30.5，取 31 根

一～四层轴线①/Ⓑ柱 KZ3 钢筋见表 3-7。

轴线①/Ⓔ KZ3 柱钢筋明细表　　　　　　表 3-7

序号	级别直径	简图	单长（mm）	总根数	总长（m）	总重（kg）	备注
构件信息：0 层（基础层）\ 柱 \ 1KZ-3 _ E 外/1-2 个数：1 构件单质（kg）：133.522 构件总质（kg）：133.522							
1	Φ25	3025 / 375	3400	2	6.8	26.2	基础插筋
2	Φ25	2150 / 375	2525	2	5.05	19.458	基础插筋
3	Φ22	2150 / 330	2480	4	9.92	29.6	基础插筋
4	Φ22	3025 / 330	3355	4	13.42	40.044	基础插筋
5	Φ18	3025 / 150	3175	1	3.175	6.344	基础插筋
6	Φ18	2150 / 150	2300	1	2.3	4.595	基础插筋
7	Φ8	550 / 450	2190	3	6.57	2.595	箍筋
8	Φ8	550 / 174	1638	3	4.914	1.941	箍筋
9	Φ8	293 / 450	1676	3	5.028	1.986	箍筋
10	Φ8	450	640	3	1.92	0.759	箍筋

续表

序号	级别直径	简图	单长（mm）	总根数	总长（m）	总重（kg）	备注
构件信息：1 层（首层）\ 柱 \ 1KZ-3 _ E 外/1-2 个数：1 构件单质（kg）：273.167 构件总质（kg）：273.167							
1	Φ25	4180	4180	4	16.72	64.424	中间层主筋
2	Φ22	264 3545	3809	1	3.809	11.366	本层收头弯折
3	Φ22	4180	4180	6	25.08	74.838	中间层主筋
4	Φ22	264 2670	2934	1	2.934	8.755	本层收头弯折
5	Φ18	4180	4180	2	8.36	16.704	中间层主筋
6	Φ8	550 450	2190	40	87.6	34.6	箍筋
7	Φ8	550 174	1638	40	65.52	25.88	箍筋
8	Φ8	293 450	1676	40	67.04	26.48	箍筋
构件信息：2 层（普通层）\ 柱 \ 2KZ-3 _ E 外/1-2 个数：1 构件单质（kg）：198.308 构件总质（kg）：198.308							
1	Φ25	3600	3600	2	7.2	27.742	中间层主筋
2	Φ25	2725	2725	1	2.725	10.499	中间层主筋
3	Φ25	4475	4475	1	4.475	17.242	中间层主筋
4	Φ22	3600	3600	6	21.6	64.452	中间层主筋
5	Φ22	2725	2725	1	2.725	8.131	中间层主筋
6	Φ22	4475	4475	1	4.475	13.353	中间层主筋
7	Φ8	550 450	2190	27	59.13	23.355	箍筋

续表

序号	级别直径	简图	单长（mm）	总根数	总长（m）	总重（kg）	备注
8	Φ8	208 ⌐ 450	1506	27	40.662	16.065	箍筋
9	Φ8	550 ⌐ 174	1638	27	44.226	17.469	箍筋

构件信息：3 层（普通层）\ 柱 \ 2KZ-3 _ E外/1-2
个数：1 构件单质（kg）：208.272 构件总质（kg）：208.272

序号	级别直径	简图	单长（mm）	总根数	总长（m）	总重（kg）	备注
1	Φ25	3800	3800	4	15.2	58.564	中间层主筋
2	Φ22	3800	3800	8	30.4	90.712	中间层主筋
3	Φ8	550 ⌐ 450	2190	28	61.32	24.22	箍筋
4	Φ8	208 ⌐ 450	1506	28	42.168	16.66	箍筋
5	Φ8	550 ⌐ 174	1638	28	45.864	18.116	箍筋

构件信息：4 层（顶层）\ 柱 \ 4KZ-3 _ E外/1-2
个数：1 构件单质（kg）：201.157 构件总质（kg）：201.157

序号	级别直径	简图	单长（mm）	总根数	总长（m）	总重（kg）	备注
1	Φ25	823 ⌐ 3565	4388	1	4.388	16.907	外侧 1 号钢筋
2	Φ25	823 ⌐ 2690	3513	1	3.513	13.536	外侧 1 号钢筋
3	Φ22	656 ⌐ 3565	4221	1	4.221	12.595	外侧 1 号钢筋
4	Φ22	656 ⌐ 2690	3346	2	6.692	19.968	外侧 1 号钢筋
5	Φ25	434 ⌐ 3565 ⌐ 200	4199	1	4.199	16.179	2 号钢筋
6	Φ25	534 ⌐ 2690 ⌐ 200	3424	1	3.424	13.193	2 号钢筋
7	Φ22	534 ⌐ 3565 ⌐ 176	4275	2	8.55	25.514	2 号钢筋
8	Φ22	434 ⌐ 3565 ⌐ 176	4175	1	4.175	12.458	2 号钢筋
9	Φ22	534 ⌐ 260 ⌐ 176	970	1	0.97	2.894	2 号钢筋
10	Φ22	434 ⌐ 260 ⌐ 176	870	1	0.87	2.596	2 号钢筋
11	Φ8	550 ⌐ 450	2190	31	67.89	26.815	箍筋

续表

序号	级别直径	简图	单长（mm）	总根数	总长（m）	总重（kg）	备注
12	Φ8	208 ⌐⌐ 450	1506	31	46.686	18.445	箍筋
13	Φ8	550 ⌐⌐ 174	1638	31	50.778	20.057	箍筋

3.9 框架柱 KZ6 钢筋翻样（案例六截面不变，下柱比上柱的钢筋根数多）

阅读基础、柱、梁的配筋图见图 3-27～图 3-32 后，完成轴线②/轴线ⒸKZ6 从基础层-顶层钢筋翻样。

3.9.1 柱配筋分析

从图 3-69 首层和二层 KZ6 柱配筋示意图可知：首层 1KZ6 截面尺寸为 500×500，角筋为 4Φ25，b 边中部筋为 2Φ22，h 边中部筋为 2Φ18；二层-顶层 KZ6 截面尺寸为 500×500，角筋为 4Φ25，b 边和 h 边中部筋均变为 1Φ22，截面尺寸不变，而配筋有变化，③号，⑥号⑩号，⑪号为下柱比上柱多出的钢筋。

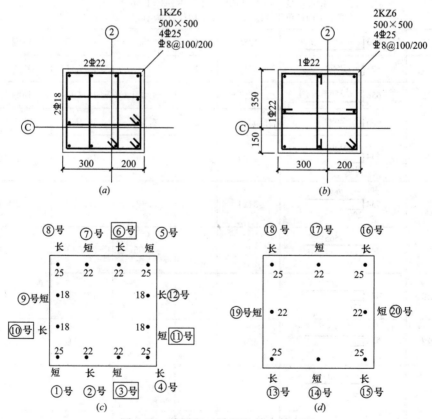

图 3-69 首层和二层 KZ6 柱主筋布置

（a）一层 1KZ6 配筋；（b）二层 2KZ6 配筋；（c）一层 1KZ6 主筋布置；（d）二层 2KZ6 主筋布置

3.9.2 基础层插筋计算

轴线②/轴线ⓒ1KZ6 柱下的基础为 JC5，插筋构造依据 16G101-3 第 66 页。插筋保护层厚度为 40mm，插筋与首层 1KZ1 配筋相同，为 $4\Phi25 + 4\Phi22 + 4\Phi18$。

当 $d=25$ 时：插筋保护层厚度 $=40 < 5d = 5 \times 25 = 125mm$，$h_j = 1050 > l_{aE} = 37 \times 25 = 925mm$，

$4\Phi25 + 4\Phi22 + 4\Phi18$ 应选择构造（b），端部弯折为 $\max(6d, 150) = \max(6 \times 25, 150) = 150mm$

短插筋长度＝弯折长度＋基础内长度＋首层非连接区长度

（1）$2\Phi25$ 短插筋长度：$= 150 + 1050 - 40 + \dfrac{3970 + 750 - 550}{3} = 2550mm$

简图如下图所示：

$$\begin{array}{c} 150 \mid \underline{\quad 2400 \quad} \\ 2\Phi25 \end{array}$$

下料长度 $= 2550 - 2.93 \times 25 = 2477mm$

（2）$2\Phi25$ 长插筋长度：$= 2550 + \max(500, 35 \times 25) = 3425mm$

简图如下图所示：

$$\begin{array}{c} 150 \mid \underline{\quad 3275 \quad} \\ 2\Phi25 \end{array}$$

下料长度 $= 3425 - 2.93 \times 25 = 3352mm$

（3）$2\Phi22$ 短插筋长度：$= 150 + 1050 - 40 + \dfrac{3970 + 750 - 550}{3} = 2550mm$

简图如下图所示：

$$\begin{array}{c} 150 \mid \underline{\quad 2400 \quad} \\ 2\Phi22 \end{array}$$

下料长度 $= 2550 - 2.93 \times 22 = 2486mm$

（4）$2\Phi22$ 长插筋长度：$= 2550 + \max(500, 35 \times 25) = 3425mm$

简图如下图所示：

$$\begin{array}{c} 150 \mid \underline{\quad 3275 \quad} \\ 2\Phi22 \end{array}$$

下料长度 $= 3425 - 2.93 \times 22 = 3360mm$

（5）$2\Phi18$ 短插筋长度：$= 150 + 1050 - 40 + \dfrac{3970 + 750 - 550}{3} = 2550mm$

简图如下图所示：

$$\begin{array}{c} 150 \mid \underline{\quad 2400 \quad} \\ 2\Phi18 \end{array}$$

下料长度 $= 2550 - 2.93 \times 18 = 2497mm$

（6）$2\Phi18$ 长插筋长度：$= 2550 + \max(500, 35 \times 25) = 3425mm$

简图如下图所示：

$$\begin{array}{c} 150 \mid \underline{\quad 3275 \quad} \\ 2\Phi18 \end{array}$$

下料长度 $= 3425 - 2.93 \times 18 = 3372mm$

3.9.3　首层主筋计算

（1）b 边主筋

1）①号、④号、⑤号、⑧号主筋（4Φ25），如图 3-70 所示。

计算公式：1 层层高－1 层非连接区长度＋2 层非连接区

$$=3970+750-\frac{3970+750-550}{3}+\max\left(\frac{3600-600}{6}, 500, 500\right)=3830\text{mm}$$

简图如下图所示：

$$\frac{3830}{4\Phi25}$$

2）②号、⑦号主筋（2Φ22），如图 3-70 所示。

$$=3970+750-\frac{3970+750-550}{3}+\max\left(\frac{3600-600}{6}, 500, 500\right)=3830\text{mm}$$

简图如下图所示：

$$\frac{3830}{2\Phi22}$$

3）③号、⑥号主筋（2Φ22），③号和⑥号主筋处的梁为 1KL6（3），其梁高为 500，如图 3-70 所示。

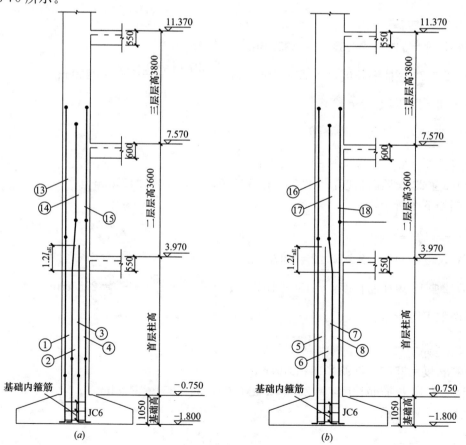

图 3-70　KZ6 柱 b 边主筋示意图

（a）b 边①号、②号、③号、④号主筋；（b）b 边⑤号、⑥号、⑦号、⑧号主筋

③号主筋的长度＝一层层高－一层非连接区－梁高＋$1.2l_{aE}$

$$=3970+750-\frac{3970+750-550}{3}-500+1.2\times37\times22=3807\text{mm}$$

简图如下图所示：

$$\frac{3807}{1\text{\ding{192}}22}$$

⑥号主筋的长度＝一层层高－一层非连接区－梁高＋$1.2l_{aE}$－接头错开距离

$$=3807-\max(35\times25，500)=2932\text{mm}$$

简图如下图所示：

$$\frac{2932}{1\text{\ding{192}}22}$$

（2）h 边主筋

1）⑨号、⑫号主筋（2Φ18），如图 3-71 所示。

计算公式：1 层层高－1 层非连接区长度＋2 层非连接区

$$=3970+750-\frac{3970+750-550}{3}+\max\left(\frac{3600-600}{6}，500，500\right)=3830\text{mm}$$

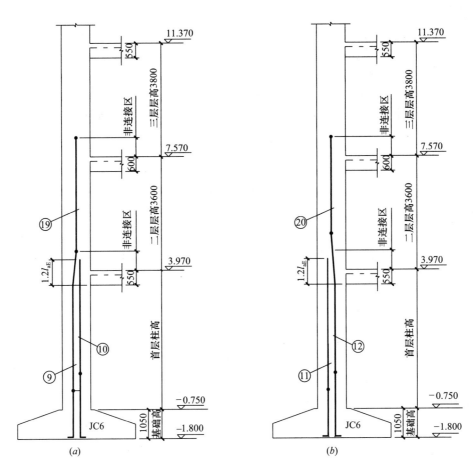

图 3-71　KZ6 柱 h 边主筋示意图

（a）b 边⑨号、⑩号主筋；（b）b 边⑪号、⑫号主筋

简图如下图所示：

$$\frac{3830}{2\Phi18}$$

2）⑩号、⑪号主筋（2 Φ 18），⑩号和⑥号主筋处的梁为 1KL3（2A），⑩号处的梁高为 550，⑩号处的梁高为 450，如图 3-71 所示。

⑩号主筋的长度＝一层层高－一层非连接区－梁高＋1.2l_{aE}－接头错开距离

$$=3970+750-\frac{3970+750-550}{3}-550+1.2\times37\times18-\max(35\times25，500)$$

$$=2704mm$$

简图如下图所示：

$$\frac{2704}{1\Phi18}$$

⑪号主筋的长度＝一层层高－一层非连接区－梁高＋1.2l_{aE}

$$=3970+750-\frac{3970+750-550}{3}-450+1.2\times37\times18=3679mm$$

简图如下图所示：

$$\frac{3679}{1\Phi18}$$

3.9.4　二层主筋计算

（1）b 边主筋

1）⑬号、⑮号、⑯号、⑱号主筋（4 Φ 25），如图 3-70 所示。

⑮号、⑱号主筋的长度＝2 层层高－2 层非连接区长度＋3 层非连接区

$$=3600-\max\left(\frac{3600-550}{6}，500，500\right)$$

$$+\max\left(\frac{3800-550}{6}，500，500\right)=3633mm$$

简图如下图所示：

$$\frac{3633}{2\Phi25}$$

⑬号、⑯号主筋的长度＝2 层层高－2 层非连接区长度＋3 层非连接区＋接头错开距离

$$=3633+\max(35\times25，500)=4508mm$$

简图如下图所示：

$$\frac{4508}{2\Phi25}$$

2）⑭号、⑰号主筋（2 Φ 22），如图 3-70 所示。

⑭号号主筋的长度＝2 层层高－2 层非连接区长度＋3 层非连接区－接头错开距离

$$=3633-\max(35\times25，500)=2758mm$$

简图如下图所示：

$$\frac{2758}{1\Phi22}$$

⑰号主筋长度＝2 层层高－2 层非连接区长度＋3 层非连接区

$$=3600-\max\left(\frac{3600-550}{6}，500，500\right)+\max\left(\frac{3800-550}{6}，500，500\right)$$

$$=3633mm$$

简图如下图所示：

$$\frac{3633}{1\underline{\Phi}22}$$

（2）h 边主筋

⑲号、⑳号主筋（2$\underline{\Phi}$22），如图 3-71 所示。

⑲号主筋长度＝2 层层高－2 层非连接区长度＋3 层非连接区

$$=3600-\max\left(\frac{3600-550}{6},\ 500,\ 500\right)+\max\left(\frac{3800-550}{6},\ 600,\ 500\right)$$

$$=3633\text{mm}$$

简图如下图所示：

$$\frac{3633}{1\underline{\Phi}22}$$

⑳号主筋的长度＝2 层层高－2 层非连接区长度＋3 层非连接区－接头错开距离

$$=3633-\max(35\times25,\ 500)=2758\text{mm}$$

简图如下图所示：

$$\frac{2758}{1\underline{\Phi}22}$$

3.9.5 三层主筋计算

长度＝三层层高－三层非连接区长度＋顶层非连接区

$$=3800-\max\left(\frac{3800-550}{6},\ 500,\ 500\right)+\max\left(\frac{4200-600}{6},\ 500,\ 500\right)=3858\text{mm}$$

简图如下图所示：

$$\frac{3658}{4\underline{\Phi}25+4\underline{\Phi}22}$$

3.9.6 顶层主筋计算

②/ⓒ4KZ6 为中柱，其节点构造依据 16G101-1 第 68 页，顶层柱纵筋布置如图 3-72 所示。

1. 锚固长度判断

由图 3-72（b）可知 4KZ6 为中柱（4$\underline{\Phi}$25＋4$\underline{\Phi}$22），直锚长度＝梁高－保护层＝600－35mm$\leqslant l_{aE}=37\times22=814$mm，采用 16G101-1 第 68 页构造②，如图 3-72 所示。

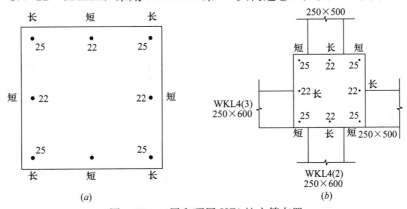

图 3-72　三层和顶层 KZ6 柱主筋布置

（a）三层 3KZ6 主筋布置；（b）顶层 4KZ6 主筋布置

2. 纵筋计算

1）4 Φ 22（长纵筋），如图 3-73（a）所示。

长度＝顶层层高－顶层非连接区－梁高＋锚固长度（梁高－主筋顶保护层＋12×d）

$$=4200-\max\left(\frac{4200-600}{6},\ 500,\ 500\right)-600+(600-35+12\times22)$$

$$=3829\text{mm}$$

简图如下所示：

264 | 3565
4Φ22

下料长度＝3829－2.93×22＝3765mm

2）4 Φ 25（短纵筋），如图 3-73（b）所示。

长度＝顶层层高－顶层非连接区－梁高＋锚固长度（梁高－主筋顶保护层＋12×d）－
接头错开距离

$$=4200-\max\left(\frac{4200-600}{6},\ 500,\ 500\right)-600+(600-35+12\times25)-\max(35\times$$

$$25,\ 500)$$

$$=2990\text{mm}$$

简图如下所示：

300 | 2690
4Φ25

下料长度＝2990－2.93×25＝2917mm

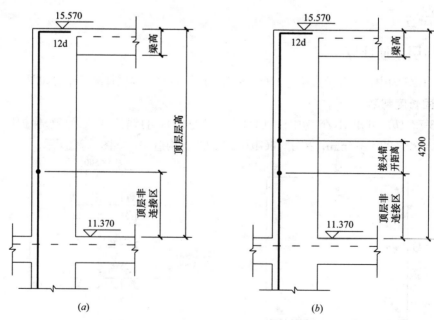

图 3-73　顶层 KZ6 柱纵筋计算示意图

(a) 4 Φ 22 长纵筋；(b) 4 Φ 25 短纵筋

一～四层轴线②/ⓒ柱 KZ6 钢筋见表 3-8。

轴线②/Ⓒ柱 KZ6 钢筋明细表　　　　　　表 3-8

序号	级别直径	简图	单长（mm）	总根数	总长（m）	总重（kg）	备注
\multicolumn{8}{c}{构件信息：0 层（基础层）\ 柱 \ 1KZ-6 _ C-D/2-3}							
\multicolumn{8}{c}{个数：1 构件单质（kg）：111.335 构件总质（kg）：111.335}							
1	Φ25	3275 / 150	3425	2	6.85	26.394	基础插筋
2	Φ25	2400 / 150	2550	2	5.1	19.65	基础插筋
3	Φ22	2400 / 150	2550	2	5.1	15.218	基础插筋
4	Φ22	3275 / 150	3425	2	6.85	20.44	基础插筋
5	Φ18	3275 / 150	3425	2	6.85	13.686	基础插筋
6	Φ18	2400 / 150	2550	2	5.1	10.19	基础插筋
7	Φ8	450 / 450	1990	3	5.97	2.358	箍筋
8	Φ8	450 / 170	1430	3	4.29	1.695	箍筋
9	Φ8	174 / 450	1438	3	4.314	1.704	箍筋
\multicolumn{8}{c}{构件信息：1 层（首层）\ 柱 \ 1KZ-6 _ C-D/2-3}							
\multicolumn{8}{c}{个数：1 构件单质（kg）：202.975 构件总质（kg）：202.975}							
1	Φ25	3830	3830	4	15.32	59.028	中间层主筋
2	Φ22	3830	3830	2	7.66	22.858	中间层主筋
3	Φ22	2932	2932	1	2.932	8.749	本层收头
4	Φ22	3807	3807	1	3.807	11.36	本层收头
5	Φ18	2704	2704	1	2.704	5.403	本层收头
6	Φ18	3830	3830	2	7.66	15.304	中间层主筋

续表

序号	级别直径	简图	单长（mm）	总根数	总长（m）	总重（kg）	备注
7	Φ18	3679	3679	1	3.679	7.351	本层收头
8	Φ8	450 450	1990	38	75.62	29.868	箍筋
9	Φ8	450 170	1430	38	54.34	21.47	箍筋
10	Φ8	174 450	1438	38	54.644	21.584	箍筋

构件信息：2层（普通层）\ 柱 \ 2KZ-6 _ C-D/2-3
个数：1构件单质（kg）：135.76 构件总质（kg）：135.76

序号	级别直径	简图	单长（mm）	总根数	总长（m）	总重（kg）	备注
1	Φ25	3633	3633	2	7.266	27.996	中间层主筋
2	Φ25	4508	4508	2	9.016	34.738	中间层主筋
3	Φ22	3633	3633	2	7.266	21.682	中间层主筋
4	Φ22	2758	2758	2	5.516	16.46	中间层主筋
5	Φ8	450 450	1990	27	53.73	21.222	箍筋
6	Φ8	450	640	54	34.56	13.662	箍筋

构件信息：3层（普通层）\ 柱 \ 2KZ-6 _ C-D/2-3
个数：1构件单质（kg）：141.684 构件总质（kg）：141.684

序号	级别直径	简图	单长（mm）	总根数	总长（m）	总重（kg）	备注
1	Φ25	3858	3858	4	15.432	59.46	中间层主筋
2	Φ22	3858	3858	4	15.432	46.048	中间层主筋
3	Φ8	450 450	1990	28	55.72	22.008	箍筋
4	Φ8	450	640	28	35.84	14.168	箍筋

构件信息：4层（顶层）\ 柱 \ 4KZ-6 _ C-D/2-3
个数：1构件单质（kg）：131.836 构件总质（kg）：131.836

序号	级别直径	简图	单长（mm）	总根数	总长（m）	总重（kg）	备注
1	Φ25	2690 300	2990	4	11.96	46.08	本层收头弯折
2	Φ22	3565 264	3829	4	15.316	45.704	本层收头弯折

序号	级别直径	简图	单长（mm）	总根数	总长（m）	总重（kg）	备注
3	Φ8	450 / 450	1990	31	61.69	24.366	箍筋
4	Φ8	450	640	62	39.68	15.686	箍筋

3.10 框架柱 KZ7 钢筋翻样（案例七截面改变，下柱比上柱的钢筋根数多）

阅读基础、柱、梁的配筋图见图 3-27～图 3-34 后，完成轴线②/轴线ⒺKZ7 从基础层-顶层钢筋翻样。

3.10.1 柱配筋分析

从图 3-74（a）和 3-74（b）KZ7 柱配筋示意图可知：一层-四层 KZ 截面尺寸为 600×500，角筋为 4Φ25，b 边中部筋为 2Φ22+1Φ18，h 边中部筋为 2Φ22；顶层 KZ6 截面尺寸为 400×400，角筋为 4Φ22，b 边和 h 边中部筋均变为 1Φ22，截面尺寸变化，配筋也有变化。

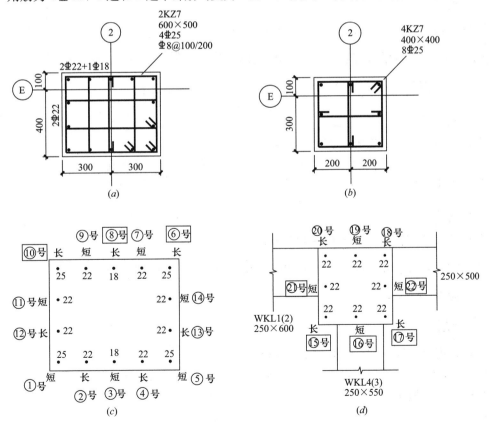

图 3-74 KZ7 柱主筋布置

（a）一层-三层 1KZ7 配筋；（b）顶层 4KZ7 配筋；（c）三层 3KZ7 主筋布置；（d）顶层 4KZ7 主筋布置

3.10.2　基础层插筋计算

轴线②/轴线ⓒ1KZ6 柱下的基础为 JC5，插筋构造依据 16G101-3 第 66 页。插筋保护层厚度为 40mm，插筋与首层 1KZ1 配筋相同，为 4Φ25＋6Φ22＋4Φ18。

当 d＝25 时：插筋保护层厚度＝40＜5d＝5×25＝125mm，h_j＝900＜l_{aE}＝37×25＝925mm，4Φ25 选择构造（d），端部弯折为 15d；

当 d＝22 时：插筋保护层厚度＝40＜5d＝5×25＝125mm，h_j＝900＞l_{aE}＝37×22＝814mm

6Φ22＋4Φ18 应选择构造（b），端部弯折为 max(6d，150)＝max(6×25，150)＝150mm

短插筋长度＝弯折长度＋基础内长度＋首层非连接区长度

（1）2Φ25 短插筋长度：$=15×25+900-40+\dfrac{3970+900-550}{3}=2675$mm

简图如下图所示：

$$\underset{2\Phi25}{\overline{\big|\ \ \underline{2300}}}\ \ 375$$

下料长度＝2675－2.93×25＝2602mm

（2）2Φ25 长插筋长度：＝2675＋max(500，35×25)＝3550mm

简图如下图所示：

$$\underset{2\Phi25}{\overline{\big|\ \ \underline{3175}}}\ \ 375$$

下料长度＝3550－2.93×25＝3477mm

（3）4Φ22 短插筋长度：$=150+900-40+\dfrac{3970+900-550}{3}=2450$mm

简图如下图所示：

$$\underset{4\Phi22}{\overline{\big|\ \ \underline{2300}}}\ \ 150$$

下料长度＝2450－2.93×22＝2386mm

（4）4Φ25 长插筋长度：＝2450＋max(500，35×25)＝3325mm

简图如下图所示：

$$\underset{4\Phi22}{\overline{\big|\ \ \underline{3175}}}\ \ 150$$

下料长度＝3325－2.93×22＝3261mm

（5）2Φ18 短插筋长度：$=150+900-40+\dfrac{3970+900-550}{3}=2450$mm

简图如下图所示：

$$\underset{4\Phi22}{\overline{\big|\ \ \underline{2300}}}\ \ 150$$

下料长度＝2450－2.93×18＝2397mm

（6）2Φ18 长插筋长度：＝2450＋max(500，35×25)＝3325mm

简图如下图所示：

$$\underset{4\Phi22}{\overline{\big|\ \ \underline{3175}}}\ \ 150$$

下料长度＝3325－2.93×18＝3272mm

3.10.3 首层主筋计算

计算公式：1 层层高－1 层非连接区长度＋2 层非连接区

$$=3970+900-\frac{3970+900-550}{3}+\max\left(\frac{3600-550}{6}，600，500\right)=3910mm$$

简图如下图所示：

$$\frac{3910}{4\,\Phi 25+6\,\Phi 22+4\,\Phi 18}$$

3.10.4 二层主筋计算

计算公式：二层层高－二层非连接区长度＋三层非连接区

$$=3600-\max\left(\frac{3600-550}{6}，600，500\right)+\max\left(\frac{3800-550}{6}，600，500\right)$$

$$=3600mm$$

简图如下图所示：

$$\frac{3600}{4\,\Phi 25+6\,\Phi 22+4\,\Phi 18}$$

3.10.5 三层柱主筋计算

（1）b 边主筋，如图 3-75 所示。

1）①号、⑤号主筋（2 Φ 25 收头，长纵筋）

计算公式：1 层层高－1 层非连接区长度－保护层＋弯折($12d$)

$$=3800-\max\left(\frac{3800-550}{6}，600，500\right)-35+12\times25=3465mm$$

简图如下图所示：

$$300\left|\frac{3165}{2\,\Phi 25}\right.$$

下料长度＝3465－2.93×25＝3392mm

2）②号、④号主筋（2 Φ 22 收头，短纵筋）

计算公式：1 层层高－1 层非连接区长度－保护层＋弯折($12d$)－接头错开距离

$$=3800-\max\left(\frac{3800-550}{6}，600，500\right)-35+12\times22-\max(35\times25，500)$$

$$=2554mm$$

简图如下图所示：

$$264\left|\frac{2290}{2\,\Phi 22}\right.$$

下料长度＝2554－2.93×22＝2490mm

3）③号主筋（1 Φ 18 收头，长纵筋）

$$=3800-\max\left(\frac{3800-550}{6}，600，500\right)-35+12\times18=3381mm$$

简图如下图所示：

$$216\left|\frac{3165}{1\,\Phi 18}\right.$$

下料长度＝3381－2.93×18＝3328mm

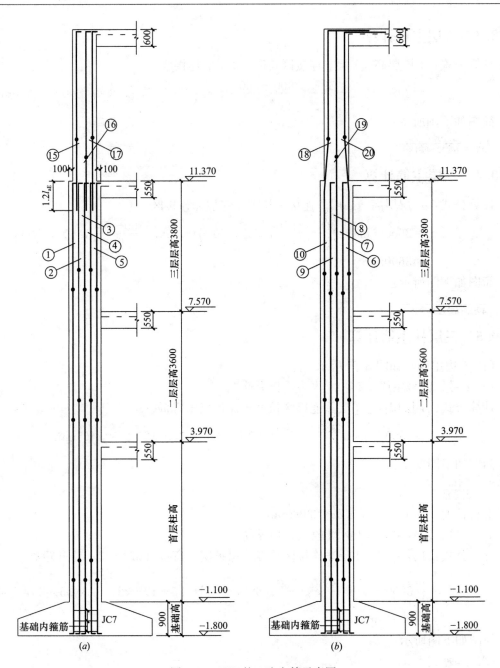

图 3-75　KZ7 柱 *b* 边主筋示意图

(*a*) *b* 边①号、②号、③号、④号、⑤号主筋；(*b*) *b* 边、⑥号、⑦号、⑧号、⑨、⑩主筋

4）⑦号、⑨号主筋（2Φ22 收头，长纵筋）

计算公式：1 层层高－1 层非连接区长度－保护层＋弯折(12*d*)

$$= 3800 - \max\left(\frac{3800-550}{6},\ 600,\ 500\right) - 35 + 12 \times 22 = 3429\text{mm}$$

简图如下图所示：

264 | 3165
　　2Φ22

下料长度为：$3429-2.93\times22=3365$mm

5）⑥号、⑩号主筋（2 $\underline{\Phi}$ 25）

计算公式：三层层高－三层非连接区长度＋顶层非连接区

$$=3800-\max\left(\frac{3800-550}{6},\ 600,\ 500\right)+\max\left(\frac{4200-600}{6},\ 400,\ 500\right)$$

$$=3800\text{mm}$$

简图如下图所示：

$$\frac{3800}{2\underline{\Phi}25}$$

6）⑧号主筋（1 $\underline{\Phi}$ 18，短纵筋）

计算公式：三层层高－三层非连接区长度＋顶层非连接区－接头错开距离

$$=3800-\max\left(\frac{3800-550}{6},\ 600,\ 500\right)+\max\left(\frac{4200-600}{6},\ 400,\ 500\right)-$$

$$\max(35\times25,\ 500)$$

$$=3800-35\times25=2925\text{mm}$$

简图如下图所示：

$$\frac{2925}{1\underline{\Phi}18}$$

（2）h 边主筋，如图 3-76 所示。

1）⑪号、⑭号主筋（2 $\underline{\Phi}$ 22 收头，长纵筋）

计算公式：1 层层高－1 层非连接区长度－保护层＋弯折（12d）

$$=3800-\max\left(\frac{3800-550}{6},\ 600,\ 500\right)-35+12\times22=3429\text{mm}$$

简图如下图所示：

$$264\,\lfloor\frac{3165}{2\underline{\Phi}22}$$

下料长度为：$3429-2.93\times22=3365$mm

2）⑫号、⑬号主筋（2 $\underline{\Phi}$ 22，短纵筋）

计算公式：1 层层高－1 层非连接区长度－保护层＋弯折(12d)－接头错开距离

$$=3800-\max\left(\frac{3800-550}{6},\ 600,\ 500\right)-35+12\times22-\max(35\times25,\ 500)$$

$$=2554\text{mm}$$

简图如下图所示：

$$264\,\lfloor\frac{2290}{2\underline{\Phi}22}$$

下料长度为：$2554-2.93\times22=2490$mm

（3）上柱插筋

1）四层柱⑮、⑰号（2 $\underline{\Phi}$ 22，长插筋）

计算公式：顶层非连接区＋1.2l_{aE}＋接头错开距离

$$=\max\left(\frac{4200-600}{6},\ 400,\ 500\right)+1.2\times37\times22+\max(35\times22,\ 500)$$

$$=2347\text{mm}$$

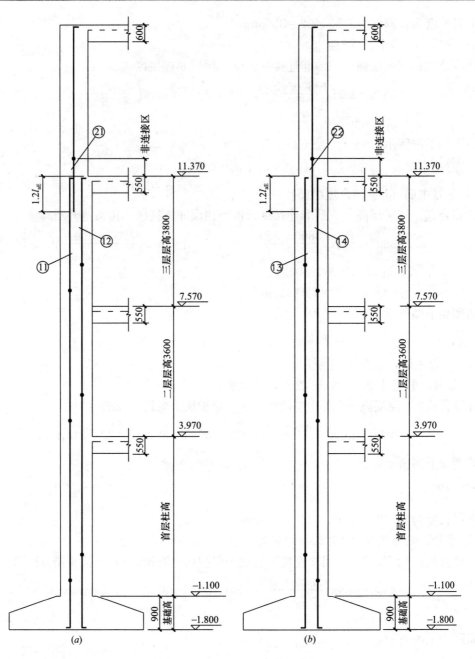

图 3-76 KZ7 柱 h 边主筋示意图

(a) h 边⑪号、⑫号主筋；(b) h 边⑬号、⑭号主筋

简图如下图所示：

$$\frac{2347}{2\text{\ding{312}}22}$$

2）四层柱⑯、㉑、㉒号（3 \ding{312} 22，短插筋）

计算公式：顶层非连接区＋$1.2 l_{aE}$

$$=\max\left(\frac{4200-600}{6},\ 400,\ 500\right)+1.2\times37\times22=1577\text{mm}$$

简图如下图所示：

$$\frac{1577}{3\text{Φ}22}$$

3.10.6 顶层主筋计算

顶层角柱节点构造依据 16G101-1 第 67 页，选择②+④做法，伸入梁内的柱外侧纵筋不宜小于柱外侧全部纵筋面积的 65%。柱内侧纵筋同中柱柱顶纵向钢筋构造，见 16G101-1 第 68 页。

（1）锚固方式判断

由图 3-77（b）可知 4KZ7 为边柱，外侧共有 3 根主筋，其中 65%（3×65%=1.5，取 2根，2Φ22）按①号钢筋计算伸入屋面梁中，锚固长度为 $1.5l_{aE}$，1Φ22 按照②号钢筋计算。

内侧：当直锚长度≥l_{aE}，采用构造④；当直锚长度<l_{aE} 时，且柱顶有不小于 100mm 厚现浇板时，采用构造②；当直锚长度<l_{aE} 时，且柱顶无不小于 100mm 厚现浇板时，采用构造①。

4KZ8 内侧（5Φ22）：直锚长度＝与 4KZ7 相连梁高－保护层，600－35＝565<l_{aE}＝37×22＝814mm，采用构造②。

（2）外侧主筋长度计算

1）⑱号、⑳号主筋

2Φ22（短纵筋），伸入 WKL1（2）梁中，如图 3-77 所示。

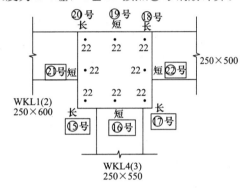

图 3-77　顶层 4KZ7 主筋布置

长度＝顶层层高－顶层非连接区－梁高＋锚固长度（$1.5l_{aE}$）－接头错开距离

$$=4200-\max\left(\frac{4200-600}{6}, 400, 500\right)-600+1.5\times37\times22-\max(35\times22, 500)$$

$$=3451\text{mm}$$

其中，弯折＝$1.5l_{aE}$－（梁高－保护层）＝1.5×37×22－（600－35）＝656mm

简图如下所示

$$656\left|\frac{2795}{2\text{Φ}22}\right.$$

下料长度＝3451－2.93×22＝3387mm

2）19 号 1Φ22（长纵筋），如图 3-77 所示。

长度＝顶层层高－顶层非连接区－梁高＋锚固长度

锚固长度＝梁高－柱顶纵筋保护层＋柱宽－2×箍筋保护层－2×箍筋直径＋8×d

$$=4200-\max\left(\frac{4200-600}{6}, 400, 500\right)-600+600-35+400-2\times25-2\times8$$

$$+8\times22$$

$$=4075\text{mm}$$

简图如下所示

$$334\left|\frac{\overline{\quad176\quad}}{3565}\right.$$
$$1\text{Φ}22$$

下料长度＝4075－2.93×22×2＝3946mm

（3）内侧主筋长度计算

1）⑯、㉑、㉒号（3⏀22，长纵筋），如图 3-76 所示。

长度＝顶层层高－顶层非连接区－梁高＋锚固长度(梁高－主筋顶保护层＋12×d)

$$=4200-\max\left(\frac{4200-600}{6},\ 400,\ 500\right)-600+(600-35+12\times22)$$

$$=3829\text{mm}$$

简图如下所示：

264 | 3565
　　 3⏀22

下料长度＝3829－2.93×22＝3765mm

2）⑮、⑰号（2⏀22，短纵筋），如图 3-75 所示。

长度＝顶层层高－顶层非连接区－梁高＋锚固长度(梁高－主筋顶保护层＋12×d)－
　　　接头错开距离

$$=4200-\max\left(\frac{4200-600}{6},\ 400,\ 500\right)-600+(600-35+12\times22)$$

$$-\max(35\times22,\ 500)$$

$$=3059\text{mm}$$

简图如下所示：

264 | 2795
　　 2⏀22

下料长度＝3059－2.93×22＝2995mm

一～四层轴线②/Ⓔ柱 KZ7 钢筋见表 3-9。

轴线②/Ⓔ柱 KZ7 柱钢筋明细表　　　　　　　　表 3-9

序号	级别直径	简图	单长（mm）	总根数	总长（m）	总重（kg）	备注
构件信息：0 层（基础层）\ 柱 \ 1KZ-7 _ 2-3/E 个数：1 构件单质（kg）：135.718 构件总质（kg）：135.718							
1	⏀25	3175 / 375	3550	2	7.1	27.356	基础插筋
2	⏀25	2300 / 375	2675	2	5.35	20.614	基础插筋
3	⏀22	2300 / 150	2450	4	9.8	29.244	基础插筋
4	⏀22	3175 / 150	3325	4	13.3	39.688	基础插筋
5	⏀18	3175 / 150	3325	1	3.325	6.643	基础插筋
6	⏀18	2300 / 150	2450	1	2.45	4.895	基础插筋

续表

序号	级别直径	简图	单长（mm）	总根数	总长（m）	总重（kg）	备注
7	Φ8	550 / 450	2190	3	6.57	2.595	箍筋
8	Φ8	292 / 450	1674	3	5.022	1.983	箍筋
9	Φ8	550 / 174	1638	3	4.914	1.941	箍筋
10	Φ8	450	640	3	1.92	0.759	箍筋

构件信息：1 层（首层）\ 柱 \ 1KZ-7 _ 3 外/E
个数：1 构件单质（kg）：263.834 构件总质（kg）：263.834

序号	级别直径	简图	单长（mm）	总根数	总长（m）	总重（kg）	备注
1	Φ25	3910	3910	4	15.64	60.26	中间层主筋
2	Φ22	3910	3910	8	31.28	93.336	本层收头弯折
3	Φ18	3910	3910	2	7.82	15.624	中间层主筋
4	Φ8	550 / 450	2190	39	85.41	33.735	箍筋
5	Φ8	292 / 450	1674	39	65.286	25.779	箍筋
6	Φ8	550 / 174	1638	39	63.882	25.233	箍筋
7	Φ8	450	640	39	24.96	9.867	箍筋

构件信息：2 层（普通层）\ 柱 \ 2KZ-7 _ 3 外/E
个数：1 构件单质（kg）：221.308 构件总质（kg）：221.308

序号	级别直径	简图	单长（mm）	总根数	总长（m）	总重（kg）	备注
1	Φ25	3600	3600	4	14.4	55.484	中间层主筋
2	Φ22	3600	3600	8	28.8	85.936	中间层主筋
3	Φ18	3600	3600	2	7.2	14.386	中间层主筋
4	Φ8	550 / 450	2190	27	59.13	23.355	箍筋
5	Φ8	292 / 450	1674	27	45.198	17.847	箍筋
6	Φ8	550 / 174	1638	27	44.226	17.469	箍筋

序号	级别直径	简图	单长（mm）	总根数	总长（m）	总重（kg）	备注
7	Φ8	450	640	27	17.28	6.831	箍筋

构件信息：3 层（普通层）\ 柱 \ 2KZ-7 _ 2-3/E
个数：1 构件单质（kg）：238.473 构件总质（kg）：238.473

序号	级别直径	简图	单长（mm）	总根数	总长（m）	总重（kg）	备注
1	Φ22	2347	2347	2	4.694	14.006	上柱插筋
2	Φ22	1577	1577	3	4.731	14.118	上柱插筋
3	Φ25	3800	3800	2	7.6	29.282	中间层主筋
4	Φ25	3165　300	3465	2	6.93	26.702	变截面弯折
5	Φ22	3165　264	3429	2	6.858	20.464	本层收头弯折
6	Φ22	2290　264	2554	4	10.216	30.484	变截面弯折
7	Φ22	3165　264	3429	2	6.858	20.464	变截面弯折
8	Φ18	2925	2925	1	2.925	5.844	中间层主筋
9	Φ18	3165　216	3381	1	3.381	6.755	变截面弯折
10	Φ8	550　450	2190	29	63.51	25.085	箍筋
11	Φ8	292　450	1674	29	48.546	19.169	箍筋
12	Φ8	550　174	1638	29	47.502	18.763	箍筋
13	Φ8	450	640	29	18.56	7.337	箍筋

构件信息：4 层（顶层）\ 柱 \ 4KZ-7 _ 2-3/E 外
个数：1 构件单质（kg）：117.964 构件总质（kg）：117.964

序号	级别直径	简图	单长（mm）	总根数	总长（m）	总重（kg）	备注
1	Φ22	656　2795	3451	2	6.902	20.596	本层收头弯折
2	Φ22	334　3565　176	4075	1	4.075	12.16	本层收头弯折

续表

序号	级别直径	简图	单长（mm）	总根数	总长（m）	总重（kg）	备注
3	Φ22	264⌐3565	3829	3	11.487	34.278	本层收头弯折
4	Φ22	264⌐2795	3059	2	6.118	18.256	本层收头弯折
5	Φ8	350 / 350	1590	31	49.29	19.468	箍筋
6	Φ8	350	540	62	33.48	13.206	箍筋

3.11 框架柱 KZ5 钢筋翻样（案例八截面不变，下柱钢筋的直径比上柱的大）

阅读基础、柱、梁的配筋图见图 3-27～图 3-32 后，完成轴线②/轴线⑧KZ5 从基础层-顶层钢筋翻样。

3.11.1 柱配筋分析

从图 3-78 柱 KZ5 配筋图可知：一层 KZ5 截面尺寸为 400×400，全部纵筋为 8Φ22；二、三层 2KZ5 截面尺寸为 400×400，角筋为 4Φ22，b 边和 h 边中部筋均变为 1Φ18；顶层 4KZ5 截面尺寸为 400×400，角筋为 4Φ18，b 边和 h 边中部筋均变为 1Φ16；从一层到二层、三层到四层属于"截面尺寸不变，下柱钢筋的直径比上柱的大"，构造做法见 16G101-1 第 63 页图 4，当柱纵筋采用焊接连接时如图 3-79 所示。

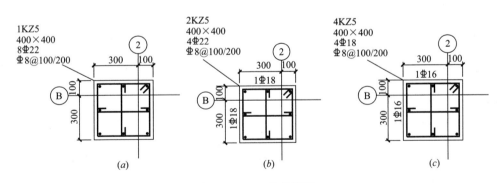

图 3-78 KZ5 柱配筋图
（a）一层 1KZ5 配筋；（b）二、三层 1KZ5 配筋；（c）顶层 4KZ5 柱配筋

3.11.2 基础层插筋计算

轴线②/轴线⑧1KZ5 柱下的基础为 JC6，插筋构造依据 16G101-3 第 66 页。插筋保护层厚度为 40mm，插筋与首层 1KZ5 配筋相同，为 8Φ22。

插筋保护层厚度<5d＝5×22＝110；h_j＝1050＞l_{aE}＝37×22＝814mm，故应选择构造（b），插筋端部弯折长度为 max(6d，150)＝max(6×22，150)＝150mm

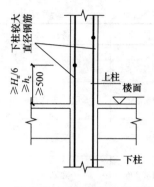

图 3-79 下柱钢筋直径比
上柱钢筋直径大

1) 4Φ22 短插筋长度：$=150+1050-40+\dfrac{3970+750-550}{3}=$ 2550mm

简图如下图所示：

$$\frac{150\quad 2400}{4\Phi 22}$$

下料长度$=2550-2.93\times 22=2486$mm

2) 4Φ22 长插筋长度：$=2550+\max(500,35\times 22)=$ 3320mm

简图如下图所示：

$$\frac{150\quad 3170}{4\Phi 22}$$

下料长度$=3320-2.93\times 22=3256$mm

3.11.3 首层主筋计算

计算公式：1层层高－1层非连接区长度＋2层非连接区

$$=3970+750-\frac{3970+750-550}{3}+\max\left(\frac{3600-550}{6},400,500\right)=3838\text{mm}$$

简图如下图所示：

$$\frac{3838}{8\Phi 22}$$

3.11.4 二层主筋计算

计算公式：2层层高－2层非连接区长度＋3层非连接区

$$=3600-\max\left(\frac{3600-550}{6},400,500\right)+\max\left(\frac{3800-550}{6},400,500\right)=3633\text{mm}$$

简图如下图所示：

$$\frac{3633}{4\Phi 20+4\Phi 18}$$

3.11.5 三层主筋计算

计算公式：3层层高－3层非连接区长度＋4层非连接区

$$=3800-\max\left(\frac{3800-550}{6},400,500\right)+\max\left(\frac{4200-600}{6},400,500\right)=3858\text{mm}$$

简图如下图所示：

$$\frac{3858}{4\Phi 20+4\Phi 18}$$

3.11.6 顶层主筋计算

②/Ⓑ4KZ5 为中柱，其节点构造依据 16G101-1 第 68 页，顶层柱纵筋布置如图 3-71 所示。

锚固长度判断

由图 3-80 (b) 可知 4KZ6 为中柱（4Φ18＋4Φ16），直锚长度＝梁高－保护层＝600－35mm$\leqslant l_{aE}=37\times 16=592$mm，采用 16G101-1 第 68 页构造②，如图 3-80 所示。

1）4⚮16（长纵筋），如图 3-80（b）所示。

长度＝顶层层高－顶层非连接区－梁高＋锚固长度（梁高－主筋顶保护层＋12×d）

$$=4200-\max\left(\frac{4200-600}{6},\ 400,\ 500\right)-600+(600-35+12\times16)=3757\text{mm}$$

简图如下所示：

192 | 3565
      4⚮16

下料长度＝3757－2.93×16＝3710mm

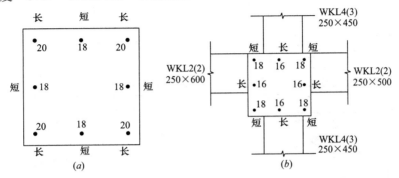

图 3-80　三层和顶层 KZ5 柱主筋布置

（a）三层 3KZ5 主筋布置；（b）顶层 4KZ5 主筋布置

2）4⚮18（短纵筋），如图 3-80（b）所示。

长度＝顶层层高－顶层非连接区－梁高＋锚固长度（梁高－主筋顶保护层＋12×d）－
接头错开距离

$$=4200-\max\left(\frac{4200-600}{6},\ 400,\ 500\right)-600+(600-35+12\times18)-\max(35\times$$

$$20,\ 500)$$

$$=3081\text{mm}$$

简图如下所示：

216 | 2865
      4⚮18

下料长度＝3081－2.93×18＝3028mm

一～四层轴线②/Ⓑ柱 KZ5 钢筋见表 3-10。

轴线②/Ⓑ柱 KZ5 柱钢筋明细表　　表 3-10

序号	级别直径	简图	单长（mm）	总根数	总长（m）	总重（kg）	备注
构件信息：0 层（基础层）\ 柱 \ 1KZ-5 _ 2-1/B-A 个数：1 构件单质（kg）：71.948 构件总质（kg）：71.948							
1	⚮22	3170 ⌐ 150	3320	4	13.28	39.628	基础插筋
2	⚮22	2400 ⌐ 150	2550	4	10.2	30.436	基础插筋
3	⚮8	350 ⌐ 350	1590	3	4.77	1.884	箍筋

续表

序号	级别直径	简图	单长（mm）	总根数	总长（m）	总重（kg）	备注
构件信息：1层（首层）\ 柱 \ 1KZ-5 _ 2-1/B-A 个数：1 构件单质（kg）：131.676 构件总质（kg）：131.676							
1	Φ 22	3838	3838	8	30.704	91.624	中间层主筋
2	Φ 8	350 ┐ 350	1590	38	60.42	23.864	箍筋
3	Φ 8	350	540	76	41.04	16.188	箍筋
构件信息：2层（普通层）\ 柱 \ 2KZ-5 _ 2-1/B-A 个数：1 构件单质（kg）：93.33 构件总质（kg）：93.33							
1	Φ 20	3633	3633	4	14.532	35.836	中间层主筋
2	Φ 18	3633	3633	4	14.532	29.036	中间层主筋
3	Φ 8	350 ┐ 350	1590	27	42.93	16.956	箍筋
4	Φ 8	350	540	54	29.16	11.502	箍筋
构件信息：3层（普通层）\ 柱 \ 2KZ-5 _ 2-1/B-A 个数：1 构件单质（kg）：98.4 构件总质（kg）：98.4							
1	Φ 20	3858	3858	4	15.432	38.056	中间层主筋
2	Φ 18	3858	3858	4	15.432	30.832	中间层主筋
3	Φ 8	350 ┐ 350	1590	28	44.52	17.584	箍筋
4	Φ 8	350	540	56	30.24	11.928	箍筋
构件信息：4层（顶层）\ 柱 \ 4KZ-5 _ 2-1/B-A 个数：1 构件单质（kg）：81.014 构件总质（kg）：81.014							
1	Φ 18	216 ┐ 2865	3081	4	12.324	24.624	本层收头弯折
2	Φ 16	192 ┐ 3565	3757	4	15.028	23.716	本层收头弯折
3	Φ 8	350 ┐ 350	1590	31	49.29	19.468	箍筋
4	Φ 8	350	540	62	33.48	13.206	箍筋

3.12 框架柱 KZ9 钢筋翻样（案例九截面不变，上柱钢筋直径比下柱的大）

阅读基础、柱、梁的配筋图见图 3-27～图 3-32 后，完成轴线③/轴线⑧KZ9 从基础层-顶层钢筋翻样。

3.12.1 柱配筋分析

从图 3-81 柱 KZ9 配筋图可知：一层 KZ9 截面尺寸为 400×400，角筋为 $4 \Phi 20$，b 边中部筋为 $1 \Phi 18$，h 边中部筋为 $1 \Phi 20$；二、三层 2KZ9 截面尺寸为 400×400，角筋为 $4 \Phi 22$，b 边中部筋边变为 $1 \Phi 20$，h 边中部筋边为 $1 \Phi 22$；

从一层到二层到二层属于"截面尺寸不变，上柱钢筋的直径比下柱的大"，构造做法见 16G101-1 第 63 页图 2，如图 3-82 所示。

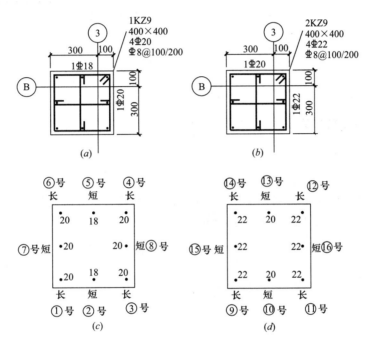

图 3-81 KZ9 柱配筋图

（a）一层 1KZ9 柱配筋；（b）二层 1KZ9 柱配筋；（c）一层 1KZ9 柱配筋；（d）二层 1KZ9 柱配筋

3.12.2 基础层插筋计算

轴线 ③/轴线 Ⓑ 1KZ9 柱下的基础为 JC6，插筋构造依据 16G101-3 第 66 页。插筋保护层厚度为 40mm，插筋与首层 1KZ5 配筋相同，为 $6 \Phi 20 + 2 \Phi 18$。

插筋保护层厚度 $< 5d = 5 \times 22 = 110$；$h_j = 1050 > l_{aE} = 37 \times 20 = 740$mm，故应选择构造（b），插筋端部弯折长度为 $\max(6d, 150) = \max(6 \times 20, 150) = 150$mm

1）$2 \Phi 20$ 短插筋长度：$= 150 + 1050 - 40 + \dfrac{3970 + 750 - 500}{3} = 2567$mm

简图如下图所示：

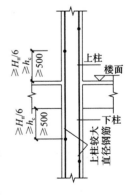

图 3-82 上柱钢筋直径比下柱钢筋直径大

147

$$\frac{150\Big|\underline{\quad 2417\quad}}{2\Phi20}$$

下料长度＝2567－2.93×20＝2508mm

2）2Φ18 短插筋长度：＝$150+1050-40+\dfrac{3970+750-500}{3}=2567$mm

简图如下图所示：

$$\frac{150\Big|\underline{\quad 2417\quad}}{2\Phi18}$$

下料长度＝2567－2.93×18＝2514mm

3）4Φ20 长插筋长度：＝2567＋max(500,35×22)＝3267mm

简图如下图所示：

$$\frac{150\Big|\underline{\quad 3117\quad}}{4\Phi20}$$

下料长度＝3267－2.93×20＝3208mm

3.12.3　首层主筋计算

（1）b 边主筋，如图 3-83 所示。

1）①、③、④、⑥号主筋

主筋长度＝（一层高－一层非连接区－首层柱主筋接头错开距离）－梁高－（二层非连接区＋二层柱主筋接头错开距离）

$$=3970+750-\frac{3970+750-500}{3}-\max(35\times20,500)-500-$$

$$\max\left(\frac{3600-500}{6},400,500\right)-\max(35\times20,500)$$

$$=826\text{mm}$$

简图如下图所示：

$$\frac{\underline{\quad 826\quad}}{4\Phi20}$$

2）②、⑤号主筋

主筋长度＝一层高－一层非连接区－梁高－二层非连接区

$$=3970+750-\frac{3970+750-500}{3}-500-\max\left(\frac{3600-500}{6},400,500\right)$$

$$=2296\text{mm}$$

简图如下图所示：

$$\frac{\underline{\quad 2296\quad}}{2\Phi20}$$

（2）h 边主筋，如图 3-83 所示。

⑦、⑧号主筋

主筋长度＝一层高－一层非连接区－梁高－二层非连接区

$$=3970+750-\frac{3970+750-500}{3}-500-\max\left(\frac{3600-500}{6},400,500\right)$$

$$=2296\text{mm}$$

简图如下图所示：

$$\frac{2296}{2\underline{\Phi}20}$$

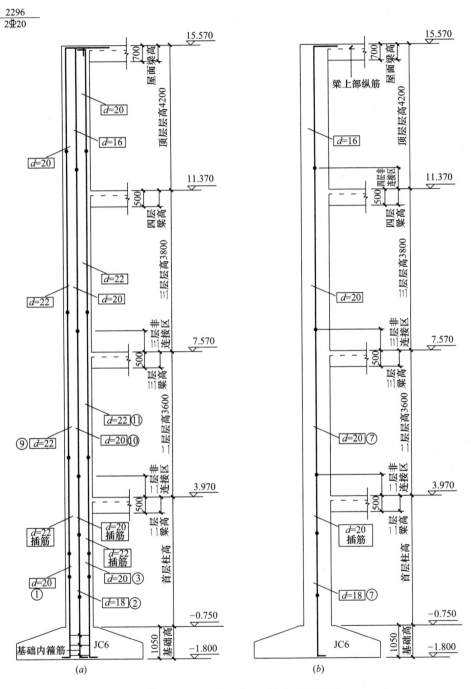

图 3-83　KZ9 柱 b 边、h 边主筋示意图

（a）b 边①号、②号、③号主筋；（b）h 边⑮主筋

（3）二层柱插筋

1）⑨号、⑪号、⑫号、⑭号主筋对应的插筋

长度＝二层柱主筋接头错开距离＋二层非连接区＋梁高＋二层非连接区＋二层柱主筋接头错开距离

$$=\max(35\times22，500)+\max\left(\frac{3600-500}{6}，400，500\right)+500$$

$$+\max\left(\frac{3600-500}{6}，400，500\right)$$

$$+\max(35\times22，500)$$

$$=3073\text{mm}$$

简图如下图所示：

$$\frac{3073}{4\Phi22}$$

2）⑩号、⑬号主筋对应的插筋

长度＝二层非连接区＋梁高＋二层非连接区

$$=\max\left(\frac{3600-500}{6}，400，500\right)+500+\max\left(\frac{3600-500}{6}，400，500\right)$$

$$=1533\text{mm}$$

简图如下图所示：

$$\frac{1533}{2\Phi20}$$

3）⑮号、⑯号主筋对应的插筋

长度＝二层非连接区＋梁高＋二层非连接区

$$=\max\left(\frac{3600-500}{6}，400，500\right)+500+\max\left(\frac{3600-500}{6}，400，500\right)$$

$$=1533\text{mm}$$

简图如下图所示：

$$\frac{1533}{2\Phi22}$$

3.12.4　二层主筋计算

计算公式：2 层层高－2 层非连接区长度＋3 层非连接区

$$=3600-\max\left(\frac{3600-500}{6}，400，500\right)+\max\left(\frac{3800-500}{6}，400，500\right)$$

$$=3633\text{mm}$$

简图如下图所示：

$$\frac{3633}{6\Phi22+2\Phi20}$$

3.12.5　三层主筋计算

如图 3-84 所示，三层 2KZ9 截面尺寸为 400×400，角筋为 $4\Phi22$，b 边中部筋边变为 $1\Phi20$，h 边中部筋为 $1\Phi22$。顶层 4KZ9 截面尺寸为 400×400，角筋为 $4\Phi20$，b 边和 h 边中部筋均变为 $1\Phi16$；从三层到四层属于"截面尺寸不变，下柱钢筋的直径比上柱的大"，构造做法见 16G101-1 第 63 页。当柱纵筋采用焊接连接时如图 3-85 所示。

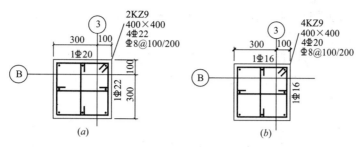

图 3-84　KZ9 柱配筋图

（a）三层 3KZ9 柱配筋；（b）顶层 4KZ9 柱配筋

计算公式：三层层高－三层非连接区长度＋四层非连接区

$$=3800-\max\left(\frac{3600-500}{6},\ 400,\ 500\right)+\max\left(\frac{4200-700}{6},\ 400,\ 500\right)$$

$$=3833\text{mm}$$

简图如下图所示：

$$\frac{3833}{6\Phi22+2\Phi20}$$

3.12.6　顶层主筋计算

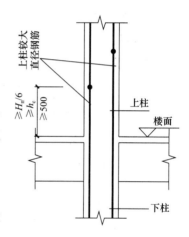

图 3-85　下柱钢筋直径比
上柱钢筋直径大

顶层角柱节点构造依据 16G101-1 第 67 页，选择②＋④ 做法，伸入梁内的柱外侧纵筋不宜小于柱外侧全部纵筋面积 的 65%。柱内侧纵筋同中柱柱顶纵向钢筋构造，见 16G101-1 第 68 页。顶层柱纵筋布置如图 3-86 所示。

（1）锚固方式判断

由图 3-86（b）可知 4KZ9 为边柱，外侧共有 3 根主筋，其 中 65%（3×65%＝1.5，取 2 根，2 Φ 20）按①号钢筋计算伸 入屋面梁中，锚固长度为 1.5l_{aE}，1 Φ 16 按照②号钢筋计算。

内侧：当直锚长度≥l_{aE}，采用构造④；当直锚长度＜l_{aE} 时，且柱顶有不小于 100mm 厚现浇板时，采用构造②；当直锚长度＜l_{aE} 时，且柱顶无不 小于 100mm 厚现浇板时，采用构造①。

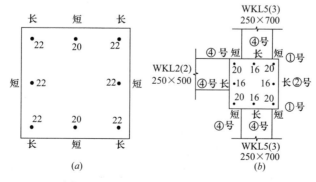

图 3-86　三层和顶层 KZ9 柱主筋布置

（a）三层 3KZ9 主筋布置；（b）顶层 4KZ9 主筋布置

4KZ9 内侧（3 Φ 16）：直锚长度＝与 4KZ9 相连梁高－保护层，$700-35=665 > l_{aE} = 37 \times 16 = 592mm$，采用构造②；

4KZ9 内侧（2 Φ 20）：直锚长度＝与 4KZ9 相连梁高－保护层，$700-35=665 < l_{aE} = 37 \times 20 = 740mm$，采用构造②，2 Φ 20 采用构造④。

（2）外侧主筋长度计算

1）2 Φ 20（短纵筋），伸入 WKL5（3）梁中，如图 3-86（b）所示。

长度＝顶层层高－顶层非连接区－梁高＋锚固长度（$1.5l_{aE}$）－接头错开距离

$$=4200 - \max\left(\frac{4200-700}{6}, 400, 500\right) - 700 + 1.5 \times 37 \times 20$$

$$- \max(35 \times 20, 500) = 3327mm$$

其中，弯折＝$1.5l_{aE}$－（梁高－保护层）＝$1.5 \times 37 \times 20 - (700-35) = 445mm$

简图如下所示

445 $\lfloor$ 2882

2Φ20

下料长度＝$3327 - 2.93 \times 20 = 3268mm$

2）1 Φ 16（长纵筋），伸入 WKL5（3）梁中，如图 3-86（b）所示。

长度＝顶层层高－顶层非连接区－梁高＋锚固长度（$1.5l_{aE}$）

$$=4200 - \max\left(\frac{4200-700}{6}, 400, 500\right) - 700 + 700 - 35 + 400 - 2 \times 25 - 2 \times 8 + 8 \times 16$$

$$=4044mm$$

简图如下所示

128

334 $\lfloor$ 3582

1Φ16

下料长度＝$4044 - 2.93 \times 16 \times 2 = 3950mm$

（3）内侧主筋长度计算

1）2 Φ 20（短纵筋），如图 3-86（b）所示。

长度＝顶层层高－顶层非连接区－梁高＋锚固长度（梁高－主筋顶保护层＋$12 \times d$）－接头错开距离

$$=4200 - \max\left(\frac{4200-700}{6}, 400, 500\right) - 700 + (700 - 35 + 12 \times 20)$$

$$- \max(35 \times 20, 500)$$

$$=3122mm$$

简图如下所示：

240 $\lfloor$ 2882

2Φ20

下料长度＝$3122 - 2.93 \times 20 = 3063mm$

2）3 Φ 16（长纵筋），如图 3-86（b）所示。

长度＝顶层层高－顶层非连接区－梁高＋锚固长度（梁高－主筋顶保护层）

$$=4200 - \max\left(\frac{4200-700}{6}, 400, 500\right) - 700 + (700 - 35) = 3582mm$$

简图如下所示：

3582
3Φ16

一～四层轴线③/Ⓑ柱 KZ9 钢筋见表 3-11。

轴线③/Ⓑ柱 KZ9 柱钢筋明细表

表 3-11

序号	级别直径	简图	单长（mm）	总根数	总长（m）	总重（kg）	备注
构件信息：0 层（基础层）\ 柱 \ 1KZ-9 _ 3-2/B-A 个数：1 构件单质（kg）：57.026 构件总质（kg）：57.026							
1	Φ20	3117 150	3267	4	13.068	32.224	基础插筋
2	Φ18	2417 150	2567	2	5.134	10.258	基础插筋
3	Φ20	2417 150	2567	2	5.134	12.66	基础插筋
4	Φ8	350 350	1590	3	4.77	1.884	箍筋
构件信息：1 层（首层）\ 柱 \ 1KZ-9 _ 3-2/B-A 个数：1 构件单质（kg）：122.086 构件总质（kg）：122.086							
1	Φ20	826	826	4	3.304	8.148	中间层主筋
2	Φ18	2296	2296	2	4.592	9.174	中间层主筋
3	Φ20	2296	2296	2	4.592	11.324	中间层主筋
4	Φ22	3073	3073	4	12.292	36.68	上柱大规格主筋
5	Φ20	1533	1533	2	3.066	7.56	上柱大规格主筋
6	Φ22	1533	1533	2	3.066	9.148	上柱大规格主筋
7	Φ8	350 350	1590	38	60.42	23.864	箍筋
8	Φ8	350	540	76	41.04	16.188	箍筋
构件信息：2 层（普通层）\ 柱 \ 2KZ-9 _ 3-2/B-A 个数：1 构件单质（kg）：110.368 构件总质（kg）：110.368							
1	Φ22	3633	3633	6	21.798	65.046	中间层主筋
2	Φ20	3633	3633	2	7.266	17.918	中间层主筋

序号	级别直径	简图	单长（mm）	总根数	总长（m）	总重（kg）	备注
3	Φ8	350 ⌐ 350	1590	26	41.34	16.328	箍筋
4	Φ8	350	540	52	28.08	11.076	箍筋

构件信息：3层（普通层）\ 柱 \ 2KZ-9 _ 3-2/B-A
个数：1 构件单质（kg）：115.99 构件总质（kg）：115.99

序号	级别直径	简图	单长（mm）	总根数	总长（m）	总重（kg）	备注
1	Φ22	3833	3833	6	22.998	68.628	中间层主筋
2	Φ20	3833	3833	2	7.666	18.904	中间层主筋
3	Φ8	350 ⌐ 350	1590	27	42.93	16.956	箍筋
4	Φ8	350	540	54	29.16	11.502	箍筋

构件信息：4层（顶层）\ 柱 \ 4KZ-9 _ 3-2/B-A
个数：1 构件单质（kg）：87.817 构件总质（kg）：87.817

序号	级别直径	简图	单长（mm）	总根数	总长（m）	总重（kg）	备注
1	Φ20	445 ⌐ 2882	3327	2	6.654	16.408	外侧1号钢筋
2	Φ16	334 ⌐ 3582 128	4044	1	4.044	6.381	外侧2号钢筋
3	Φ20	240 ⌐ 2882	3122	2	6.244	15.398	内侧4号钢筋
4	Φ16	3582	3582	3	10.746	16.956	内侧4号钢筋
5	Φ8	350 ⌐ 350	1590	31	49.29	19.468	箍筋
6	Φ8	350	540	62	33.48	13.206	箍筋

第4章 梁钢筋翻样

4.1 梁构件类型及计算项目

4.1.1 梁构件类型

1. 楼层框架梁

框架梁（KL）是指两端与框架柱（KZ）相连的梁，或者两端与剪力墙相连但跨高比不小于5的梁。楼层框架梁是指顶层以下的各标准层的框架梁。

2. 屋面框架梁

屋面框架梁是指用在屋面的框架梁，在框架梁柱节点处，如果此处为框架柱的顶点，框架柱不再向上延伸，那么这个节点处的框架梁做法就应该按照屋面框架梁的节点要求来做。

3. 非框架梁

非框架梁是指结构梁不于钢筋混凝土柱和钢筋混凝土墙相连接的钢筋混凝土梁。

4. 圈梁

圈梁就是砌体结构房屋中，在砌体内沿水平方向设置封闭的钢筋混凝土梁，以提高房屋空间刚度、增加建筑物的整体性、提高砖石砌体的抗剪、抗拉强度，防止由于地基不均匀沉降、地震或其他较大振动荷载对房屋的破坏在房屋的基础上部的连续的钢筋混凝土梁叫基础圈梁，也叫地圈梁，而在墙体上部，紧挨楼板的钢筋混凝土梁叫上圈梁。

5. 基础梁

基础梁简单说就是与基础上的梁。基础梁一般用于框架结构、框架剪力墙结构，框架柱落于基础梁上或基础梁交叉点上，其主要作用是作为上部建筑的基础，将上部荷载传递到地基上，基础梁作为基础，起到承重和抗弯功能，一般基础梁的截面较大，截面高度一般建议取 1/4～1/6 跨距，这样基础梁的刚度很大，可以起到基础梁的效果，其配筋由计算确定。

6. 边框梁

边框梁是指在建筑物的外边上的框架梁（与外界接触的梁，叫边梁）。

7. 暗梁

暗梁是指隐藏在某些构件中，起到加强的梁，常见的有剪力墙里的暗梁、板里的暗梁、筏板里的暗梁等。

4.1.2 梁要计算哪些工程量

梁中要计算的钢筋如表 4-1 所示。

梁中要计算的钢筋项目　　　　　　　　　　　　表 4-1

钢筋类型	钢筋位置	钢筋名称		
纵筋	梁上部	上部通长筋		
		支座负筋	端支座负筋	第一排
				第二排
			中间支座负筋	第一排
				第二排
		架立筋		
	梁中部	构造钢筋		
		受扭钢筋		
	梁下部	下部贯通筋	第一排	
			第二排	
		下部非贯通筋	第一排	
			第二排	
	变截面情况	上平下不平		
		下平上不平		
		上下均不平		
箍筋		普通箍筋		
		复合箍筋		
拉筋				

4.2　框架梁钢筋计算公式

以楼层框架梁为例，抗震楼层框架梁纵向钢筋构造见《混凝土结构施工图平面整体表示方法制图规则和构造详图（现浇混凝土框架、剪力墙、梁、板）》16G101-1 第 84 页，如图 4-1 所示。

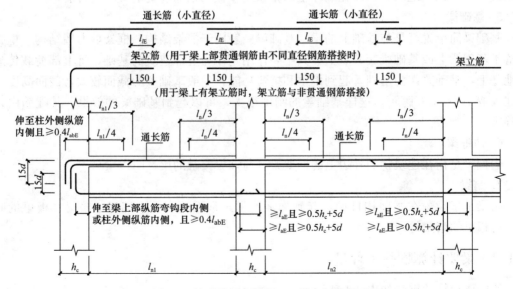

图 4-1　抗震楼层框架梁 KL 纵向钢筋构造

4.2.4　拉筋计算

16G101-1 第 90 页注 4 给出了拉筋直径和间距的取值要求，即：当梁宽≤350 时，拉筋直径为 6mm，梁宽＞350 时，拉筋直径为 8mm。拉筋间距为非加密区箍筋间距的 2 倍，当设有多排拉筋时，上下两排拉筋竖向错开设置。

（1）拉筋长度

如图 4-7（a）所示，只勾住主筋：拉筋长度＝梁宽－2×保护层＋2×1.9d＋2×max (10d，75mm)

如图 4-7（b）所示，同时勾住主筋和箍筋：拉筋长度＝梁宽－2×保护层＋2d＋2×1.9d＋2×max(10d，75mm)

（2）拉筋根数

$$拉筋根数＝\left(\frac{净跨－50×2}{2×箍筋非加密区间距}＋1\right)×排数$$

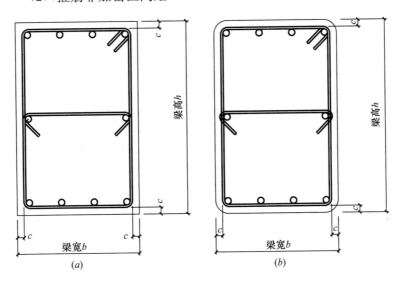

图 4-7　拉筋

（a）只钩住主筋；（b）同时钩住主筋和箍筋

4.2.5　箍筋计算公式

图 4-8（a）中 1 号为普通箍筋，图 4-8（b）中为复合箍筋。

（1）普通箍筋

预算长度＝(梁宽 b－保护层×2)×2＋(梁高 h－保护层×2)×2＋1.9d×2＋max(10d，75mm×2

　　　＝$(b＋h)×2－8×c＋2×1.9d＋2×max(10d，75)$

当箍筋直径≥8mm 时，普通箍筋的长度可简化为：$(b＋h)×2－8×c＋23.8d$

（2）复合箍筋

图 4-7（b）中 1 号箍筋的与 4-8（a）中普通箍筋的长度计算公式相同。

图 4-7（b）中 2 号箍筋的高度与 1 号箍筋相同。

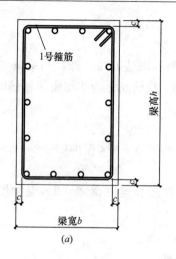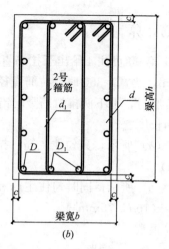

图 4-8　框架梁箍筋

（*a*）普通箍筋；（*b*）复合箍筋

梁下部主筋的间距为：$j=\dfrac{b-2c-D-2d}{b\,\text{边纵筋数}-1}$

式中：（$b-2c-D-2d$）为梁下部纵筋的布筋范围，取梁下部两根角筋中心线之间的距离。D 为主筋直径，d 为箍筋直径。

2 号箍筋的预算长度

$$=\left(\text{间距}\,j\times\text{间距数}+\dfrac{D_1}{2}\times2+d_1\times2\right)\times2+(h-2c)\times2+1.9d\times2+\max(10d,75)\times$$

2，式中 D_1 为 2 号箍筋箍住的主筋直径，d_1 为 2 号箍筋直径。

（3）箍筋根数计算

抗震框架梁 KL、WKL 箍筋加密区范围见 16G101-1 第 88 页，如图 4-9 和图 4-10 所示，抗震等级为一级时，加密区为 $\geqslant2.0h_b$ 且 $\geqslant500$，抗震等级为二～四级时，加密区为 $\geqslant1.5h_b$ 且 $\geqslant500$。

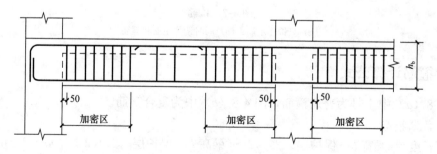

图 4-9　框架梁（KL、WKL）箍筋加密区范围（一）

图 4-9 中该框架梁两端均以框架柱为支座，箍筋的根数计算公式如下：

1）加密区根数 $=\dfrac{\text{加密区长度}-50}{\text{加密区箍筋间距}}+1$；　2）非加密区根数 $=\dfrac{\text{梁净跨}-2\times\text{加密区长度}}{\text{非加密区箍筋间距}}-1$

总根数 $=$ 加密区根数 $\times2+$ 非加密区根数

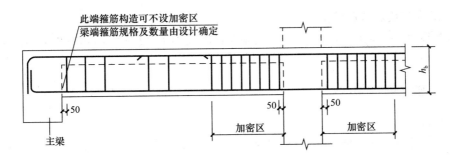

图 4-10 框架梁（KL、WKL）箍筋加密区范围（二）

4.3 非框架梁钢筋计算公式

非框架梁 L、L_g 配筋构造见 16G101-1 第 89 页，如图 4-11 所示，图中"设计按铰接"用于代号为 L 的非框架梁，"充分利用钢筋的抗拉强度时"用于代号为 L_g 的非框架梁。

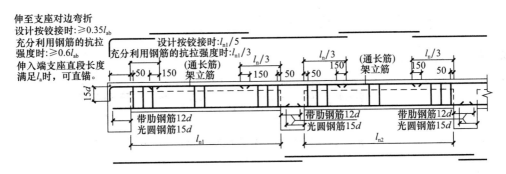

图 4-11 非框架梁配筋构造

4.3.1 上部纵筋计算公式

以焊接或机械连接为例，给出非框架梁纵筋长度的计算公式。

1. 上部通长筋（无悬挑梁）

上部通筋长度＝总净跨长＋左支座锚固＋右支座锚固

（1）端支座上部钢筋弯锚

设计按铰接时，端支座的锚固长度＝max$(0.35l_{ab}+15d$，支座宽－保护层＋$15d)$；充分利用钢筋的抗拉强度时，端支座的锚固长度＝max$(0.6l_{ab}+15d$，支座宽－保护层＋$15d)$。

（2）端支座上部钢筋直锚

当上部纵筋伸入端支座直段长度满足 l_a 时可直锚固，其锚固长度＝max$(l_a$，支座宽－保护层)。

2. 上部非通长筋

端支座上部非通长筋

设计按铰接时：长度＝左支座锚固＋$l_{n1}/5$

充分利用钢筋的抗拉强度时：长度＝左支座锚固＋$l_{n1}/3$

3. 中间支座负筋长度计算

上排长度＝2×max(l_{ni}，l_{ni+1})/3＋支座宽，跨度值 l_n 为左跨 l_{ni} 和右跨 l_{ni+1} 之较大值，$i＝1$，2，3…

4.3.2　下部纵筋计算公式

（1）直锚

当非框架梁下部纵筋伸入边支座满足直锚 12d(15d) 要求时，下部纵筋构造如图 4-11 所示，当下部纵筋为带肋钢筋时，锚固长度＝12d，当下部纵筋为光圆钢筋时，锚固长度为 15d。

下部纵筋长度＝净跨长＋左支座锚固＋右支座锚固

（2）弯锚

当非框架梁下部纵筋伸入边支座长度不满足直锚 12d(15d) 要求时，如图 4-12 所示，要求下部纵筋伸至支座对边弯折，带肋钢筋弯折长度≥7.5d，光圆钢筋≥9d。

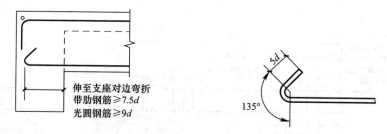

图 4-12　端支座非框架梁下部纵筋弯锚构造

4.4　楼层框架梁 1 KL2(2) 钢筋翻样案例一（无悬挑）

阅读图 4-13 框架梁 1 KL2(2) 配筋图后，完成该梁纵筋、箍筋翻样。

1 KL2（2）梁的环境描述如下：

抗震等级：二级；混凝土强度等级：C35；保护层厚度：25mm；纵筋连接方式：闪光对焊；弯曲半径：框架梁主筋直径≤25mm，钢筋弯曲内半径 $R＝4d$，弯曲角度 90°时的弯曲调整值为 2.93d；箍筋弯曲内半径为 1.25 倍的箍筋直径且大于主筋直径/2，弯曲角度 90°时的弯曲调整值为 1.75d，箍筋的起配位置为 50mm。

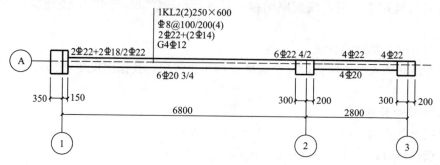

图 4-13　框架梁 1 KL2（2）配筋

4.4.1 锚固长度

（1）确定锚固长度

框架梁 1 KL2（2）主筋强度等级为 HRB400，主筋直径为≤25mm，混凝土强度等级为 C35，二级抗震，从 16G101-1 第 57 和 58 页可知：$l_{aE}=37d$，$l_{abE}=37d$。

（2）边支座纵筋锚固方式

支座①/Ⓐ：直锚长度＝500－25＝475mm＜l_{aE}＝37d＝37×18＝666mm，所以支座上部和下部纵筋均采用弯锚，锚固长度为 max（0.4×37d｜15d，支座宽－保护层＋15d）。支座③/Ⓐ上部和下部纵筋均为弯锚。框架梁 1 KL2（2）配筋示意图如图 4-14 所示。

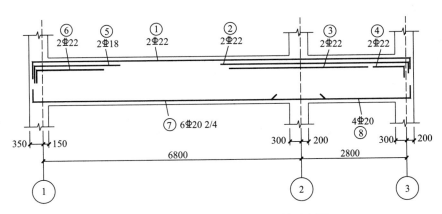

图 4-14　框架梁 1 KL2（2）配筋示意图

4.4.2 纵筋计算

1. ①号上通长筋（或面筋)/1～3(2)2Φ22

计算公式：总净跨＋左锚固＋右锚固

按外包长度计算

＝6800＋2800－150－300＋2×max（0.4×37×22＋15×22，500－25＋15×22）

＝10760mm

简图如下所示：

```
        10100
330 |   2Φ22   | 330
```

下料长度＝10760－2×2.93×22＝10631mm

2. ②号面筋/2～3(2)2Φ22

计算公式：$\dfrac{l_{n1}}{3}$＋支座宽＋l_{n2}＋右锚固总净跨＋左锚固＋右锚固

按外包长度计算

＝$\dfrac{6800-150-300}{3}$＋500＋2800－200－300＋max（0.4×37×22＋15×22，500－25＋15×22）

163

=5722mm

简图如下所示：

$$\frac{5392}{2\Phi22}\quad 330$$

下料长度＝5722－2.93×22＝5657mm

3. ③号支座钢筋/2(0/2)2 Φ 22

计算公式：$2\times\dfrac{l_{n1}}{4}+$ 支座宽

$$=2\times\frac{6800-150-300}{4}+500$$

$$=3675\text{mm}$$

简图如下所示：

$$\frac{3675}{2\Phi22}$$

4. ④号支座钢筋/3(0/2)2 Φ 22

计算公式：$\dfrac{l_{n2}}{4}+$ 右锚固

$$=\frac{2800-200-300}{4}+\max(0.4\times37\times22+15\times22,\ 500-25+15\times22)$$

$$=1380\text{mm}$$

简图如下所示：

$$\frac{1050}{2\Phi22}\quad 330$$

下料长度＝1380－2.93×22＝1316mm

5. ⑤号支座钢筋/1(2)2 Φ 18

计算公式：左锚固 $+\dfrac{l_{n1}}{3}$

$$=\max(0.4\times37\times18+15\times18,\ 500-25+15\times18)+\frac{6800-150-300}{3}$$

$$=2862\text{mm}$$

简图如下所示：

$$270\quad\frac{2592}{2\Phi18}$$

下料长度＝2862－2.93×18＝2809mm

6. ⑥号支座钢筋/1(0/2)2 Φ 22

计算公式：左锚固 $+\dfrac{l_{n1}}{4}$

$$=\max(0.4\times37\times18+15\times18,\ 500-25+15\times22)+\frac{6800-150-300}{4}$$

$$=2393\text{mm}$$

简图如下所示：

$$330\quad\frac{2063}{2\Phi22}$$

下料长度＝2393－2.93×22＝2328mm

7. ⑦号底筋/1～2(3/4)6 ⚈ 20

第一跨下部纵筋，左端为弯锚，右端为直锚

计算公式：左锚固＋净跨＋右锚固

$$＝\max(0.4×37×20+15×20，500−25+15×20)+6800−150−300$$
$$+\max(37×20，0.5×500+5×20)$$
$$＝7865mm$$

简图如下所示：

```
300 | 7565
      6⚈20
```

下料长度＝7865－2.93×20＝7806mm

8. ⑧号底筋/2～3(4)4 ⚈ 20

第二跨下部纵筋，左端为直锚，右端为弯锚

计算公式：左锚固＋净跨＋右锚固

$$＝\max(37×20，0.5×500+5×20)+2800−200−300$$
$$+\max(0.4×37×20+15×20，500−25+15×20)$$
$$＝3815mm$$

简图如下所示：

```
  3515 | 300
  4⚈20
```

下料长度＝3815－2.93×20＝3756mm

9. 架立筋/1～2(2)

计算公式：净跨－两边负筋净长×2＋150×2

$$＝6800−150−300−2×\frac{6800−150−300}{3}+150×2$$
$$＝2417mm$$

简图如下所示：

```
  2417
  2⚈14
```

10. 构造筋

（1）构造钢筋/1～2(4)

第一跨：长度＝6800－150－300＋15×12×2＝6710mm

简图如下所示：

```
  6710
  4⚈12
```

（2）构造钢筋/2～3(4)

第二跨：长度＝2800－200－300＋15×12×2＝2660mm

简图如下所示：

```
  2660
  4⚈12
```

4.4.3　箍筋计算

框架梁 1 KL2（2）箍筋示意图如图 4-15 所示。

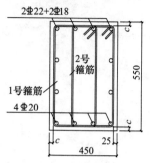

图 4-15　框架梁 1 KL2
（2）箍筋示意图

1. 第一跨箍筋

（1）长度

1 号箍筋

＝(250＋600)×2－8×25＋23.8×8＝1690mm

简图如下图所示：

下料长度：1690－3×1.75×8＝1648mm

2 号箍筋

第一跨下部第二排共有 4 根主筋，间距＝$\dfrac{b-2c-2d-D}{纵筋根数-1}$＝

$\dfrac{250-2\times25-2\times8-20}{3}$＝54.67mm

2 号箍筋长度＝(54.67＋2×8＋20)×2＋(600－2×25)×2＋23.8×8＝1472mm

简图如下所示：

下料长度＝1472－3×1.75×8＝1430mm

（2）根数

1）加密区根数

加密区长度：max(1.5×600，500)＝900mm

加密区根数：$\dfrac{900-50}{100}$＋1＝9.5 根

2）非加密区根数

＝$\dfrac{6800-150-300-1.5\times600\times2}{200}$－1＝21.75 根

总根数：9.5×2＋21.75＝40.75 根，取 41 根。

2. 第二跨箍筋

（1）长度

同第一跨

（2）根数

1）加密区根数

加密区长度：max(1.5×600，500)＝900mm

加密区根数：$\dfrac{900-50}{100}$＋1＝9.5 根

2）非加密区根数

＝$\dfrac{2800-200-300-1.5\times600\times2}{200}$－1＝1.5 根

总根数：$9.5 \times 2 + 1.5 = 20.5$ 根，取 21 根。

4.4.4 拉筋计算

该梁中的拉筋按照 16G101-1 第 90 页配置，直径为 6.5mm，第 1～2 跨拉筋间距 400mm，一级钢。计算方式有两种，同时勾住主筋和箍筋、只勾住主筋，按照第一种方式计算：

（1）拉筋长度

拉筋长度 = 梁宽 − 2×保护层 + 2d + 2×1.9d + 2×max(10d，75mm)

$250 - 2 \times 25 + 2 \times 6.5 + 2 \times 1.9 \times 6.5 + \max(10 \times 6.5，75mm) \times 2 = 388mm$

或 $= 250 - 2 \times 25 + 2 \times 6.5 + 23.8 \times 6.5 = 368mm$

简图如下图所示：

213

（2）拉筋根数

拉筋根数：$\left(\dfrac{\text{净跨} - 50 \times 2}{2 \times \text{箍筋非加密区间距}} + 1 \right) \times \text{排数}$

1）第一跨：$\left(\dfrac{6800 - 150 - 300 - 50 \times 2}{400} + 1 \right) \times 2 = 33.25$ 根，取 34 根

2）第二跨：$\left(\dfrac{2800 - 200 - 300 - 50 \times 2}{400} + 1 \right) \times 2 = 13$ 根

总根数：$34 + 13 = 47$ 根

框架梁 1 KL2（2）钢筋明细表如表 4-2 所示。

框架梁 1 KL2（2）钢筋明细表 表 4-2

序号	级别直径	简图	单长（mm）	总根数	总长（m）	总重（kg）	备注
构件信息：1层（首层）\ 梁 \ 1KL2（2）_ 1-3/A 个数：1 构件单质（kg）：436.739 构件总质（kg）：436.739							
1	Φ22	330⌐10100⌐330	10760	2	21.52	64.216	面筋/1～3(2)
2	Φ22	5392 ⌐330	5722	2	11.444	34.148	面筋/2～3(2)
3	Φ20	300⌐7565	7865	6	47.19	116.37	底筋/1～2(2/4)
4	Φ20	3515 ⌐300	3815	4	15.26	37.632	底筋/2～3(4)
5	Φ18	270⌐2592	2862	2	5.724	11.436	支座钢筋/1(2)
6	Φ22	330⌐2063	2393	2	4.786	14.282	支座钢筋/1(0/2)
7	Φ22	3675	3675	2	7.35	21.932	支座钢筋/2(0/2)
8	Φ22	1050 ⌐330	1380	2	2.76	8.236	支座钢筋/3(0/2)
9	Φ14	2417	2417	2	4.834	5.84	架立筋/1～2(2)

续表

序号	级别直径	简图	单长（mm）	总根数	总长（m）	总重（kg）	备注
10	Φ12	6710	6710	4	26.84	23.832	腰筋/1~2(4)
11	Φ12	2660	2660	4	10.64	9.448	腰筋/2~3(4)
12	Φ8	200 ⌐ 550	1690	63	106.47	42.084	箍筋@100/200
13	Φ8	550 ⌐ 91	1472	63	92.736	36.603	箍筋@100/200
14	Φ6.5	213	368	47	17.296	4.512	拉筋@400
15	Φ25	200	200	4	0.8	3.084	1，2跨上部垫铁
16	Φ25	200	200	4	0.8	3.084	1跨下部垫铁

4.5　楼层框架梁1KL4（2A）钢筋翻样案例二（有悬挑）

阅读图4-16框架梁1KL4（2A）配筋图后，完成该梁纵筋、箍筋翻样。

1KL4（2A）梁的环境描述如下：

抗震等级：二级；混凝土强度等级：C35；保护层厚度：25mm；纵筋连接方式：闪光对焊；弯曲半径：框架梁主筋直径≤25mm，钢筋弯曲内半径 $R=4d$，弯曲角度90°时的弯曲调整值为 $2.93d$；箍筋弯曲内半径为1.25倍的箍筋直径且大于主筋直径/2，弯曲角度90°时的弯曲调整值为 $1.75d$，箍筋的起配位置为50mm。

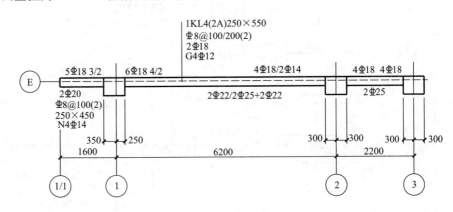

图4-16　框架梁1KL4（2A）配筋

4.5.1　锚固长度

（1）确定锚固长度

框架梁1KL4（2A）主筋强度等级为HRB400，主筋直径为≤25mm，混凝土强度等级为 C35，二级抗震，从 16G101-1 第 57 和 58 页可知：$l_{aE}=37d$，$l_{abE}=37d$。

（2）边支座纵筋锚固方式

支座③/Ⓔ：直锚长度＝600－25＝575mm＜$l_{aE}=37d=37\times25=925$mm，所以支座上部和下部纵筋均采用弯锚，锚固长度为 max(0.4×37d＋15d，支座宽－保护层＋15d)。

框架梁 1 KL4（2A）为一端悬挑，悬挑段的配筋构造采用 16G101-1 第 92 页构造①，该梁悬臂段的净跨 $l=1600-350=1250<4h_b=4\times450=1800$mm，上部第一排纵筋伸至悬挑梁外端，向下弯折 12d，上部纵筋第二排伸出悬挑段的长度为 0.75l。悬臂段下部纵筋的锚固长度为 15d。框架梁 1 KL4（2A）配筋示意图如图 4-17 所示。

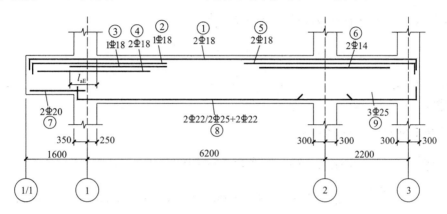

图 4-17　框架梁 1 KL4（2A）配筋示意图

4.5.2　纵筋计算

1. ①号上通长筋（或面筋）/1/1～3(2)2Φ18

计算公式：弯折＋总净跨－保护层＋右锚固

按外包长度计算

$=12\times18+1600+6200+2200-300-25+max(0.4\times37\times18+15\times18，600-25+15\times18)$

$=10736$mm

简图如下所示：

```
        10250
216 |__2Φ18__| 216
```

下料长度＝10736－2×2.93×18＝10631mm

2. ②号面钢筋/1/1～1(1)1Φ18

计算公式：弯折＋悬臂段净跨－保护层＋支座宽＋$\dfrac{l_{n1}}{3}$

按外包长度计算：

$=12\times18+1600-350-25+600+\dfrac{6200-250-300}{3}=3924$mm

简图如下所示：

```
       3708
216 |_1Φ18_
```

下料长度 3924－2.93×18＝3872mm

3. ③号支座钢筋/1(1)1Φ18

计算公式： $=l_{aE}+\dfrac{l_{n1}}{3}$

$$=37\times18+\frac{6200-250-300}{3}=2549\text{mm}$$

简图如下所示：

$$\overline{\qquad\dfrac{2549}{1\Phi18}\qquad}$$

4. ④号支座钢筋/1(0/2)2Φ18

计算公式： $=0.75$ 悬臂段净跨$+$支座宽$+\dfrac{l_{n1}}{4}$

$$=0.75\times(1600-350)+600+\frac{6200-250-300}{4}=2950\text{mm}$$

简图如下所示：

$$\overline{\qquad\dfrac{2950}{2\Phi18}\qquad}$$

5. ⑤号面筋/2~3(2)2Φ18

计算公式： $=\dfrac{l_{n1}}{3}+$支座宽$+$第二跨净跨$+$右锚固

$$=\frac{6200-250-300}{3}+600+2200-300-300+\max(0.4\times37\times18+15\times18,$$

$$600-25+15\times18)$$

$$=4928\text{mm}$$

简图如下所示：

$$\overline{\qquad\dfrac{4658}{2\Phi18}\qquad}\Big|270$$

下料长度$=4928-2.93\times18=4876\text{mm}$

6. ⑥号支座钢筋/2(0/2)2Φ18

计算公式： $=2\times\dfrac{l_{n1}}{4}+$支座宽

$$=2\times\frac{6200-250-300}{4}+600=3425\text{mm}$$

简图如下所示：

$$\overline{\qquad\dfrac{3425}{2\Phi14}\qquad}$$

7. ⑦号底筋/1/1~1(2)2Φ20

悬臂段下部纵筋，右端锚固长度为 15d

计算公式：悬臂段净跨$-$保护层$+$右锚固

$$=1600-350-25+15\times20=1525\text{mm}$$

简图如下所示：

$$\overline{\qquad\dfrac{1525}{2\Phi20}\qquad}$$

8. ⑧号底筋/1~2(2/2)4Φ22

第二跨下部纵筋，左端为弯锚，右端为直锚

计算公式：净跨＋左锚固＋右锚固

$$=\max(0.4\times37\times22+15\times22，600-25+15\times22)+6200-250-300$$
$$+\max(37\times22，0.5\times600+5\times22)$$
$$=7369\text{mm}$$

简图如下所示：

330 | 7039
4Φ22

下料长度＝7369－2.93×22＝7305mm

9. ⑧号底筋/1～2(2)2Φ25

第二跨下部纵筋，左端为弯锚，右端为直锚

计算公式：净跨＋左锚固＋右锚固

$$=\max(0.4\times37\times25+15\times25，600-25+15\times25)+6200-250-300$$
$$+\max(37\times25，0.5\times600+5\times25)$$
$$=7525\text{mm}$$

简图如下所示：

375 | 7150
2Φ25

下料长度＝7525－2.93×25＝7452mm

10. ⑨号底筋/2～3(2)2Φ25

第二跨下部纵筋，左端为直锚，右端为弯锚

计算公式：净跨＋左锚固＋右锚固

$$=\max(37\times25，0.5\times600+5\times25)+2200-300-300$$
$$+\max(0.4\times37\times25+15\times25，600-25+15\times25)$$
$$=3475\text{mm}$$

简图如下所示：

375 | 3100
2Φ25

下料长度＝7525－2.93×25＝7452mm

11. 腰筋计算

计算公式：净跨＋锚固长度×2

(1) 受扭钢筋/1/1～1(4)

悬臂段：长度＝1600－350－25＋37×14＝1743mm

简图如下所示：

1743
4Φ14

(2) 构造钢筋/1～2(4)

第一跨：长度＝6200－250－300＋15×12×2＝6010mm

简图如下所示：

6010
4Φ12

（3）构造钢筋/2～3(4)

第二跨：长度＝2200－300－300＋15×12×2＝1960mm

简图如下所示：

4.5.3 箍筋计算

1. 悬臂段箍筋

（1）长度

＝(250＋450)×2－8×25＋23.8×8＝1390mm

简图如下图所示：

下料长度：1390－3×1.75×8＝1348mm

（2）根数

$\dfrac{1600-350-50\times2}{100}+1=12.5$，取 13 根

2. 第一跨箍筋

（1）长度

＝(250＋550)×2－8×25＋23.8×8＝1590mm

简图如下图所示：

下料长度：1590－3×1.75×8＝1548mm

（2）根数

1）加密区根数

加密区长度：max(1.5×550，500)＝825mm

加密区根数：$\dfrac{825-50}{100}+1=8.75$ 根

2）非加密区长度

$=\dfrac{6200-250-300-1.5\times550\times2}{200}-1=19$ 根

总根数：8.75×2＋19＝36.5 根，取 37 根。

3. 第二跨箍筋

（1）长度

＝(250＋550)×2－8×25＋23.8×8＝1590mm

简图如下图所示：

下料长度：1590－3×1.75×8＝1548mm

（2）根数

1）加密区根数

加密区长度：$\max(1.5 \times 550，500) = 825\text{mm}$

加密区根数：$\dfrac{825 - 50}{100} + 1 = 8.75$ 根

2）非加密区根数

非加密区长度 $2200 - 300 - 300 - 1.5 \times 550 \times 2 = -50\text{mm}$，第二跨应该全跨加密，间距为 100mm

总根数 $= \dfrac{2200 - 300 - 300 - 50 \times 2}{100} + 1 = 16$ 根，取 16 根。

4.5.4 拉筋计算

该梁中的拉筋按照 16G101-1 第 90 页配置，直径为 6.5mm，第 1~2 跨拉筋间距 400mm，一级钢。计算方式有两种，同时勾住主筋和箍筋、只勾住主筋，按照第一种方式计算：

（1）拉筋长度

拉筋长度 = 梁宽 − 2 × 保护层 + 2d + 2 × 1.9d + 2 × max（10d，75mm）

$250 - 2 \times 25 + 2 \times 6.5 + 2 \times 1.9 \times 6.5 + \max(10 \times 6.5，75\text{mm}) \times 2 = 388\text{mm}$

或 $= 250 - 2 \times 25 + 2 \times 6.5 + 23.8 \times 6.5 = 368\text{mm}$

简图如下图所示：

⟋‾‾‾213‾‾‾⟍

（2）拉筋根数

拉筋根数：$\left(\dfrac{\text{净跨} - 50 \times 2}{2 \times \text{箍筋非加密区间距}} + 1 \right) \times \text{排数}$

1）悬臂段：$\left(\dfrac{1600 - 350 - 50 \times 2}{200} + 1 \right) \times 2 = 13.5$ 根，取 14 根

2）第一跨：$\left(\dfrac{6200 - 250 - 300 - 50 \times 2}{400} + 1 \right) \times 2 = 29.75$ 根，取 30 根

3）第二跨：$\left(\dfrac{2200 - 300 - 300 - 50 \times 2}{400} + 1 \right) \times 2 = 9.5$ 根，取 10 根

总根数：14 + 30 + 10 = 54 根

框架梁 1KL4（2A）钢筋明细表如表 4-3 所示。

框架梁 1KL4（2A）钢筋明细表 表 4-3

序号	级别直径	简图	单长（mm）	总根数	总长（m）	总重（kg）	备注
构件信息：1 层（首层）\ 梁 \ 1KL4 _ E/ 个数：1 构件单质（kg）：364.338 构件总质（kg）：364.338								
1	Φ18	216⌐‾‾10250‾‾⌐270	10736	2	21.472	42.902	面筋/1/1~3(2)
2	Φ18	216⌐‾3708‾⌐	3924	1	3.924	7.84	面筋/1/1~1(1)
3	Φ18	⌐‾4658‾⌐270	4928	2	9.856	19.692	面筋/2~3(2)

序号	级别直径	简图	单长（mm）	总根数	总长（m）	总重（kg）	备注
4	Φ20	1525	1525	2	3.05	7.522	底筋/1/1~1(2)
5	Φ25	375┃ 7150	7525	2	15.05	57.988	底筋/1~2(2)
6	Φ22	330┃ 7039	7369	4	29.476	87.956	底筋/1~2(2/2)
7	Φ25	3100 ┃375	3475	2	6.95	26.778	底筋/2~3(2)
8	Φ18	2950	2950	2	5.9	11.788	支座钢筋/1(0/2)
9	Φ18	2549	2549	1	2.549	5.093	支座钢筋/1(1)
10	Φ14	3425	3425	2	6.85	8.274	支座钢筋/2(0/2)
11	Φ12	6010	6010	4	24.04	21.348	腰筋/1~2(4)
12	Φ12	1960	1960	4	7.84	6.96	腰筋/2~3(4)
13	Φ14	1743	1743	4	6.972	8.424	腰筋/1/1~1(4)
14	Φ8	200 ⌐ 400	1390	13	18.07	7.137	箍筋@100
15	Φ8	200 ⌐ 500	1590	53	84.27	33.284	箍筋
16	Φ6.5	213	368	54	19.872	5.184	拉筋
17	Φ25	200	200	4	0.8	3.084	−1，0，1跨上部垫铁（−1，0，1分别对应悬臂段、第一跨、第二跨）
18	Φ25	200	200	4	0.8	3.084	0跨下部垫铁

4.6 楼层框架梁1 KL1（2）钢筋翻样案例三（无悬挑变截面：下不平）

阅读图4-18框架梁1 KL1（2）配筋图后，完成该梁纵筋、箍筋翻样。

1 KL1（2）梁的环境描述如下：

抗震等级：二级；混凝土强度等级：C35；保护层厚度：25mm；纵筋连接方式：闪光对焊；弯曲半径：框架梁主筋直径≤25mm，钢筋弯曲内半径 $R=4d$，弯曲角度90°时的弯曲调整值为2.93d；箍筋弯曲内半径为1.25倍的箍筋直径且大于主筋直径/2，弯曲角度90°时的弯曲调整值为1.75d，箍筋的起配位置为50mm。

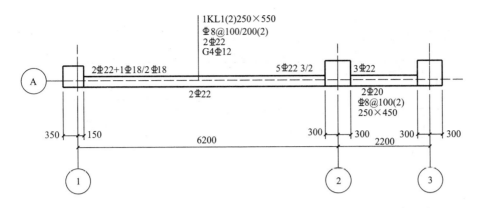

图 4-18　框架梁 1 KL1（2）配筋

4.6.1　锚固长度

（1）确定锚固长度

框架梁 1 KL1（2）主筋强度等级为 HRB400，主筋直径为 ≤25mm，混凝土强度等级为 C35，二级抗震，从 16G101-1 第 57 页和第 58 页可知：$l_{aE} = 37d$，$l_{abE} = 37d$。

（2）边支座纵筋锚固方式

支座①/Ⓐ：直锚长度 $= 500 - 25 = 475mm < l_{aE} = 37d = 37 \times 18 = 666mm$，所以支座上部和下部纵筋均采用弯锚，锚固长度为 $\max(0.4 \times 37d + 15d$，支座宽 - 保护层 $+ 15d)$。

支座③/Ⓐ：直锚长度 $= 600 - 25 = 575mm < l_{aE} = 37d = 37 \times 20 = 740mm$，所以支座上部和下部纵筋均采用弯锚，锚固长度为 $\max(0.4 \times 37d + 15d$，支座宽 - 保护层 $+ 15d)$。

（3）中间支座纵筋锚固方式

框架梁 1KL1（2）第一跨梁高为 550，第二跨梁高为 450，中间支座②/Ⓐ纵向钢筋构造见 16G101-1 第 87 页。中间支座②/Ⓐ左侧为第一跨，梁高为 550，右侧为第二跨，梁高为 450，$\Delta_h/(h_c - 50) = 100/550 > 1/6$，中间支座②/Ⓐ纵向钢筋采用 16G101-1 第 87 页构造④，如图 4-19 所示。第一跨下部纵筋在中间支座②/Ⓐ处采用弯锚，第二跨下部纵筋在中间支座②/Ⓐ处采用直锚。框架梁 1 KL1（2）配筋示意图如图 4-20 所示。

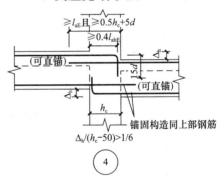

图 4-19　1KL 中间支座纵向钢筋构造

4.6.2　纵筋计算

1.①号上通长筋/1～3(2)2 $\underline{\Phi}$ 22

计算公式：总净跨＋左锚固＋左锚固

按外包长度计算

$= 6200 + 2200 - 150 - 300 + \max(0.4 \times 37 \times 22 + 15 \times 22，500 - 25 + 15 \times 22)$
　$+ \max(0.4 \times 37 \times 22 + 15 \times 22，600 - 25 + 15 \times 22)$

$= 6200 + 2200 - 150 - 300 + \max(655.6，805) + \max(655.6，905)$

$= 9660mm$

175

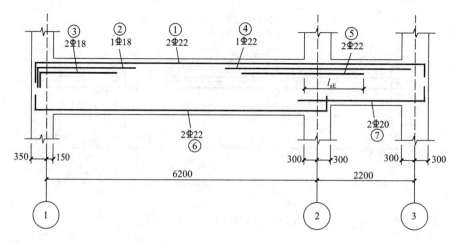

图 4-20　框架梁 1 KL1（2）配筋示意图

简图如下所示：

330 | 9000 2Φ22 | 330

下料长度＝9660－2×2.93×22＝9531mm

2. ②号支座钢筋/1(1)1Φ18

计算公式：第一排＝左锚固＋$\dfrac{l_{n1}}{3}$

按外包长度计算：

$$＝\max(0.4×37×18＋15×18，500－25＋15×18)＋\dfrac{6200－150－300}{3}＝2662mm$$

简图如下所示：

270 | 2392 1Φ18

下料长度＝2662－2.93×18＝2609mm

3. ③号支座钢筋/1(0/2)2Φ18

计算公式：第二排＝左锚固＋$\dfrac{l_{n1}}{4}$

按外包长度计算：

$$＝\max(0.4×37×18＋15×18，500－25＋15×18)＋\dfrac{6200－150－300}{4}＝2183mm$$

简图如下所示：

270 | 1913 2Φ18

下料长度＝2183－2.93×18＝2130mm

4. ④号支座钢筋/2(1)1Φ22

计算公式：2*max(第一跨，第二跨) 净跨长/3＋支座宽

$$＝2×\dfrac{6200－150－300}{3}＋600＝4433mm$$

简图如下所示：

$$\frac{4433}{1\phi22}$$

5. ⑤号支座钢筋/2(0/2)2 ⊈ 22

计算公式：max(第一跨，第二跨)净跨长/4＋锚固长度（l_{aE}）

$$=\frac{6200-150-300}{4}+37\times22=2252\text{mm}$$

简图如下所示：

$$\frac{2252}{2\phi22}$$

6. ⑥号底筋/1～2(2)2 ⊈ 22

第一跨下部纵筋，两端均为弯锚

计算公式：净跨＋左锚固＋右锚固

$$=\max(0.4\times37\times22+15\times22,\ 500-25+15\times22)+6200-150-300$$
$$+\max(0.4\times37\times22+15\times22,\ 600-25+15\times22)$$
$$=7460\text{mm}$$

简图如下所示：

330 | 6800 | 330
$$\frac{}{2\phi22}$$

下料长度＝7460－2.93×22×2＝7331mm

7. ⑦号底筋/2～3(2)2 ⊈ 20

第二跨下部纵筋，左端为直锚，右端为弯锚

计算公式：净跨＋左锚固＋右锚固

$$=\max(37\times20,\ 0.5\times600+5\times20)+2200-300-300$$
$$+\max(0.4\times37\times20+15\times20,\ 600-25+15\times20)$$
$$=3215\text{mm}$$

简图如下所示：

$$\frac{2915}{2\phi20}\bigg|300$$

下料长度＝3215－2.93×20＝3156mm

8. 构造钢筋

计算公式：净跨＋锚固长度×2

（1）构造筋/1～2(4)

第一跨：长度＝6200－150－300＋15×12×2＝6110mm

简图如下所示：

$$\frac{6110}{4\phi12}$$

（2）构造筋/2～3（4）

第二跨：长度＝2200－300－300＋15×12×2＝1960mm，简图如下所示：

$$\frac{1960}{4\phi12}$$

9. 垫铁

长度＝梁宽－2×保护层

长度＝250－2×25＝200mm

简图如下所示：

200

2Φ25

4.6.3 箍筋计算

1. 第一跨箍筋

（1）长度

＝（250＋550）×2－8×25＋23.8×8＝1590mm

简图如下图所示：

500

200

下料长度：1590－3×1.75×8＝1548mm

（2）根数

1）加密区根数

加密区长度：max（1.5×550，500）＝825mm

加密区根数：$\frac{825-50}{100}+1=8.75$ 根

2）非加密区根数

＝$\frac{6200-150-300-1.5\times550\times2}{200}-1=20$ 根

总根数：8.5×2＋20＝37.5根，取38根。

2. 第二跨箍筋

（1）长度

＝（250＋450）×2－8×25＋23.8×8＝1390mm

简图如下图所示：

450

200

下料长度：1390－3×1.75×8＝1348mm

（2）根数

＝$\frac{2200-300-300-50\times2}{100}-1=16$ 根

4.6.4 拉筋计算

该梁中的拉筋按照16G101-1第90页配置，直径为6.5mm，第一跨拉筋间距400mm，第二跨拉筋间距为200mm，一级钢。计算方式有两种，同时勾住主筋和箍筋、只勾住主筋，按照第一种方式计算：

（1）拉筋长度

拉筋长度＝梁宽－2×保护层＋2d＋2×1.9d＋2×max（10d，75mm）

250－2×25＋2×6.5＋2×1.9×6.5＋max（10×6.5，75mm）×2＝388mm

或$=250-2\times25+2\times6.5+23.8\times6.5=368$mm

简图如下图所示：

213

（2）拉筋根数

拉筋根数：$\left(\dfrac{净跨-50\times2}{2\times箍筋非加密区间距}+1\right)\times排数$

1）第一跨：$\left(\dfrac{6200-150-300-50\times2}{400}+1\right)\times2=30.25$，取 31 根

2）第二跨：$\left(\dfrac{2200-300\times2-50\times2}{200}+1\right)\times2=17$ 根

总根数：$31+17=48$ 根

框架梁 1KL1（2）钢筋明细表如表 4-4 所示。

框架梁 1KL1（2）钢筋明细表　　表 4-4

序号	级别直径	简图	单长（mm）	总根数	总长（m）	总重（kg）	备注
构件信息：1 层（首层）\ 梁 \ 1KL1 _ 1-3/A 个数：1 构件单质（kg）：226.201 构件总质（kg）：226.201							
1	Φ22	330⌐ 9000 ⌐330	9660	2	19.32	57.65	面筋/1～3(2)
2	Φ22	330⌐ 6800 ⌐330	7460	2	14.92	44.522	底筋/1～2(2)
3	Φ20	2915 ⌐300	3215	2	6.43	15.856	底筋/2～3(2)
4	Φ18	270⌐ 2392	2662	1	2.662	5.319	支座钢筋/1(1)
5	Φ18	270⌐ 1913	2183	2	4.366	8.724	支座钢筋/1(0/2)
6	Φ22	4433	4433	1	4.433	13.228	支座钢筋/2(1)
7	Φ22	2252	2252	2	4.504	13.44	支座钢筋/2(0/2)
8	Φ12	6110	6110	4	24.44	21.704	腰筋/1～2(4)
9	Φ12	1960	1960	4	7.84	6.96	腰筋/2～3(4)
10	Φ8	200 ⌐500	1590	38	60.42	23.864	箍筋@100/200
11	Φ8	200 ⌐400	1390	16	22.24	8.784	箍筋@100
12	Φ6.5	213	368	48	17.664	4.608	拉筋
13	Φ25	200	200	2	0.4	1.542	0 跨上部垫铁

4.7　楼层框架梁 1 KL5（3）钢筋翻样案例四（无悬挑变截面：下不平）

阅读图 4-21 框架梁 1 KL5（3）配筋图后，完成该梁纵筋、箍筋翻样。

1 KL5（3）梁的环境描述如下：

抗震等级：二级；混凝土强度等级：C35；保护层厚度：25mm；纵筋连接方式：闪光对焊；弯曲半径：框架梁主筋直径≤25mm，钢筋弯曲内半径 $R=4d$，弯曲角度 90°时的弯曲调整值为 $2.93d$；箍筋弯曲内半径为 1.25 倍的箍筋直径且大于主筋直径/2，弯曲角度 90°时的弯曲调整值为 $1.75d$，箍筋的起配位置为 50mm。

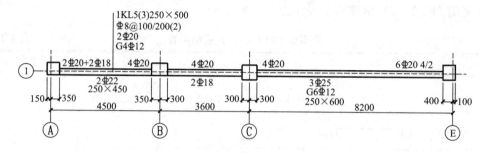

图 4-21　框架梁 1 KL5（3）配筋

4.7.1　锚固长度

（1）确定锚固长度

框架梁 1 KL5（3）主筋强度等级为 HRB400，主筋直径为≤25mm，混凝土强度等级为 C35，二级抗震，从 16G101-1 第 57 和 58 页可知：$l_{aE}=37d$，$l_{abE}=37d$。

（2）边支座纵筋锚固方式

支座①/④：直锚长度＝500－25＝475mm＜l_{aE}＝37d＝37×18＝666mm，所以支座上部和下部纵筋均采用弯锚，锚固长度为 max（0.4×37d＋15d，支座宽－保护层＋15d）。

（3）中间支座纵筋锚固方式

框架梁 1KL1（2）中间支座⑧/①左侧为第一跨，梁高为 450，右侧为第二跨，梁高为 550，$\Delta_h/(h_c-50)$＝50/650＜1/6，中间支座⑧/①纵向钢筋采用 16G101-1 第 87 页构造⑤，如图 4-22 所示，下部纵筋在支座⑧/①处可连续通过。

中间支座ⓒ/①左侧为第一跨，梁高为 500，右侧为第二跨，梁高为 600，$\Delta_h/(h_c-50)$＝100/550＞1/6，中间支座ⓒ/①纵向钢筋采用 16G101-1 第 87 页构造④，如图 4-23 所示。框架梁 1 KL5（3）配筋示意图如图 4-24 所示。

4.7.2　纵筋计算

1. ①号上通长筋（或面筋）/A－E(2)2 Φ 20

计算公式：总净跨＋左锚固＋左锚固

按外包长度计算

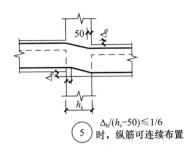

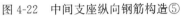

$$\Delta_h/(h_c-50)\leqslant1/6$$

⑤ 时,纵筋可连续布置

图 4-22 中间支座纵向钢筋构造⑤

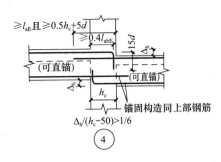

图 4-23 中间支座纵向钢筋构造④

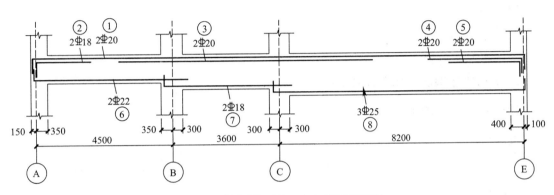

图 4-24 框架梁 1 KL5 (3) 配筋示意图

$$=4500+3600+8200-350-400+2\times\max(0.4\times37\times20+15\times20,500-25+15\times20)$$

$$=17100\text{mm}$$

简图如下所示:

300 | 16500 / 2⊕20 | 300

下料长度$=17100-2\times2.93\times20=16983$mm

2. ②号支座钢筋/1(1)2⊕18

计算公式:左锚固$+\dfrac{l_{n1}}{3}$

按外包长度计算:

$$=\max(0.4\times37\times18+15\times18,500-25+15\times18)+\frac{4500-350-350}{3}=2012\text{mm}$$

简图如下所示:

270 | 1742 / 2⊕18

下料长度$=2012-2.93\times18=1959$mm

3. ③号面筋/B~C(2)2⊕20

计算公式:$=\dfrac{l_{n1}}{3}+350+$第二跨跨度$+300+\dfrac{l_{n3}}{3}$

$$=\frac{4500-350-350}{3}+350+3600+300+\frac{8200-300-400}{3}=8107\text{mm}$$

181

简图如下所示：

————8017————
2Φ20

4. ④号支座钢筋/E(2)2Φ20

计算公式：右锚固$+\dfrac{l_{n3}}{3}$

按外包长度计算：

$$=\max(0.4\times37\times20+15\times20，500-25+15\times20)+\dfrac{8200-300-400}{3}=3275\text{mm}$$

简图如下所示：

————2975————
2Φ20 ⌐300

下料长度$=3275-2.93\times20=3216\text{mm}$

5. ⑤号支座钢筋/E(0/2)2Φ20

计算公式：右锚固$+\dfrac{l_{n3}}{4}$

按外包长度计算：

$$=\max(0.4\times37\times20+15\times20，500-25+15\times20)+\dfrac{8200-300-400}{4}=2650\text{mm}$$

简图如下所示：

————2350————
2Φ20 ⌐300

下料长度$=2650-2.93\times20=2591\text{mm}$

6. ⑥号底筋/A～B(2)2Φ22

第一跨下部纵筋，左端为弯锚，右端为直锚。

计算公式：净跨+左锚固+右锚固

$$=\max(0.4\times37\times22+15\times22，500-25+15\times22)+4500-350-350$$
$$+\max(37\times22，0.5\times650+5\times22)$$
$$=5419\text{mm}$$

简图如下所示：

330⌐————5089————
2Φ22

下料长度$=5419-2.93\times22=5355\text{mm}$

7. ⑦号底筋/B～C(2)2Φ18

当采用图 4-22 构造做法时，两端均为直锚

计算公式：净跨+左锚固+右锚固

$$=\max(37\times18，0.5\times650+5\times18)+3600-300-300$$
$$+\max(37\times18，0.5\times600+5\times18)$$
$$=4332\text{mm}$$

简图如下所示：

————4332————
2Φ18

当采用图 4-23 构造做法时，左端为弯锚，右端为直锚。

$$=\max(0.4\times37\times18+15\times18,\ 650-25+15\times18)+3600-300-300$$
$$+\max(37\times18,\ 0.5\times600+5\times18)$$
$$=4561\text{mm}$$

简图如下所示：

270	4291
	2ϕ18

下料长度＝4561－2.93×18＝4508mm

8. ⑧号底筋/C～E(2)3ϕ25

第三跨下部纵筋，两端为弯锚。

计算公式：净跨＋左锚固＋右锚固

$$=\max(0.4\times37\times25+15\times25,\ 600-25+15\times25)+8200-300-400$$
$$+\max(0.4\times37\times25+15\times25,\ 500-25+15\times25)$$
$$=9300\text{mm}$$

简图如下所示：

375	8550	375
	3ϕ25	

下料长度＝9300－2.93×25×2＝9154mm

9. 构造钢筋

计算公式：净跨＋锚固长度×2

（1）构造筋/A～B(4)

第一跨：长度＝4500－350×2＋15×12×2＝4160mm

简图如下所示：

6110
4ϕ12

（2）构造筋/B～C(4)

第二跨：长度＝3600－300－300＋15×12×2＝3360mm

简图如下所示：

3360
4ϕ12

（3）构造筋/C～E(4)

第二跨：长度＝8200－300－400＋15×12×2＝7860mm

简图如下所示：

7860
6ϕ12

10. 垫铁

长度＝梁宽－2×保护层

长度＝250－2×25＝200mm

简图如下所示：

200
1ϕ25

4.7.3　箍筋计算

1. 第一跨箍筋

（1）长度

＝(250＋450)×2－8×25＋23.8×8＝1390mm

简图如下图所示：

下料长度：1390－3×1.75×8＝1348mm

（2）根数

1）加密区根数

加密区长度：max(1.5×450，500)＝675mm

加密区根数：$\dfrac{675-50}{100}+1=7.25$ 根

2）非加密区根数

$=\dfrac{4500-350\times2-1.5\times450\times2}{200}-1=11.25$ 根

总根数：7.25×2＋11＝25.75 根，取 26 根。

2. 第二跨箍筋

（1）长度

＝(250＋500)×2－8×25＋23.8×8＝1490mm

简图如下图所示：

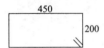

下料长度：1490－3×1.75×8＝1448mm

（2）根数

1）加密区根数

加密区长度：max(1.5×500，500)＝750mm

加密区根数：$\dfrac{750-50}{100}+1=8$ 根

2）非加密区根数

$=\dfrac{3600-300\times2-1.5\times500\times2}{200}-1=7$ 根

总根数：8×2＋7＝23 根，取 23 根。

3. 第三跨箍筋

（1）长度

＝(250＋600)×2－8×25＋23.8×8＝1690mm

简图如下图所示：

下料长度：$1690-3\times1.75\times8=1648mm$

（2）根数

1）加密区根数

加密区长度：$\max(1.5\times600，500)=900mm$

加密区根数：$\dfrac{900-50}{100}+1=9.5$ 根

2）非加密区根数

$=\dfrac{8200-300-400-1.5\times600\times2}{200}-1=28$ 根

总根数：$9.5\times2+28=47$ 根，取 47 根。

4.7.4 拉筋计算

该梁中的拉筋按照 16G101-1 第 90 页配置，直径为 6.5mm，第 1～3 跨拉筋间距均为 400mm 一级钢。计算方式有两种，同时勾住主筋和箍筋、只勾住主筋，按照第一种方式计算：

（1）拉筋长度

拉筋长度＝梁宽－$2\times$保护层＋$2d+2\times1.9d+2\times\max(10d，75mm)$

$250-2\times25+2\times6.5+2\times1.9\times6.5+\max(10\times6.5，75mm)\times2=388mm$

或 $=250-2\times25+2\times6.5+23.8\times6.5=368mm$

简图如下图所示：

$\overset{213}{\longleftarrow\qquad\longrightarrow}$

（2）拉筋根数

拉筋根数：$\left(\dfrac{净跨-50\times2}{2\times箍筋非加密区间距}+1\right)\times排数$

1）第一跨：$\left(\dfrac{4500-350-350-50\times2}{400}+1\right)\times2=20.5$，取 21 根

2）第二跨：$\left(\dfrac{3600-300\times2-50\times2}{400}+1\right)\times2=16.5$ 根，取 17 根

3）第三跨：$\left(\dfrac{8200-300-400-50\times2}{400}+1\right)\times2=58.5$ 根，取 59 根

总根数：$21+17+59=97$ 根

框架梁 1KL5（3）钢筋明细表如表 4-5 所示。

框架梁 1KL5（3）钢筋明细表

表 4-5

序号	级别直径	简图	单长（mm）	总根数	总长（m）	总重（kg）	备注
构件信息：1 层（首层）\ 梁 \ 1KL5 _ A-E/1 个数：1 构件单质（kg）：457.097 构件总质（kg）：457.097							
1	Φ 20	300⌐ 16500 ⌐300	17100	2	34.2	84.338	面筋/A～E(2)
2	Φ 20	8017	8017	2	16.034	39.54	面筋/B～C(2)

续表

序号	级别直径	简图	单长（mm）	总根数	总长（m）	总重（kg）	备注
3	Φ22	330 | 5089	5419	2	10.838	32.34	底筋/A～B(2)
4	Φ18	270 | 4291	4561	2	9.122	18.226	底筋/B～C(2)
5	Φ25	375 | 8550 | 375	9300	3	27.9	107.499	底筋/C～E(3)
6	Φ18	1742 270 |	2012	2	4.024	8.04	支座钢筋/A(2)
7	Φ20	2975 |300	3275	2	6.55	16.152	支座钢筋/E(2)
8	Φ20	2350 |300	2650	2	5.3	13.07	支座钢筋/E(0/2)
9	Φ12	4160	4160	4	16.64	14.776	腰筋/A～B(4)
10	Φ12	3360	3360	4	13.44	11.936	腰筋/B～C(4)
11	Φ12	7860	7860	6	47.16	41.88	腰筋/C～E(6)
12	Φ8	200 400	1390	26	36.14	14.274	箍筋@100/200
13	Φ8	200 450	1490	23	34.27	13.547	箍筋@100/200
14	Φ8	200 550	1690	47	79.43	31.396	箍筋@100/200
15	Φ6.5	213	368	100	35.696	9.312	拉筋@400
16	Φ25	200	200	1	0.2	0.771	3跨上部垫铁

4.8　楼层框架梁 1 KL6（3A）钢筋翻样案例五（有悬挑变截面：上下均不平）

阅读图 4-25 框架梁 1 KL6（3A）配筋图后，完成该梁纵筋、箍筋翻样。

1 KL6（3A）梁的环境描述如下：

抗震等级：一级；混凝土强度等级：C30；保护层厚度：25mm；纵筋连接方式：闪光对焊；弯曲半径：框架梁主筋直径$\leqslant$25mm，钢筋弯曲内半径 $R=4d$，弯曲角度 90°时的弯曲调整值为 $2.93d$；箍筋弯曲内半径为 1.25 倍的箍筋直径且大于主筋直径/2，弯曲角度 90°时的弯曲调整值为 $1.75d$，箍筋的起配位置为 50mm。

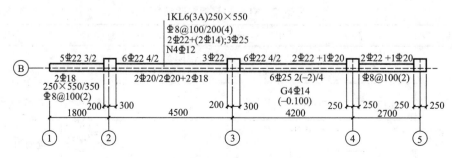

图 4-25　框架梁 1 KL6（3A）配筋

4.8.1 锚固长度

（1）确定锚固长度

框架梁 1 KL6（3A）主筋强度等级为 HRB400，主筋直径为≤25mm，混凝土强度等级为 C30，一级抗震，从 16G101-1 第 57 和 58 页可知：$l_{aE}=40d$，$l_{abE}=40d$。

（2）边支座纵筋锚固方式

支座⑤/Ⓑ：直锚长度＝500－25＝475mm＜$l_{aE}=40d=40×25=1000$mm，所以支座上部和下部纵筋均采用弯锚，锚固长度为 $\max(0.4×40d+15d$，支座宽－保护层＋$15d)$。

（3）中间支座纵筋锚固方式

框架梁 1 KL6（3A）第二跨梁顶面标高比相邻跨低 0.100m，即梁顶面高差 $\Delta_h=100$mm，$\Delta_h/(h_c-50)=100/450>1/6$，中间支座③/Ⓑ和④/Ⓑ处纵向钢筋采用 16G101-1 第 87 页构造④，如图 4-26 所示。

框架梁 1 KL6（3A）配筋示意图如图 4-27 所示。

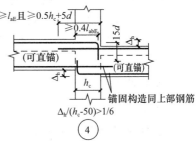

图 4-26 中间支座纵向钢筋构造④

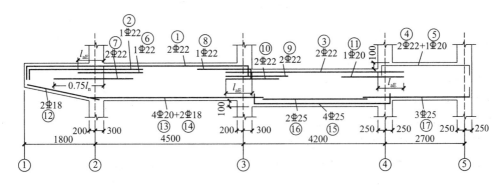

图 4-27 框架梁 1 KL6（3A）配筋示意图

4.8.2 纵筋计算

1. ①号上通长筋（或面筋)/1/1～3(2)2Φ22

计算公式：弯折＋总净跨－保护层＋右锚固

按外包长度计算

$=12×22+1800+4500-200-25+\max(0.4×40×22+15×22，500-25+15×22)$

$=7144$mm

简图如下所示：

```
        6550
264 |  2Φ22  | 330
```

下料长度＝7144－2×2.93×22＝7015mm

2. ②号面钢筋/1～2(1)1Φ22

计算公式：弯折＋悬臂段净跨－保护层＋支座宽＋$\max\left(l_{ni1}，\dfrac{l_{ni2}}{3}\right)$，其中 l_{ni1} 为悬臂段净跨，l_{ni2} 为悬臂段相邻跨的净跨。

按外包长度计算：

$$=12\times22+1800-200-25+500+\max\left(1600，\frac{4500-300-200}{3}\right)=3939\text{mm}$$

简图如下所示：

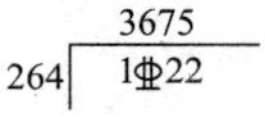
3675
264
1Φ22

下料长度＝3939－2.93×22＝3875mm

3. ③号面钢筋/3～4(2)2Φ22

计算公式：净跨＋左锚固＋右锚固

$$=2700-250-250+2\times\max(0.4\times40\times22+15\times22，500-25+15\times22)$$

$$=3810\text{mm}$$

简图如下所示：

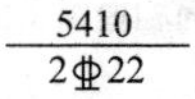
5410
2Φ22

4. ④号面钢筋/4～5(2)2Φ22

计算公式：净跨＋左锚固＋右锚固

$$=2700-250-250+2\times\max(0.4\times40\times22+15\times22，500-25+15\times22)$$

$$=3810\text{mm}$$

简图如下所示：

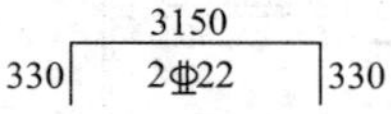
3150
330
2Φ22
330

下料长度＝3810－2.93×22×2＝3681mm

5. ⑤号面钢筋/4～5(1)1Φ20

计算公式：净跨＋左锚固＋右锚固

$$=2700-250-250+2\times\max(0.4\times40\times20+15\times20，500-25+15\times0)$$

$$=3750\text{mm}$$

简图如下所示：

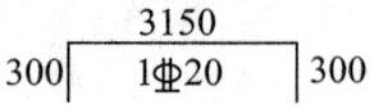
3150
300
1Φ20
300

下料长度 3750－2.93×20×2＝3633mm

6. ⑥号支座钢筋/2(1)1Φ22

计算公式：$=l_{aE}+\dfrac{l_{n1}}{3}$

$$=40\times22+\frac{4500-300-200}{3}=2213\text{mm}$$

简图如下所示：

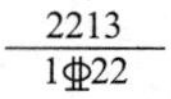
2213
1Φ22

7. ⑦号支座钢筋/2(0/2)1Φ22

计算公式：$=0.75\times$悬臂段净跨＋支座宽＋$\dfrac{l_{n1}}{4}$

$$=0.75\times(1800-200)+500+\frac{4500-300-200}{4}=2700\text{mm}$$

简图如下所示：

$$\frac{2700}{2\underline{\Phi}22}$$

8. ⑧号支座钢筋/3（1）1 ⊕ 18

计算公式：$\dfrac{l_{n1}}{3}+$ 右锚固

按外包长度计算：

$$=\frac{4500-300-200}{3}+\max(0.4\times40\times22+15\times22，500-25+15\times22)=2138mm$$

简图如下所示：

$$\frac{1808}{1\underline{\Phi}22}\Big|330$$

下料长度 $=2138-2.93\times22=2074mm$

9. ⑨号支座钢筋/3（2）2 ⊕ 22

计算公式：$\dfrac{l_{n1}}{3}+l_{aE}$

按外包长度计算：

$$=\frac{4500-300-200}{3}+40\times22=2213mm$$

简图如下所示：

$$\frac{2213}{2\underline{\Phi}22}$$

10. ⑩号支座钢筋/3（0/2）2 ⊕ 22

计算公式：$\dfrac{l_{n1}}{4}+l_{aE}$

按外包长度计算：

$$=\frac{4500-300-200}{4}+40\times22=1880mm$$

简图如下所示：

$$\frac{1880}{2\underline{\Phi}22}$$

11. ⑪号支座钢筋/4（1）1 ⊕ 20

计算公式：$\dfrac{l_{n2}}{3}+l_{aE}$

按外包长度计算：

$$=\frac{4200-300-250}{3}+40\times20=2017mm$$

简图如下所示：

$$\frac{2017}{1\underline{\Phi}20}$$

12. ⑫号底筋/1～2（2）2 ⊕ 18

悬臂段下部纵筋，右端锚固长度为 $15d$，不考虑悬臂段梁高变化对府筋长度的影响。考虑梁高变化对长度影响时，⑫号府筋长度见表 4-6。

计算公式：悬臂段净跨－保护层＋右锚固

＝1800－200－25＋15×18＝1845mm

简图如下所示：

1845
2Φ18

13. ⑬号底筋/2～3(2/2)4Φ20

计算公式：净跨＋左锚固＋右锚固

＝4500－300－200＋2×max(40×20，0.5×500＋5×20)＝5600mm

简图如下所示：

5600
4Φ20

14. ⑭号底筋/2～3(2)2Φ18

计算公式：净跨＋左锚固＋右锚固

＝4500－300－200＋2×max(40×18，0.5×500＋5×18)＝5440mm

简图如下所示：

5440
2Φ18

15. ⑮号底筋/3～4(2/2)4Φ25

计算公式：净跨＋左锚固＋右锚固

＝4200－300－250＋2×max(0.4×40×22＋15×22，500－25＋15×22)

＝5350mm

简图如下所示：

375 | 4600 | 375
4Φ25

下料长度＝5350－2.93×25×2＝5204mm

16. ⑯号不伸入支座钢筋/3～4(2)2Φ25

计算公式：l_{n2}－0.1×l_{n2}×2

＝4200－300－250－0.1×(4200－300－250)×2＝2920mm

简图如下所示：

2920
2Φ25

17. ⑰号底筋/3～4(2/2)4Φ25

计算公式：净跨＋左锚固＋右锚固

＝2700－250－250＋max(40×25，0.5×500＋5×25)＋

max(0.4×40×25＋15×25，500－25＋15×25)

＝4050mm

简图如下所示：

3675 | 375
2Φ25

下料长度＝4050－2.93×25＝3977mm

18. 腰筋

计算公式：净跨－保护层＋锚固长度

（1）受扭钢筋/1～2(4)

悬臂段：长度＝1800－200－25＋40×12＝2055mm

简图如下所示：

2055
4⏀12

（2）受扭钢筋/2～3 (4)

第一跨：长度＝4500－300－200＋40×12×2＝4960mm

简图如下所示：

4960
4⏀12

（3）构造筋/3～4 (4)

第二跨：长度＝4200－300－250＋15×14×2＝4070mm

简图如下所示：

4070
4⏀14

（4）受扭钢筋/3～4 (4)

第三跨：长度＝2700－250－250＋40×12＋max(0.4×40×12＋15×12，500－25＋15×12)＝3335mm

简图如下所示：

3155 ┃180
4⏀12

4.8.3 箍筋计算

1. 悬挑段箍筋

框架梁 1 KL6（3A）为一端悬挑，悬挑段为变截面，箍筋应缩尺见图 4-28 所示钢筋缩尺计算公式如下：根据比例原理，每根箍筋的长短差数 Δ：$\Delta = \dfrac{l_d - l_c}{n-1}$

式中 l_c——箍筋的最小高度；

l_d——箍筋的最大高度；

n——箍筋的根数，等于 $\dfrac{s}{a}+1$；

a——箍筋的间距。

该悬臂段箍筋按 16G101-1 第 89 页 92 图①配置，悬挑端箍筋长度计算示意图如图 4-29 所示。

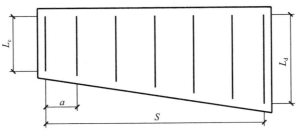

图 4-28 变截面构件箍筋

191

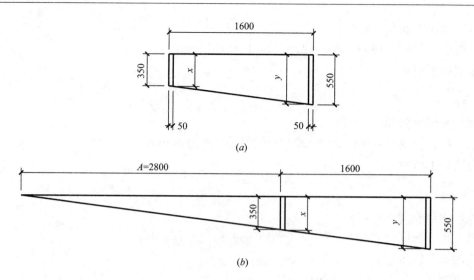

图 4-29　悬挑段箍筋长度计算示意图

第一道箍筋离柱侧面 50mm，最后一道箍筋离梁侧面 50mm

$$n=\frac{1800-200-50-50}{100}+1=16$$

如图 2-14（a）所示，根据相似三角形原理，可求出 x，y

$\frac{350}{550}=\frac{A}{A+1600}$，可得 $A=2800$，$\frac{2800+50}{2800+1600}=\frac{x}{550}$，可得 $x=356.25$

$\frac{2800+1600-50}{2800+1600}=\frac{y}{550}$，可得 $y=543.75$

$L_c=x-50=356.25-50=316.25$mm，$L_d=y-50=543.75-50=493.75$mm

$\Delta=\frac{L_d-L_c}{n-1}=\frac{493.75-316.25}{16-1}=11.83$mm，即每相邻两道箍筋高度相差 11.83mm，

每道箍筋的长度为：

第一道：（493.75－25×2）×2＋（250－25×2）×2＋23.8×8＝1578mm

第二道：（493.75－25×2－11.83）×2＋（250－25×2）×2＋23.8×8＝1554mm

第三道：（493.75－25×2－11.83×2）×2＋（250－25×2）×2＋23.8×8＝1531mm

第四道：（493.75－25×2－11.83×3）×2＋（250－25×2）×2＋23.8×8＝1507mm

第五道：（493.75－25×2－11.83×4）×2＋（250－25×2）×2＋23.8×8＝1483mm

第六道：（493.75－25×2－11.83×5）×2＋（250－25×2）×2＋23.8×8＝1460mm

第七道：（493.75－25×2－11.83×6）×2＋（250－25×2）×2＋23.8×8＝1436mm

第八道：（493.75－25×2－11.83×7）×2＋（250－25×2）×2＋23.8×8＝1412mm

第九道：（493.75－25×2－11.83×8）×2＋（250－25×2）×2＋23.8×8＝1389mm

第十道：（493.75－25×2－11.83×9）×2＋（250－25×2）×2＋23.8×8＝1365mm

第十一道：（493.75－25×2－11.83×10）×2＋（250－25×2）×2＋23.8×8＝1341mm

第十二道：（493.75－25×2－11.83×11）×2＋（250－25×2）×2＋23.8×8＝1318mm

第十三道：（493.75－25×2－11.83×12）×2＋（250－25×2）×2＋23.8×8＝1294mm

第十四道：（493.75－25×2－11.83×13）×2＋（250－25×2）×2＋23.8×8＝1270mm

第十五道： $(493.75-25\times2-11.83\times14)\times2+(250-25\times2)\times2+23.8\times8=1247$ mm

第十六道： $(493.75-25\times2-11.83\times15)\times2+(250-25\times2)\times2+23.8\times8=1223$ mm

每道箍筋下料长度为：

第一道： $1578-3\times1.75\times8=1536$ mm

第二道： $1554-3\times1.75\times8=1512$ mm

第三道： $1531-3\times1.75\times8=1489$ mm

第四道： $1507-3\times1.75\times8=1465$ mm

第五道： $1483-3\times1.75\times8=1441$ mm

第六道： $1460-3\times1.75\times8=1418$ mm

第七道： $1436-3\times1.75\times8=1394$ mm

第八道： $1412-3\times1.75\times8=1370$ mm

第九道： $1389-3\times1.75\times8=1347$ mm

第十道： $1365-3\times1.75\times8=1323$ mm

第十一道： $1341-3\times1.75\times8=1299$ mm

第十二道： $1318-3\times1.75\times8=1276$ mm

第十三道： $1294-3\times1.75\times8=1253$ mm

第十四道： $1270-3\times1.75\times8=1228$ mm

第十五道： $1247-3\times1.75\times8=1205$ mm

第十六道： $1223-3\times1.75\times8=1181$ mm

悬挑段每道箍筋简图见钢筋明细表 4-6

2. 第一跨箍筋

（1）长度

$=(250+550)\times2-8\times25+23.8\times8=1590$ mm

简图如下图所示：

下料长度： $1590-3\times1.75\times8=1548$ mm

（2）根数

1）加密区根数

加密区长度： $\max(2\times550,500)=1100$ mm

加密区根数： $\dfrac{1100-50}{100}+1=11.50$ 根

2）非加密区长度

$=\dfrac{4500-300-200-2\times550\times2}{200}-1=8$ 根

总根数： $11.5\times2+8=31$ ，取 31 根。

3. 第二跨箍筋

（1）长度

同第一跨

193

（2）根数

1）加密区根数

加密区长度：$\max(2\times550，500)=1100mm$

加密区根数：$\dfrac{1100-50}{100}+1=11.50$ 根

2）非加密区长度

$=\dfrac{4200-300-250-2\times550\times2}{200}-1=6$ 根

总根数：$11.5\times2+6=29$，取 29 根。

4. 第三跨箍筋

（1）长度

同第一跨

（2）根数

$=\dfrac{2700-250-250-50\times2}{100}+1=22$ 根

第一跨、第二跨、第三跨箍筋总根数：$31+29+22=82$ 根。

4.8.4 拉筋计算

该梁中的拉筋按照 16G101-1 第 90 页配置，直径为 6.5mm，悬挑段拉筋的间距为 400mm，第 1～3 跨拉筋间距为 400mm，一级钢。计算方式有两种，同时勾住主筋和箍筋、只勾住主筋，按照第一种方式计算：

（1）拉筋长度

拉筋长度＝梁宽－2×保护层＋2d＋2×1.9d＋2×max（10d，75mm）

$250-2\times25+2\times6.5+2\times1.9\times6.5+\max(10\times6.5，75mm)\times2=388mm$

或 $=250-2\times25+2\times6.5+23.8\times6.5=368mm$

简图如下图所示：

（2）拉筋根数

拉筋根数：$\left(\dfrac{净跨-50\times2}{2\times箍筋非加密区间距}+1\right)\times排数$

1）悬挑段：$\left(\dfrac{1800-200-50\times2}{200}+1\right)\times2=15$，取 15 根

2）第一跨：$\left(\dfrac{4500-300-200-50\times2}{400}+1\right)\times2=21.5$，取 22 根

3）第二跨：$\left(\dfrac{4200-300-250-50\times2}{400}+1\right)\times2=19.75$ 根，取 20 根

4）第三跨：$\left(\dfrac{2700-250-250-50\times2}{200}+1\right)\times2=23$，取 23 根

总根数：$15+22+20+23=80$ 根

框架梁 1 KL6（3A）钢筋明细表如表 4-6 所示。

框架梁 1 KL6（3A）钢筋明细表　　　　表 4-6

构件信息：1 层（首层）\ 梁 \ 1KL6（3A）_ 1-5/B
个数：1 构件单质（kg）：544.724 构件总质（kg）：544.724

序号	级别直径	简图	单长（mm）	总根数	总长（m）	总重（kg）	备注
1	Φ22	264⌐6550⌐330	7144	2	14.288	42.636	面筋/1~3(2)
2	Φ22	264⌐3675	3939	1	3.939	11.754	面筋/1~2(1)
3	Φ22	5410	5410	2	10.82	32.286	面筋/3~4(2)
4	Φ22	330⌐3150⌐330	3810	2	7.62	22.738	面筋/4~5(2)
5	Φ20	300⌐3150⌐300	3750	1	3.75	9.248	面筋/4~5(1)
6	Φ18	1857	1857	2	3.714	7.42	底筋/1~2(2)
7	Φ20	5600	5600	4	22.4	55.24	底筋/2~3(2/2)
8	Φ18	5440	5440	2	10.88	21.738	底筋/2~3(2)
9	Φ25	375⌐4600⌐375	5350	4	21.4	82.456	底筋/3~4(4)
10	Φ25	3675⌐375	4050	3	12.15	46.815	底筋/4~5(3)
11	Φ25	2920	2920	2	5.84	22.502	不伸入支座钢筋/3~4(2/0)
12	Φ22	2700	2700	2	5.4	16.114	支座钢筋/2(0/2)
13	Φ22	2213	2213	3	6.639	19.812	支座钢筋/2(1)+3(2)
14	Φ22	1808⌐330	2138	1	2.138	6.38	支座钢筋/3(1)
15	Φ22	1880	1880	2	3.76	11.22	支座钢筋/3(0/2)
16	Φ20	2017	2017	1	2.017	4.974	支座钢筋/4(1)
17	Φ14	4070	4070	4	16.28	19.668	腰筋/3~4(4)
18	Φ12	2055	2055	4	8.22	7.3	腰筋/1~2(4)
19	Φ12	4960	4960	4	19.84	17.616	腰筋/2~3(4)
20	Φ12	3155⌐180	3335	2	6.67	5.922	腰筋/4~5(2)
21	Φ12	3155⌐180	3335	2	6.67	5.922	腰筋/4~5(2)
22	Φ8	500⌐200	1590	82	130.38	51.496	第1/2/3跨箍筋
23	Φ6.5	213	368	80	29.44	7.68	拉筋

序号	级别直径	简图	单长（mm）	总根数	总长（m）	总重（kg）	备注
24	Φ8	494 200	1578	1	1.578	0.623	悬挑段第一道
25	Φ8	482 200	1554	1	1.554	0.614	悬挑段第二道
26	Φ8	470 200	1530	1	1.53	0.604	悬挑段第三道
27	Φ8	458 200	1506	1	1.506	0.595	悬挑段第四道
28	Φ8	446 200	1482	1	1.482	0.585	悬挑段第五道
29	Φ8	435 200	1460	1	1.46	0.577	悬挑段第六道
30	Φ8	423 200	1436	1	1.436	0.567	悬挑段第七道
31	Φ8	411 200	1412	1	1.412	0.558	悬挑段第八道
32	Φ8	399 200	1388	1	1.388	0.548	悬挑段第九道
33	Φ8	387 200	1364	1	1.364	0.539	悬挑段第十道
34	Φ8	375 200	1340	1	1.34	0.529	悬挑段第十一道
35	Φ8	364 200	1318	1	1.318	0.521	悬挑段第十二道
36	Φ8	352 200	1294	1	1.294	0.511	悬挑段第十三道
37	Φ8	340 200	1270	1	1.27	0.502	悬挑段第十四道
38	Φ8	328 200	1246	1	1.246	0.492	悬挑段第十五道
39	Φ8	316 200	1222	1	1.222	0.483	悬挑段第十六道
40	Φ25	200	200	3	0.6	2.313	悬挑段、第一跨、第二跨上部垫铁
41	Φ25	200	200	6	1.2	4.626	第一跨、第二跨下部垫铁

4.9　非框架梁钢筋翻样

4.9.1　非框架梁配筋构造

非框架梁配筋构造见 16G101-1 第 89 页，如图 4-30 所示。图中"设计按铰接时"用于代号为 L 的非框架梁，"充分利用钢筋的抗拉强度时"用于代号为 Lg 的非框架梁；当下部纵筋伸入边支座长度不满足直锚 $12d(15d)$ 要求时，端支座非框架梁下部纵筋弯锚构造见图 4-31。

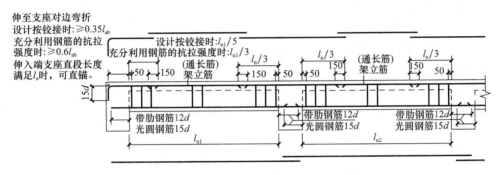

图 4-30　非框架梁配筋构造

4.9.2　非框架梁 2L1（1）钢筋翻样案例一

阅读图 4-32 三层、四层梁配筋图、图 4-33 二、三层柱平面布置图后，完成该非框架梁 2L1（1）翻样。

非框架梁 2L1（1）的环境描述如下：

抗震等级：非抗震；混凝土强度等级：C35；保护层厚度：25mm；纵筋连接方式：闪光对焊；弯曲半径：框架梁主筋直径≤25mm，钢筋弯曲内半径 $R=4d$，弯曲角度 90°时的弯曲调整值为 $2.93d$；箍筋弯曲内半径为 1.25 倍

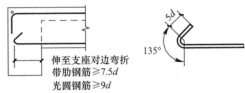

图 4-31　端支座非框架梁下部纵筋弯锚构造

的箍筋直径且大于主筋直径/2，弯曲角度 90°时的弯曲调整值为 $1.75d$，箍筋的起配位置为 50mm。

1. 锚固长度

（1）确定锚固长度

非框架梁 2L1（1）主筋强度等级为 HRB400，主筋直径为≤25mm，混凝土强度等级为 C35，非抗震，从 16G101-1 第 57 和 58 页可知：$l_a=32d$，$l_{ab}=32d$。

（2）边支座纵筋锚固方式

支座Ⓒ、Ⓓ：上部纵筋：设计按铰接时：$\max(0.35l_{ab}+15d$，支座宽－保护层＋$15d)$，充分利用钢筋的抗拉强度时 $\max(0.6l_{ab}+15d$，支座宽－保护层＋$15d)$，非框架梁 2L1（1）的代号为 L，上部纵筋的锚固长度采用第一种方式计算；下部纵筋：非框架梁

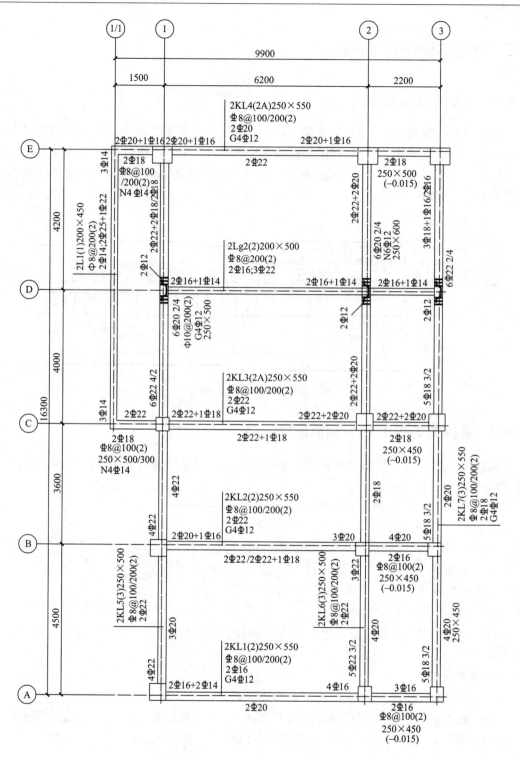

图 4-32　三层、四层梁配筋图（1∶100）

说明：1. 本图混凝土采用 C35 级；

2. 三、四层梁顶标高分别为 7.57、11.37；

3. 图中主次梁相交处，符合ⅢⅢ表示为附加箍筋，未特别注明时直径、肢数同所在梁箍筋，次梁两侧各配 3 道@50。

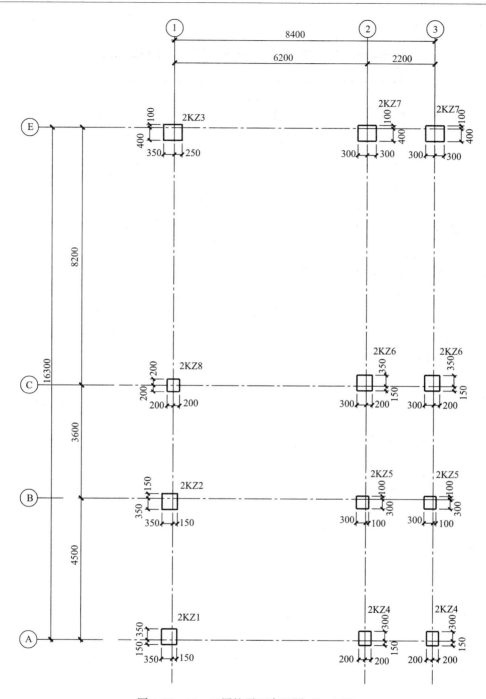

图 4-33 二、三层柱平面布置图（1∶100）

说明：1. 本图混凝土采用 C35 级；

2. 二层柱标高：3.97～7.57，三层柱标高：7.57～11.37。

2L1（1）下部纵筋为 2⊈25＋1⊈22，伸入边支座长度不满足直锚 12d 的要求，采用弯锚构造，如图 4-31 所示，锚固长度为（支座宽－保护层＋1.9d＋5d）。

非框架梁 2L1（1）配筋示意图如图 4-34 所示。

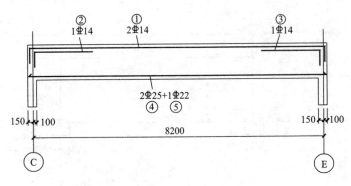

图 4-34 非框架梁 2L1（1）配筋示意图

2. 纵筋计算

（1）①号上通长筋（或面筋）/C～E(2)2Φ14

计算公式：净跨＋左锚固＋右锚固

按外包长度计算

＝8200－100－150＋2×max(0.4×32×14＋15×14，250－25＋15×14)

＝8820mm

简图如下所示：

下料长度＝8820－2×2.93×14＝8738mm

（2）②号支座钢筋/C(1)1Φ14

计算公式：左锚固＋$\dfrac{l_{n1}}{5}$

按外包长度计算：

＝max(0.4×32×14＋15×14，250－25＋15×14)＋$\dfrac{8200－100－150}{5}$＝2025mm

简图如下所示：

下料长度＝2025－2.93×14＝1984mm

（3）③号支座钢筋/C(1)1Φ14

计算公式：左锚固＋$\dfrac{l_{n1}}{5}$

按外包长度计算：

＝max(0.4×32×14＋15×14，250－25＋15×14)＋$\dfrac{8200－100－150}{5}$＝2025mm

简图如下所示：

下料长度＝2025－2.93×14＝1984mm

（4）④号底筋/C～E(2)2Φ25

计算公式：左锚固＋净跨＋右锚固

$\qquad$＝2×(250－25＋5×25＋1.9×25)＋8200－100－150

$\qquad$＝8745mm

简图如下所示：

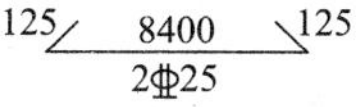

125／ 8400 ＼125

2⌀25

（5）⑤号底筋/C～E(1)1⌀22

计算公式：左锚固＋净跨＋右锚固

$\qquad$＝2×(250－25＋5×22＋1.9×22)＋8200－100－150

$\qquad$＝8704mm

简图如下所示：

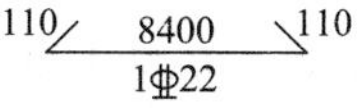

110／ 8400 ＼110

1⌀22

（6）箍筋

1）长度

＝(200＋450)×2－8×25＋23.8×8＝1290mm

简图如下图所示：

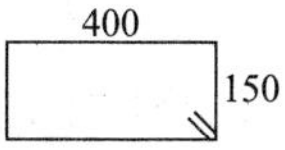

400

150

下料长度：1290－3×1.75×8＝1248mm

2）根数

$$\frac{4000＋4200－100－150－50×2}{200}＋1＝40.25，取 41 根$$

非框架梁 2L1（1）钢筋明细表如表4-7所示。

非框架梁 2L1（1）钢筋明细表　　　　表 4-7

序号	级别直径	简图	单长（mm）	总根数	总长（m）	总重（kg）	备注
构件信息：2层（普通层）\梁\2L1_-/1/1 个数：1构件单质（kg）：140.472 构件总质（kg）：140.472							
1	⌀14	 210 ⌐8400⌐ 210	8820	2	17.64	21.31	面筋/C～E(2)
2	⌀25	 8400	8745	2	17.49	67.388	底筋/C～E(2)
3	⌀22	 8400	8704	1	8.704	25.972	底筋/C～E(1)
4	⌀14	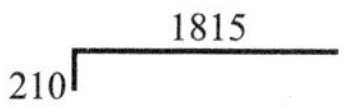 1815 210⌐	2025	1	2.025	2.446	支座钢筋/C(1)
5	⌀14	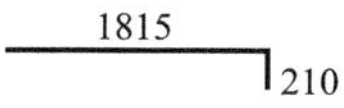 1815 ⌐210	2025	1	2.025	2.446	支座钢筋/E(1)
6	⌀8	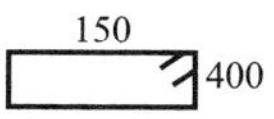 150 400	1290	41	52.89	20.91	箍筋@200

4.9.3 非框架梁 2Lg2（2）钢筋翻样案例二

阅读图 4-32 三层、四层梁配筋图、图 4-33 二、三层柱平面布置图后，完成该非框架梁 2Lg2（2）翻样。

非框架梁 2Lg2（2）的环境描述如下：

抗震等级：非抗震；混凝土强度等级：C35；保护层厚度：25mm；纵筋连接方式：闪光对焊；弯曲半径：框架梁主筋直径≤25mm，钢筋弯曲内半径 $R=4d$，弯曲角度 90°时的弯曲调整值为 2.93d；箍筋弯曲内半径为 1.25 倍的箍筋直径且大于主筋直径/2，弯曲角度 90°时的弯曲调整值为 1.75d，箍筋的起配位置为 50mm。

1. 锚固长度

（1）确定锚固长度

非框架梁 2Lg2（2）主筋强度等级为 HRB400，主筋直径为≤25mm，混凝土强度等级为 C35，非抗震，从 16G101-1 第 57 和 58 页可知：$l_a=32d$，$l_{ab}=32d$。

（2）边支座纵筋锚固方式

支座①/Ⓘ：上部纵筋：设计按铰接时：max(0.35l_{ab}+15d，支座宽－保护层+15d)，充分利用钢筋的抗拉强度时 max(0.6l_{ab}+15d，支座宽－保护层+15d)，非框架梁 2Lg2（2）的代号为 Lg，上部纵筋的锚固长度采用第二种方式计算；下部纵筋：非框架梁 2Lg2（2）下部纵筋为 3Φ22，伸入边支座长度不满足直锚 12d 的要求，采用弯锚构造，如图 4-31 所示，锚固长度为（支座宽－保护层+1.9d+5d）。

（3）中间支座纵筋锚固方式

支座②/Ⓘ：采用直锚，锚固长度为 12d。

非框架梁 2Lg2（2）配筋示意图如图 4-35 所示。

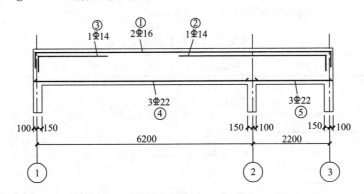

图 4-35 非框架梁 2Lg2（2）配筋示意图

2. 纵筋计算

（1）①号上通长筋（或面筋)/1～3(2)2Φ16

计算公式：净跨＋左锚固＋右锚固

按外包长度计算

＝6200＋2200－150－150＋2×max(0.6×32×16＋15×16，250－25＋15×16)

＝9030mm

简图如下所示：

$$\overline{}$$

240 | 2Φ16 | 240

8550

下料长度＝9030－2×2.93×16＝8936mm

（2）②面筋/1～3(2)1Φ14

计算公式：$\dfrac{l_{n1}}{3}$＋支座宽＋净跨l_{n2}＋右锚固净跨＋左锚固＋右锚固

按外包长度计算

$$=\dfrac{6200-150-150}{3}+250+2200-100-150+\max(0.6\times32\times14+15\times14，250-25+$$

$15\times14)$

$$=4602mm$$

简图如下所示：

4392

1Φ14 | 210

下料长度＝4602－2×2.93×16＝4561mm

（3）③号支座钢筋/1(1)1Φ14

计算公式：左锚固＋$\dfrac{l_{n1}}{3}$

按外包长度计算：

$$=\max(0.6\times32\times14+15\times14，250-25+15\times14)+\dfrac{6200-150-150}{3}=2402mm$$

简图如下所示：

2192

210 | 1Φ14

下料长度＝2402－2.93×14＝2361mm

（4）④号底筋/1～2(3)3Φ22

计算公式：左锚固＋净跨＋右锚固

$$=(250-25+5\times22+1.9\times22)+6200-150-150+12\times22$$

$$=6541mm$$

简图如下所示：

110 / 6389

3Φ22

（5）⑤号底筋/1～2(3) 3Φ22

计算公式：左锚固＋净跨＋右锚固

$$=12\times22+2200-100-150+(250-25+5\times22+1.9\times22)$$

$$=2591mm$$

简图如下所示：

2439 \110

3Φ22

（6）箍筋

1）长度

$$=(200+500)\times2-8\times25+23.8\times8=1390mm$$

简图如下图所示：

```
      500
┌──────────┐
│          │╲
└──────────┘ ╲150
```

下料长度：1390－3×1.75×8＝1348mm

2）第一跨根数

加密区：$\dfrac{1.5×500-50}{100}+1=8$，取 8 根

非加密区：$\dfrac{6200-150×2-1.5×500×2}{200}-1=21$，取 21 根

总根数＝8×2＋21＝37 根

3）第二跨根数

加密区：$\dfrac{1.5×500-50}{100}+1=8$，取 8 根

非加密区：$\dfrac{2200-100-150-1.5×500×2}{200·}-1=1.25$

总根数＝8×2＋1.25＝17.25，取 18 根

非框架梁 2Lg2（2）钢筋明细表如表 4-8 所示。

非框架梁 2Lg2（2）钢筋明细表　　　　表 4-8

序号	级别直径	简图	单长（mm）	总根数	总长（m）	总重（kg）	备注
构件信息：2 层（普通层）\ 梁 \ 2Lg2 _ 1-3/D 个数：1 构件单质（kg）：148.904 构件总质（kg）：148.904							
1	Φ16	240└──8550──┘240	9030	2	18.06	28.498	面筋/1～3(2)
2	Φ14	4392 210	4602	1	4.602	5.559	面筋/2～3(1)
3	Φ22	110 0 2439	6541	3	19.623	58.555	底筋/1～2(3)
4	Φ22	110 0 2439	2591	3	7.773	23.195	底筋/2～3(3)
5	Φ14	2192 210	2402	1	2.402	2.902	支座钢筋/1(1)
6	Φ8	150 450	1390	55	76.45	30.195	箍筋@100/200

4.10　屋面框架梁钢筋翻样案例一

阅读图 4-36 屋面框架梁 WKL4（3）配筋图后，完成该梁纵筋、箍筋翻样。

WKL4（3）梁的环境描述如下：

抗震等级：二级；混凝土强度等级：C35；保护层厚度：25mm；纵筋连接方式：闪光对焊；弯曲半径：框架梁主筋直径≤25mm，钢筋弯曲内半径 $R=4d$，弯曲角度 90°时的弯曲调整值为 2.93d；箍筋弯曲内半径为 1.25 倍的箍筋直径且大于主筋直径/2，弯曲角度 90°时的弯曲调整值为 1.75d，箍筋的起配位置为 50mm。

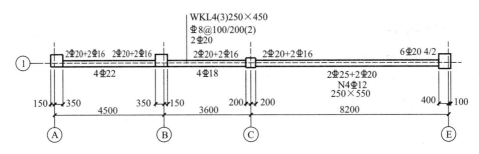

图 4-36　屋面框架梁 WKL4（3）配筋

4.10.1　屋面框架梁的构造

屋面框架梁 WKL4（3）上部纵筋的构造根据 16G101-1 第 67 页节点⑤，当梁上部纵筋配筋率＞1.2%，弯入柱内侧的钢筋宜分批截断，如图 4-37 所示。

4.10.2　锚固长度

（1）确定锚固长度

屋面框架梁 WKL4（3）主筋强度等级为 HRB400，主筋直径为≤25mm，混凝土强度等级为 C35，二级抗震，从 16G101-1 第 57 和 58 页可知：$l_{aE}=37d$，$l_{abE}=37d$。

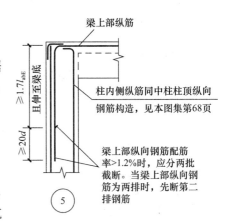

图 4-37　梁上部纵筋分批截断示意图

（2）上部纵筋锚固长度

边支座①/Ⓐ：

上部纵筋为 2Φ20＋2Φ16，配筋率 $\rho=\dfrac{A_s}{bh}=\dfrac{2\times20^2\times\pi/4+2\times16^2\times\pi/4}{250\times450}=0.92\%<$

1.2%，不用分批截断，锚固长度＝支座宽－保护层＋1.7×l_{aE}。

边支座①/Ⓔ：

上部纵筋为 5Φ20，配筋率 $\rho=\dfrac{A_s}{bh}=\dfrac{6\times20^2\times\pi/4}{250\times550}=1.37\%>1.2\%$，用分批截断，锚固长度＝支座宽－保护层＋1.7×$l_{aE}$，错开 20$d$ 后，锚固长度＝支座宽－保护层＋1.7×l_{aE}＋20d。

屋面框架梁 WKL4（3）配筋示意图如图 4-38 所示。

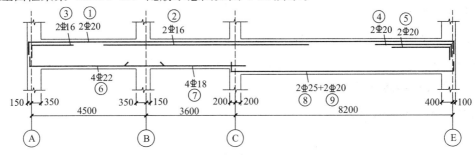

图 4-38　屋面框架梁 WKL4（3）配筋示意图

4.10.3　纵筋计算

1. ①号上通长筋（或面筋）/A～E(2)2Φ20

计算公式：总净跨＋左锚固＋右锚固

按外包长度计算

＝4500＋3600＋8200－350－400＋2×（500－25＋1.7×37×20）

＝19016mm

简图如下所示：

|1258| 16500
1Φ20 |1258|

下料长度＝19016－2×2.93×20＝18899mm

边支座①/ⓔ处分批截断：

＝4500＋3600＋8200－350－400＋500－25＋1.7×37×20＋500－25＋1.7×37×20＋20×20

＝19416mm

简图如下所示：

|1258| 16500
1Φ20 |1658|

下料长度＝19416－2×2.93×20＝19299mm

2. ②号面筋/B～C(2)2Φ16

计算公式：$\dfrac{l_{n1}}{3}$＋支座 B 宽＋第二跨净跨＋支座 C 宽＋$\dfrac{l_{n3}}{3}$

$$=\frac{4500-350-350}{3}+500+3600-150-200+400+\frac{8200-200-400}{3}$$
$$=7950\text{mm}$$

简图如下所示：

| 7950
2Φ16 |

3. ③号支座钢筋/A(2)2Φ16

计算公式：左锚固＋$\dfrac{l_{n1}}{3}$

$$=500-25+1.7\times37\times16+\frac{4500-350-350}{3}=2748\text{mm}$$

简图如下所示：

|1006| 1742
2Φ16 |

下料长度＝2748－2.93×16＝2701mm

4. ④号支座钢筋/E(2)2Φ16

计算公式：$\dfrac{l_{n3}}{3}$＋右锚固

$$=\frac{8200-200-400}{3}+500-25+1.7\times37\times20=4266\text{mm}$$

简图如下所示：

$$\frac{3008}{1\oplus 20}\quad | 1258$$

下料长度＝4266－2.93×20＝4208mm

边支座①/Ⓔ处分批截断：

$$=\frac{8200-200-400}{3}+500-25+1.7\times37\times20+20\times20=4666mm$$

简图如下所示：

$$\frac{3008}{1\oplus 20}\quad | 1658$$

下料长度＝4666－2.93×20＝4608mm

5. ⑤号支座钢筋/E(0/2)2⊕16

计算公式：$\dfrac{l_{n3}}{4}+$右锚固

$$=\frac{8200-200-400}{4}+500-25+1.7\times37\times20=3633mm$$

简图如下所示：

$$\frac{2375}{1\oplus 20}\quad | 1258$$

下料长度＝3633－2.93×20＝3574mm

边支座①/Ⓔ处分批截断：

$$=\frac{8200-200-400}{4}+500-25+1.7\times37\times20+20\times20=4033mm$$

简图如下所示：

$$\frac{2375}{1\oplus 20}\quad | 1658$$

下料长度＝4033－2.93×20＝3974mm

6. ⑥号底筋/A～B(4)4⊕22

第一跨下部纵筋，左端为弯锚，右端为直锚

计算公式：左锚固＋净跨＋右锚固

$$=\max(0.4\times37\times22+15\times22,\ 500-25+15\times22)+4500-350-350$$
$$+\max(37\times22,\ 0.5\times500+5\times22)$$
$$=5419mm$$

简图如下所示：

$$330\ |\ \frac{5089}{4\oplus 22}$$

下料长度＝5419－2.93×22＝5355mm

7. ⑦号底筋/B～C(4)4⊕18

第二跨下部纵筋，两端均为直锚

计算公式：左锚固＋净跨＋右锚固

$$=\max(37\times18,\ 0.5\times500+5\times18)+3600-150-200$$
$$+\max(37\times18,\ 0.5\times400+5\times18)$$

＝4582mm

简图如下所示：

$$\underline{4582}$$
4Φ18

下料长度＝5419－2.93×22＝5355mm

8. ⑧号底筋/A～B(2)2Φ25

第三跨下部纵筋，左端和右端均为弯锚

计算公式：左锚固＋净跨＋右锚固

$$＝max(0.4×37×25+15×25，400-25+15×25)+8200-200-400$$
$$+max(0.4×37×25+15×25，500-25+15×25)$$
$$＝9200mm$$

简图如下所示：

375 | $\underline{8450}$ | 375
2Φ25

下料长度＝9200－2.93×25×2＝9054mm

9. ⑨号底筋/A～B(2)2Φ20

第三跨下部纵筋，左端和右端均为弯锚

计算公式：左锚固＋净跨＋右锚固

$$＝max(0.4×37×20+15×20，400-25+15×20)+8200-200-400$$
$$+max(0.4×37×20+15×20，500-25+15×20)$$
$$＝9050mm$$

简图如下所示：

300 | $\underline{8450}$ | 300
2Φ20

下料长度＝9050－2.93×20×2＝8933mm

10. 腰筋

计算公式：净跨＋左锚固长度＋右锚固长度

（1）构造钢筋/A～B（4）

长度＝4500－350－350＋15×12×2＝4160mm

简图如下所示：

$$\underline{4160}$$
4Φ12

（2）构造钢筋/B～C（4）

长度＝3600－150－200＋15×12×2＝3610mm

简图如下所示：

$$\underline{3610}$$
4Φ12

（3）受扭钢筋/C～E（4）

长度＝8200－200－400＋37×14＋max(0.4×37×14+15×14，500-25+15×14)＝8803mm

简图如下所示：

$$\underline{8593}$$ |210
4Φ14

下料长度＝8803－2.93×14＝8762mm

4.10.4 箍筋计算

1. 第一跨箍筋

（1）长度

＝（250＋450）×2－8×25＋23.8×8＝1390mm

简图如下图所示：

下料长度：1390－3×1.75×8＝1348mm

（2）根数

1）加密区根数

加密区长度：max（1.5×450，500）＝675mm

加密区根数：$\frac{675-50}{100}+1=7.25$ 根

2）非加密区根数

$=\frac{4500-350\times2-1.5\times450\times2}{200}-1=11.25$ 根

总根数：7.25×2＋11.25＝25.75 根，取 26 根。

2. 第二跨箍筋

（1）长度

＝（250＋500）×2－8×25＋23.8×8＝1490mm

简图如下图所示：

下料长度：1490－3×1.75×8＝1448mm

（2）根数

1）加密区根数

加密区长度：max（1.5×500，500）＝750mm

加密区根数：$\frac{750-50}{100}+1=8$ 根

2）非加密区根数

$=\frac{3600-300\times2-1.5\times500\times2}{200}-1=7$ 根

总根数：8×2＋7＝23 根，取 23 根。

3. 第三跨箍筋

（1）长度

＝（250＋550）×2－8×25＋23.8×8＝1590mm

简图如下图所示：

下料长度：$1590-3\times1.75\times8=1548$mm

（2）根数

1）加密区根数

加密区长度：$\max(1.5\times550，500)=825$mm

加密区根数：$\dfrac{825-50}{100}+1=8.75$ 根

2）非加密区根数

$=\dfrac{8200-200-400-1.5\times550\times2}{200}-1=28.75$ 根

总根数：$8.75\times2+28.75=46.25$ 根，取 47 根。

4.10.5 拉筋计算

该梁中的拉筋按照 16G101-1 第 90 页配置，直径为 6.5mm，第一跨拉筋间距 400mm，第二跨拉筋间距为 200mm，一级钢。计算方式有两种，同时勾住主筋和箍筋、只勾住主筋，按照第一种方式计算：

（1）拉筋长度

拉筋长度=梁宽$-2\times$保护层$+2d+2\times1.9d+2\times\max(10d，75mm)$

$250-2\times25+2\times6.5+2\times1.9\times6.5+\max(10\times6.5，75mm)\times2=388$mm

或$=250-2\times25+2\times6.5+23.8\times6.5=368$mm

简图如下图所示：

$\angle\overline{213}$

（2）拉筋根数

拉筋根数：$\left(\dfrac{净跨-50\times2}{2\times箍筋非加密区间距}+1\right)\times排数$

1）第一跨：$\left(\dfrac{4500-350-350-50\times2}{400}+1\right)\times2=20.5$，取 21 根

2）第二跨：$\left(\dfrac{3600-150-200-50\times2}{400}+1\right)\times2=17.75$ 根，取 18 根

3）第三跨：$\left(\dfrac{8200-200-400-50\times2}{400}+1\right)\times2=39.5$ 根，取 40 根

总根数：$21+18+40=79$ 根

屋面框架梁 WKL4（3）钢筋明细表如表 4-9 所示。

屋面框架梁 WKL4（3）钢筋明细表　　　　　　表 4-9

序号	级别直径	简图	单长（mm）	总根数	总长（m）	总重（kg）	备注
构件信息：4 层（顶层）\ 梁 \ WKL4 _ A-E/1 个数：1 构件单质（kg）：521.203 构件总质（kg）：521.203							
1	⊈ 20	1258　16500　1258	19016	1	19.016	46.893	面筋/A～E(1)

序号	级别直径	简图	单长（mm）	总根数	总长（m）	总重（kg）	备注
2	Φ20	1258⌐ 16500 ⌐1658	19416	1	19.416	47.88	面筋/A～E(1)
3	Φ16	7950	7950	2	15.9	25.09	面筋/B～C(2)
4	Φ22	330⌐ 5089	5419	4	21.676	64.68	底筋/A～B(4)
5	Φ18	4582	4582	4	18.328	36.62	底筋/B～C(4)
6	Φ25	375⌐ 8450 ⌐375	9200	2	18.4	70.896	底筋/C～E(2)
7	Φ20	300⌐ 8450 ⌐300	9050	2	18.1	44.634	底筋/C～E(2)
8	Φ16	1006⌐ 1742	2748	2	5.496	8.672	支座钢筋/A(1)
9	Φ20	3008 ⌐1658	4666	1	4.666	11.506	支座钢筋/E(1)
10	Φ20	3008 ⌐1258	4266	1	4.266	10.52	支座钢筋/E(1)
11	Φ20	2375 ⌐1258	3633	1	3.633	8.959	支座钢筋/E(0/1)
12	Φ20	2375 ⌐1658	4033	1	4.033	9.945	支座钢筋/E(0/1)
13	Φ12	4160	4160	4	16.64	14.776	腰筋/A～B(4)
14	Φ12	3610	3610	4	14.44	12.824	腰筋/B～C(4)
15	Φ14	8593 ⌐210	8803	2	17.606	21.268	腰筋/C～E(2)
16	Φ14	8593 ⌐210	8803	2	17.606	21.268	腰筋/C～E(2)
17	Φ8	200 / 400	1390	49	68.11	26.901	箍筋@100/200
18	Φ8	200 / 500	1590	47	74.73	29.516	箍筋@100/200
19	Φ6.5	213	368	79	29.072	7.584	拉筋@400
20	Φ25	200	200	1	0.2	0.771	2跨上部垫铁

4.11　地圈梁钢筋翻样

　　阅读图 4-39 地圈梁配筋图、4-40 基础平面图、图 4-41 一层柱平面布置图后，完成地圈梁钢筋翻样。

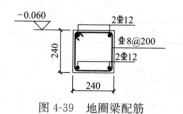

图 4-39 地圈梁配筋

地圈梁环境描述：

抗震等级：非抗震；混凝土强度等级：C25；保护层厚度：25mm；弯曲半径：主筋直径≤25mm，钢筋弯曲内半径 $R=4d$，弯曲角度 90°时的弯曲调整值为 2.93d；箍筋弯曲内半径为 1.25 倍的箍筋直径且大于主筋直径/2，弯曲角度 90°时的弯曲调整值为 1.75d，箍筋的起配位置为 50mm。

纵筋连接方式：搭接，搭接长度为 56d。

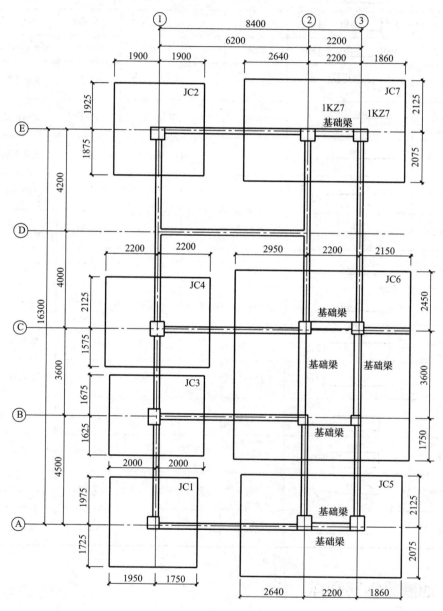

图 4-40 基础平面定位图 1：100

说明：1. 本图混凝土采用 C35 级；

2. 图中基础底面标高为－1.800。

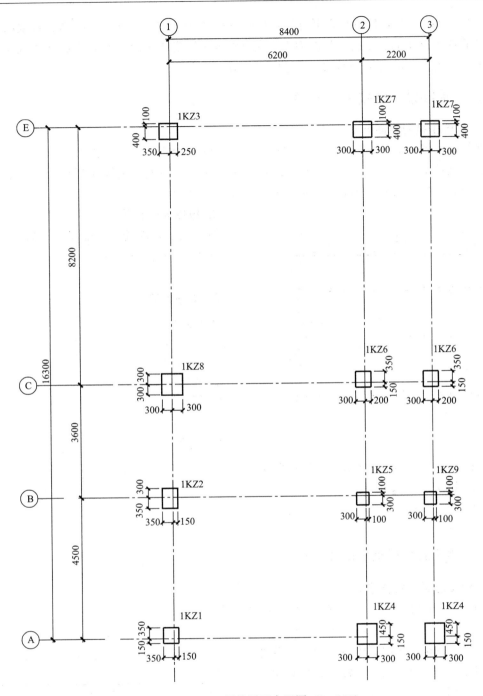

图 4-41　二、三层柱平面布置图（1∶100）

说明：1. 本图混凝土采用 C35 级；

2. 图中基础底面标高为 −1.800。

4.11.1　锚固长度

地圈梁主筋强度等级为 HRB400，主筋直径为 ≤25mm，混凝土强度等级为 C55，非抗震，从 16G101-1 第 57 和 58 页可知：$l_a=40d$，$l_{ab}=40d$。当支座宽度满足直锚时，地圈梁纵筋锚入支座的长度内的长度为 l_a；支座宽度不满足直锚时，地圈梁纵筋锚入支座的长度内的长度为 $\max(l_a$，支座宽－保护层＋$15d)$。

4.11.2 地圈梁（轴线 $E/1\sim2$）

1. 边支座纵筋锚固方式

地圈梁（轴线 $E/1\sim2$）左支座为 1KZ3，右支座为 1KZ7，左右支座宽度均为 600mm。支座宽－保护层＝600－25＝575＞l_a＝40×12＝480mm。该地圈梁纵筋两端均为直锚，锚固长度为 l_a＝40×12＝480mm。配筋示意图如图 4-42 所示。

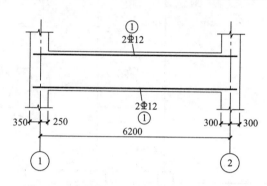

图 4-42 地圈梁（轴线 E/1~2）配筋示意图

2. 纵筋长度计算

计算公式：净跨＋左锚固＋右锚固
＝6200－250－300＋40×12×2
＝6610mm

3. 箍筋计算

（1）长度

(240＋240)×2－8×25＋23.8×8
＝950mm

简图如下所示：

下料长度为：950－3×1.75×8＝908mm

（2）根数

$$=\frac{6200-250-300-50\times2}{200}+1=28.75，取 29 根$$

4.11.3 地圈梁（轴线 $D/1\sim3$）

1. 边支座纵筋锚固方式

地圈梁（轴线 $D/1\sim3$）左右支座宽度均为 240mm。

支座宽－保护层＝240－25＝215＜l_a＝40×12＝480mm，该地圈梁纵筋两端均为弯锚。锚固长度为 $\max(l_a$，支座宽－保护层＋$15d)$＝$\max(40\times12$，250－25＋15×12)＝480mm，配筋示意图如图 4-43 所示。

2. 纵筋长度计算

计算公式：净跨＋左锚固＋右锚固＋搭接长度＝6200＋2200－120－120＋40×12×2＝9120mm

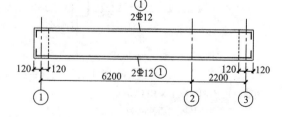

图 4-43 地圈梁（轴线 D/1~3）配筋示意图

搭接长度判断：9120/9000＝1.103，需要两根钢筋连接，共需 1 个接头，搭接长度 1×56×12＝672mm

总长：$9120+672=9792\text{mm}$

弯折长度$=l_{a}-（支座宽-保护层）=40\times12-(240-25)=265\text{mm}$

简图如下图所示：

$265 \quad | \begin{array}{c} 8590 \\ 4\Phi12 \end{array} | \quad 265$

下料长度$=9792-2\times2.29\times12=9722\text{mm}$

3. 箍筋计算

（1）长度

$(240+240)\times2-8\times25+23.8\times8=950\text{mm}$

下料长度为：$950-3\times1.75\times8=908\text{mm}$

（2）根数

$=\dfrac{6200+2200-120-120-50\times2}{200}+1=41.3$，取 42 根

4.11.4 地圈梁（轴线 $C/1\sim2$）

1. 边支座纵筋锚固方式

（1）左支座

左支座为 1KZ3，支座宽为 600mm，支座宽-保护层$=600-25=575>l_{a}=40\times12=480\text{mm}$。该地圈梁纵筋在左支座处直锚，锚固长度为 $l_{a}=40\times12=480\text{mm}$。

（2）右支座

右支座为 1KZ7，支座宽为 500mm，支座宽-保护层$=500-25=475<l_{a}=40\times12=480\text{mm}$。该地圈梁纵筋在右支座处弯锚，锚固长度为 $\max(40\times12,\ 500-25+15\times12)=655\text{mm}$。

配筋示意图如图 4-44 所示。

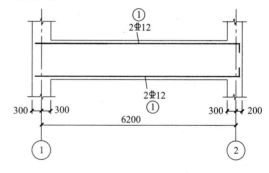

图 4-44 地圈梁（轴线 $C/1\sim2$）配筋示意图

2. 纵筋长度计算

计算公式：净跨+左锚固+右锚固

$=6200-300-300+40\times12+\max(40\times12,\ 500-25+15\times12)=6735\text{mm}$

简图如下图所示：

$180 \quad | \begin{array}{c} 6555 \\ 4\Phi12 \end{array}$

下料长度$=6735-2.29\times12=6700\text{mm}$

3. 箍筋计算

（1）长度

$(240+240)\times2-8\times25+23.8\times8=950\text{mm}$

下料长度为：$950-3\times1.75\times8=908$mm

（2）根数

$$=\frac{6200-300-300-50\times2}{200}+1=28.5，取\ 29\ 根$$

4.11.5 地圈梁（轴线 *B*/1～2）

1. 边支座纵筋锚固方式

（1）左支座

左支座为 1KZ2，支座宽为 500mm，支座宽－保护层$=500-25=475<l_a=40\times12=480$mm。该地圈梁纵筋在左支座处弯锚，锚固长度为 $\max(40\times12，500-25+15\times12)=655$mm。

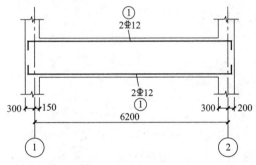

图 4-45 地圈梁（轴线 B/1～2）配筋示意图

（2）右支座

右支座为 1KZ5，支座宽为 400mm，支座宽－保护层$=400-25=375<l_a=40\times12=480$mm。该地圈梁纵筋在右支座处弯锚，锚固长度为 $\max(40\times12，400-25+15\times12)=555$mm。

配筋示意图如图 4-45 所示。

2. 纵筋长度计算

计算公式：净跨＋左锚固＋右锚固

$$=6200-150-300+\max(40\times12，500-25+15\times12)+$$
$$\quad\max(40\times12，400-25+15\times12)$$
$$=6960\text{mm}$$

简图如下图所示：

```
180 |  6600  | 180
        4Φ12
```

下料长度$=6960-2.29\times12\times2=6890$mm

3. 箍筋计算

（1）长度

$(240+240)\times2-8\times25+23.8\times8=950$mm

下料长度为：$950-3\times1.75\times8=908$mm

（2）根数

$$=\frac{6200-150-300-50\times2}{200}+1=29.25，取\ 30\ 根$$

4.11.6 地圈梁（轴线 1/C～E）

1. 边支座纵筋锚固方式

（1）左支座

左支座为 1KZ8，支座宽为 600mm，支座宽－保护层＝600－25＝575＞l_a＝40×12＝480mm。该地圈梁纵筋在左支座处直锚，锚固长度为 l_a＝40×12＝480mm。

（2）右支座

右支座为 1KZ3，支座宽为 500mm，支座宽－保护层＝500－25＝475＜l_a＝40×12＝480mm。该地圈梁纵筋在右支座处直锚，锚固长度为 max(40×12，500－25＋15×12)＝655mm。

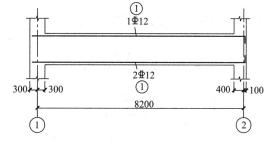

图 4-46 地圈梁（轴线 1/C～E）配筋示意图

配筋示意图如图 4-46 所示。

2. 纵筋长度计算

计算公式：净跨＋左锚固＋右锚固

$$＝8200－400－300＋40×12＋max(40×12，500－25＋15×12)$$
$$＝8635mm$$

简图如下图所示：

8455 | 180
4Φ12

下料长度＝8635－2.29×12＝8600mm

3. 箍筋计算

（1）长度

(240＋240)×2－8×25＋23.8×8＝950mm

190
190

下料长度为：950－3×1.75×8＝908mm

（2）根数

$$＝\frac{8200－400－300－50×2}{200}＋1＝38，取 30 根$$

地圈梁 DQL 钢筋明细表如表 4-10 所示。

地圈梁钢筋明细表 表 4-10

序号	级别直径	简图	单长（mm）	总根数	总长（m）	总重（kg）	备注
构件信息：0 层（基础层）\ 梁 \ DQL240＊240 ＿ 1-2/E 个数：1 构件单质（kg）：34.355 构件总质（kg）：34.355								
1	Φ 12	6610	6610	2	13.22	11.74	上部纵筋
2	Φ 12	6610	6610	2	13.22	11.74	下部纵筋

序号	级别直径	简图	单长（mm）	总根数	总长（m）	总重（kg）	备注
3	Φ 8	190 □ 190	950	29	27.55	10.875	箍筋

构件信息：0 层（基础层）\ 梁 \ DQL240 * 240 _ 1-3/D
个数：1 构件单质（kg）：50.53 构件总质（kg）：50.53

序号	级别直径	简图	单长（mm）	总根数	总长（m）	总重（kg）	备注
1	Φ 12	265│ 8590 │265	9792	2	19.584	17.39	上部纵筋
2	Φ 12	265│ 8590 │265	9792	2	19.584	17.39	下部纵筋
3	Φ 8	190 □ 190	950	42	39.9	15.75	箍筋

构件信息：0 层（基础层）\ 梁 \ DQL240 * 240 _ 1-2/C
个数：1 构件单质（kg）：34.799 构件总质（kg）：34.799

序号	级别直径	简图	单长（mm）	总根数	总长（m）	总重（kg）	备注
1	Φ 12	180│ 6555	6735	2	13.47	11.962	上部纵筋
2	Φ 12	180│ 6555	6735	2	13.47	11.962	下部纵筋
3	Φ 8	190 □ 190	950	29	27.55	10.875	箍筋

构件信息：0 层（基础层）\ 梁 \ DQL240 * 240 _ 1-2/B
个数：1 构件单质（kg）：35.97 构件总质（kg）：35.97

序号	级别直径	简图	单长（mm）	总根数	总长（m）	总重（kg）	备注
1	Φ 12	180│ 6600 │180	6960	2	13.92	12.36	上部纵筋
2	Φ 12	180│ 6600 │180	6960	2	13.92	12.36	下部纵筋
3	Φ 8	190 □ 190	950	30	28.5	11.25	箍筋

构件信息：0 层（基础层）\ 梁 \ DQL240 * 240 _ C-E/1
个数：1 构件单质（kg）：44.922 构件总质（kg）：44.922

序号	级别直径	简图	单长（mm）	总根数	总长（m）	总重（kg）	备注
1	Φ 12	180│ 8455	8635	2	17.27	15.336	上部纵筋
2	Φ 12	180│ 8455	8635	2	17.27	15.336	下部纵筋
3	Φ 8	190 □ 190	950	38	36.1	14.25	箍筋

4.12　基础梁钢筋翻样

阅读图 4-47 基础梁配筋图、图 4-48 一层柱平面布置图后，完成以下构件的钢筋翻样：
（1）基础主梁 JZL2（3）、JZL3（2A）钢筋翻样；（2）基础次梁 JCL1（1）、JCL2（2）。

基础梁的环境描述如下：

抗震等级：非抗震；混凝土强度等级：C35；保护层厚度：40mm；纵筋连接方式：闪光对焊；弯曲半径：框架梁主筋直径≤25mm，钢筋弯曲内半径 $R=4d$，弯曲角度90°时的弯曲调整值为 $2.93d$；箍筋弯曲内半径为1.25倍的箍筋直径且大于主筋直径/2，弯曲角度90°时的弯曲调整值为 $1.75d$，箍筋的起配位置为50mm，箍筋加密区长度为 max（1.5H，500）。

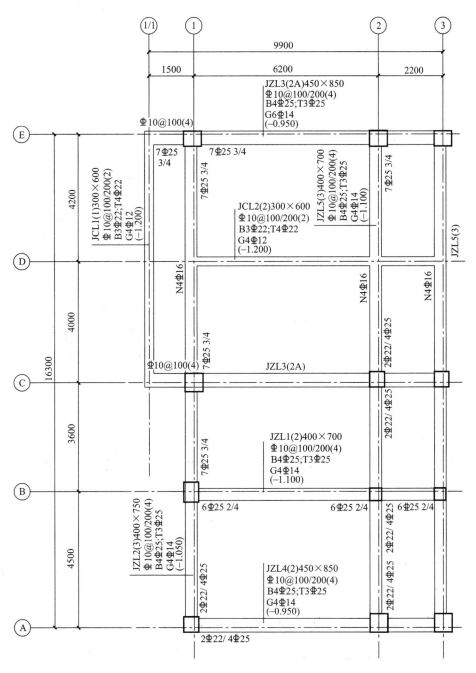

图 4-47　基础梁配筋图

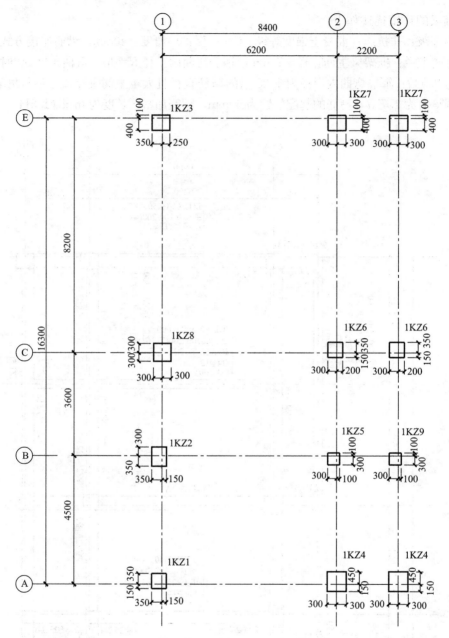

图 4-48　一层柱平面布置图

（2）确定锚固长度

非框架梁 2L1（1）主筋强度等级为 HRB400，主筋直径为 ≤25mm，混凝土强度等级为 C35，非抗震，从 16G101-1 第 57 和 58 页可知：$l_a=32d$，$l_{ab}=32d$。

4.12.1　基础梁 JZL2（3）钢筋翻样（无外伸）

轴线①/Ⓐ～Ⓔ基础梁 JZL2（3）为三跨无外伸，JZL2（3）纵向钢筋与箍筋的构造见 16G101-3 第 79 页，如图 4-49 所示，JZL2（3）端部无外伸构造见 16G101-3 第 81 页，如图 4-50 所示。

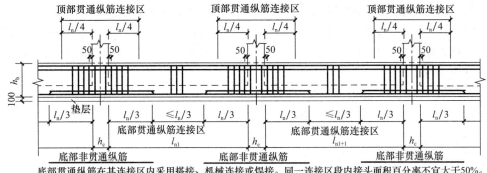

图 4-49 基础梁 JL 纵向钢筋与箍筋构造

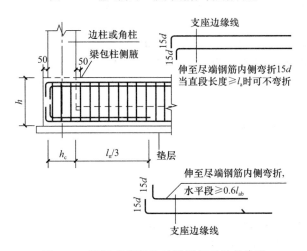

图 4-50 梁板式筏板基础梁端部无外伸构造

基础梁 JZL2（3）配筋示意图如图 4-51 所示。

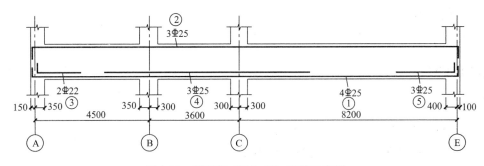

图 4-51 基础梁 JZL2（3）配筋示意图

1. 锚固长度

（1）确定锚固长度

基础梁 JZL2（3）主筋强度等级为 HRB400，主筋直径为 ≤25mm，混凝土强度等级为 C35，非抗震，从 16G103-1 第 58 和 59 页可知：$l_a=32d$，$l_{ab}=32d$。

（2）边支座锚固方式

从图 4-50 可知，基础梁上部纵筋应伸至尽端钢筋内弯折 15d，当直段长度 ≥l_a 时可不弯折，基础梁下部纵筋应伸至尽端钢筋内弯折，水平段$\geqslant 0.6l_a$。

支座①/Ⓐ：支座宽度－保护层＝500－40＝460mm＜l_a＝32×25＝800mm，不满足直锚要求。基础梁上部纵筋在支座①/Ⓐ处应弯折，锚固长度＝支座宽度－保护层＋15d。

2. 纵筋计算

(1) ①号1～3跨下部贯通钢筋 (4)4Φ25

计算公式：净跨＋左锚固＋右锚固

按外包长度计算

＝4500＋3600＋8200－350－400＋2×(500－40＋15×25)

＝17220mm

简图如下所示：

375 | 16470 | 375
4Φ25

下料长度＝17220－2×2.93×25＝17074mm

(2) ②号1～3跨上部贯通钢筋 (3)3Φ25

计算公式：净跨＋左锚固＋右锚固

按外包长度计算

＝4500＋3600＋8200－350－400＋2×(500－40＋15×25)

＝17220mm

简图如下所示：

16470
375 | 3Φ25 | 375

下料长度＝17220－2×2.93×25＝17074mm

(3) ③号第一跨左支座筋/A～B (2)2Φ22

计算公式：左锚固＋$\dfrac{l_{n1}}{3}$

按外包长度计算：

$$＝(500－40＋15×22)＋\frac{4500－350－350}{3}＝2057mm$$

简图如下所示：

330 | 1727
2Φ22

下料长度＝2057－2.93×22＝1992mm

(4) ④号2-2跨下部筋/B～C(2)(2)3Φ25

计算公式：$\dfrac{l_{n1}}{3}$＋支座B宽度＋第二跨净跨＋支座C宽度＋$\dfrac{l_{n3}}{3}$

$$＝\frac{4500－350－350}{3}＋650＋3600－300×2＋600＋\frac{8200－300－400}{3}$$

$$＝8107mm$$

简图如下所示：

8107
3Φ25

（5）⑤号第三跨下部右筋/C～E(3)3Φ25

计算公式：$\dfrac{l_{n3}}{3}$＋右锚固

按外包长度计算：

$$=\dfrac{8200-300-400}{3}+(500-40+15\times25)=3335\text{mm}$$

简图如下所示：

2960	375
3Φ25

下料长度＝3335－2.93×25＝3262mm

3. 腰筋

（1）构造钢筋/A～B(4)

第一跨：长度＝4500－350－350＋15×14×2＝4220mm

简图如下所示：

4220
4Φ14

（2）构造钢筋/B～C(4)

第二跨：长度＝3600－300－300＋15×14×2＝3420mm

简图如下所示：

3420
4Φ14

（3）受扭钢筋/C～E(4)

第三跨：长度＝8200－300－400＋32×16＋500－40＋15×16＝8712mm

简图如下所示：

8472	240
4Φ16

下料长度＝8712－2.93×16＝8665mm

4. 箍筋计算

基础梁 JZL2（3）箍筋示意图如图 4-52 所示。

（1）长度

1）1号箍筋

＝(400＋750)×2－8×40＋23.8×10

＝2218mm

简图如下图所示：

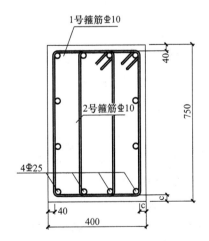

图 4-52　基础梁 JZL2（3）箍筋示意图

670	
	320

下料长度：2218－3×1.75×10＝2166mm

2）2号箍筋

第一跨下部第二排共有 4 根主筋，间距：$\dfrac{b-2c-2d-D}{\text{纵筋根数}-1}=\dfrac{400-2\times40-2\times10-25}{3}=$

91.67mm

2号箍筋长度＝$(91.67＋2×10＋25)×2＋(750－2×40)×2＋23.8×10＝1851$mm

简图如下所示：

670 137

下料长度＝$1851－3×1.75×10＝1799$mm

（2）第一跨箍筋根数

1）加密区根数

加密区长度：$max(1.5×750，500)＝1125$mm

加密区根数：$\dfrac{1125－50}{100}＋1＝11.75$ 根

2）非加密区根数

$＝\dfrac{4500－350－350－1.5×750×2}{200}－1＝6.75$ 根

总根数：$11.75×2＋6.75＝30.25$ 根，取 31 根。

（3）第二跨箍筋根数

1）加密区根数

加密区长度：$max(1.5×750，500)＝1125$mm

加密区根数：$\dfrac{1125－50}{100}＋1＝11.75$ 根

2）非加密区根数

$＝\dfrac{3600－300－300－1.5×750×2}{200}－1＝2.75$ 根

总根数：$11.75×2＋2.75＝26.25$ 根，取 27 根。

（4）第三跨箍筋根数

1）加密区根数

加密区长度：$max(1.5×750，500)＝1125$mm

加密区根数：$\dfrac{1125－50}{100}＋1＝11.75$ 根

2）非加密区根数

$＝\dfrac{8200－300－400－1.5×750×2}{200}－1＝25.25$ 根

总根数：$11.75×2＋25.25＝48.75$ 根，取 49 根。

基础梁 JZL2（3）箍筋共 $31＋27＋49＝107$ 根。

5. 拉筋计算

该基础梁 JZL2（3）拉筋按照 16G101-3 第 82 页配置，直径为 8mm，第 1～3 跨拉筋间距均为 400mm，一级钢。计算方式有两种，同时勾住主筋和箍筋、只勾住主筋，按照第一种方式计算：

（1）拉筋长度

拉筋长度＝梁宽－2×保护层＋$2d＋2×1.9d＋2×max(10d，75$mm)

$400－2×40＋2×8＋2×1.9×8＋max(10×8，75mm)×2＝526$mm

简图如下图所示：

336

（2）拉筋根数

拉筋根数：$\left(\dfrac{净跨-50\times2}{2\times箍筋非加密区间距}+1\right)\times排数$

1）第一跨：$\left(\dfrac{4500-350-350-50\times2}{400}+1\right)\times2=20.5$，取 21 根

2）第二跨：$\left(\dfrac{3600-300-300-50\times2}{400}+1\right)\times2=16.25$，取 17 根

3）第三跨：$\left(\dfrac{8200-300-400-50\times2}{400}+1\right)\times2=39$，取 39 根

总根数：21＋17＋39＝77 根

基础梁 JZL2（3）钢筋明细表如表 4-11 所示。

基础梁 JZL2（3）钢筋明细表　　　　　　表 4-11

序号	级别直径	简图	单长（mm）	总根数	总长（m）	总重（kg）	备注
		构件信息：0 层（基础层）\ 基础 \ JZL2-400＊750 _ A-E/1 个数：1 构件单质（kg）：985.685 构件总质（kg）：985.685					
1	Φ25	375┘ 16470 └375	17220	3	51.66	199.047	1-3 跨上部负筋
2	Φ25	375┘ 16470 └375	17220	4	68.88	265.396	1-3 跨下部贯通筋
3	Φ22	330┘ 1727	2057	2	4.114	12.276	第一跨左支座筋
4	Φ25	375┘ 2960	3335	3	10.005	38.55	第三跨右支座筋
5	Φ25	8107	8107	3	24.321	93.708	第二跨下部筋
6	Φ14	4220	4220	4	16.88	20.392	1-1 跨腰筋
7	Φ14	3420	3420	4	13.68	16.524	2-2 跨腰筋
8	Φ16	240┘ 8472	8712	4	34.848	54.992	3-3 跨抗扭腰筋
9	Φ10	670 320	2218	107	237.326	146.483	1-3 跨箍筋
10	Φ10	670 137	1852	107	198.164	122.301	1-3 跨箍筋
11	Φ8	336	526	77	40.502	16.016	1-3 跨拉筋

4.12.2　基础梁 JZL3(2A) 钢筋翻样（有外伸）

轴线Ⓔ/①～③基础梁 JZL3（2A）为二跨一端外伸，JZL3（2A）纵向钢筋与箍筋的构

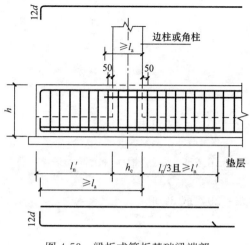

图 4-53　梁板式筏板基础梁端部
等截面外伸构造

造见 16G101-3 第 79 页，如图 4-49 所示 JZL3（2A）端部右外伸构造见 16G101-3 第 81 页，如图 4-53 所示。

1. 锚固长度

（1）确定锚固长度

基础梁 JZL3（2A）主筋强度等级为 HRB400，主筋直径为≤25mm，混凝土强度等级为 C35，非抗震，从 16G101-3 第 58 和 59 页可知：$l_a=32d$，$l_{ab}=32d$。

（2）外伸端部构造

从图 4-53 可知，端部等截面外伸构造中，当从柱内算起的梁端外伸长度不满足直锚要求时，基础梁下部钢筋应伸至端部后弯折，且从柱内算起水平长度≥$0.6l_{ab}$。基础梁 JZL3（2A）上部和下部贯通钢筋在外伸端处的弯折为 12d。

（3）边支座锚固方式

支座③/Ⓔ处为等截面无外伸，构造做法依据图 4-50，基础梁上部纵筋应伸至尽端钢筋内弯折 15d，当直段长度≥l_a 时可不弯折，基础梁下部纵筋应伸至尽端钢筋内弯折，水平段≥$0.6l_a$。支座③/Ⓔ处支座宽度－保护层＝500－40＝460mm＜l_a＝32×25＝800mm，不满足直锚要求。基础梁上部纵筋在支座③/Ⓔ处应弯折，锚固长度＝支座宽度－保护层＋15d。

基础梁 JZL3（2A）配筋示意图如图 4-54 所示。

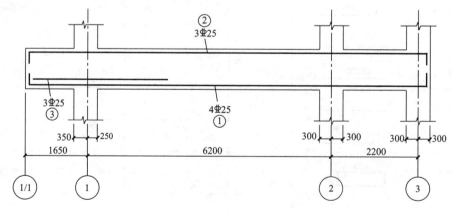

图 4-54　基础梁 JZL3（2A）配筋示意图

2. 纵筋计算

（1）①号 1～2 跨下部贯通钢筋（4）4 Φ 25

计算公式：弯折＋总净跨－保护层＋右锚固

按外包长度计算

＝12×25＋1650＋6200＋2200－300－40＋（600－40＋15×25）

＝10945mm

简图如下所示：

| 300 | 10270 | 375 |

4⌀25

下料长度＝10945－2×2.93×25＝10799mm

（2）②号1～2跨上部贯通钢筋（3）3⌀25

计算公式：弯折＋总净跨－保护层＋右锚固

按外包长度计算

＝12×25＋1650＋6200＋2200－300－40＋（600－40＋15×25）

＝10945mm

简图如下所示：

10270

| 300 | 3⌀25 | 375 |

下料长度＝10945－2×2.93×25＝10799mm

（3）左悬挑段下部纵筋（3）3⌀25

计算公式：悬挑段净跨－保护层＋支座1宽度＋$\dfrac{l_{n1}}{3}$

按外包长度计算：

＝$1650－350－40＋600＋\dfrac{6200－250－300}{3}＝3743$mm

简图如下所示：

3743

3⌀25

3. 腰筋

（1）构造钢筋/1/1～2(6)

悬挑段和第一跨通长布置：长度＝1650＋6200－300－40＋15×14＝7720mm

简图如下所示：

7720

6⌀14

（2）构造钢筋/2～3(6)

第二跨：长度＝2200－300－300＋15×14×2＝2020mm

简图如下所示：

2020

6⌀14

4. 箍筋计算

基础梁JZL3（2A）箍筋示意图如图4-55所示。

（1）长度

1）1号箍筋

＝（450＋850）×2－8×40＋23.8×10＝2518mm

简图如下图所示：

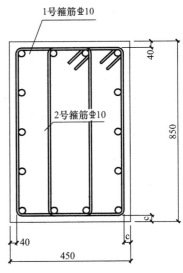

图4-55 基础梁JZL3（2A）
箍筋示意图

下料长度：$2518 - 3 \times 1.75 \times 10 = 2466\mathrm{mm}$

2）2 号箍筋

第一跨下部第二排共有 4 根主筋，间距：$\dfrac{b - 2c - 2d - D}{\text{纵筋根数} - 1} = \dfrac{450 - 2 \times 40 - 2 \times 10 - 25}{3} = 108.33\mathrm{mm}$

2 号箍筋长度 $= (108.33 + 2 \times 10 + 25) \times 2 + (850 - 2 \times 40) \times 2 + 23.8 \times 10 = 2085\mathrm{mm}$

简图如下所示：

下料长度 $= 2085 - 3 \times 1.75 \times 10 = 2032\mathrm{mm}$

（2）悬挑段箍筋根数

$= \dfrac{1650 - 350 - 50 - 50}{100} + 1 = 13$ 根

（3）第一跨箍筋根数

1）加密区根数

加密区长度：$\max(1.5 \times 850, 500) = 1275\mathrm{mm}$

加密区根数：$\dfrac{1275 - 50}{100} + 1 = 13.25$ 根

2）非加密区根数

$= \dfrac{6200 - 250 - 300 - 1.5 \times 850 \times 2}{200} - 1 = 14.5$ 根

总根数：$13.25 \times 2 + 14.5 = 41$，取 41 根。

（4）第二跨箍筋根数

$= \dfrac{2200 - 300 - 300 - 50 \times 2}{100} + 1 = 16$ 根

基础梁 JZL3(2A) 箍筋共 $13 + 41 + 16 = 70$ 根。

5. 拉筋计算

该基础梁 JZL3(2A) 拉筋按照 16G101-3 第 82 页配置，直径为 8mm，第 1～3 跨拉筋间距均为 400mm，一级钢。计算方式有两种，同时勾住主筋和箍筋、只勾住主筋，按照第二种方式计算：

（1）拉筋长度

拉筋长度 = 梁宽 − 2 × 保护层 + 2 × 1.9d + 2 × max(10d，75mm)

$450 - 2 \times 40 + 2 \times 1.9 \times 8 + \max(10 \times 8, 75\mathrm{mm}) \times 2 = 560\mathrm{mm}$

简图如下图所示：

（2）拉筋根数

拉筋根数：$\left(\dfrac{\text{净跨} - 50 \times 2}{2 \times \text{箍筋非加密区间距}} + 1 \right) \times \text{排数}$

1）悬挑段：$\left(\dfrac{1650-350-50\times2}{200}+1\right)\times3=21$，取 21 根

2）第一跨：$\left(\dfrac{6200-250-300-50\times2}{400}+1\right)\times3=44.63$，取 45 根

3）第二跨：$\left(\dfrac{2200-300-300-50\times2}{400}+1\right)\times3=14.25$，取 15 根

总根数：21＋45＋15＝81 根

基础梁 JZL3（2A）钢筋明细表如表 4-12 所示。

基础梁 JZL3（2A）钢筋明细表 **表 4-12**

序号	级别直径	简图	单长（mm）	总根数	总长（m）	总重（kg）	备注
构件信息：0 层（基础层）\ 基础 \ JZL3-450 * 850 _ 3-1 外/E 个数：1 构件单质（kg）：782.263 构件总质（kg）：782.263							
1	Φ25	300 10270 375	10945	3	32.835	126.513	1-2 跨上部负筋
2	Φ25	300 10270 375	10945	4	43.78	168.684	1-2 跨下部贯通筋
3	Φ25	3743	3743	3	11.229	43.266	左悬挑段下部纵筋
4	Φ14	7720	7720	6	46.32	55.956	悬挑段和第一跨腰筋
5	Φ14	2020	2020	6	12.12	14.64	第二跨腰筋
6	Φ10	770 370	2518	70	70	176.26	悬挑段、1-2 跨箍筋
7	Φ10	770 153	2084	70	70	145.88	悬挑段、1-2 跨箍筋
8	Φ8	370	560	81	81	45.36	悬挑段、1-2 跨拉筋
9	Φ25	370	370	4	1.48	5.704	左挑-左挑， 1-1 跨梁底垫铁

4.12.3 基础次梁 JCL1（1）钢筋翻样

轴线 C～E/1/1 基础次梁 JCL1（1）为一跨无外伸，JCL1（1）纵向钢筋与箍筋的构造见 16G101-3 第 85 页，如图 4-56 所示。

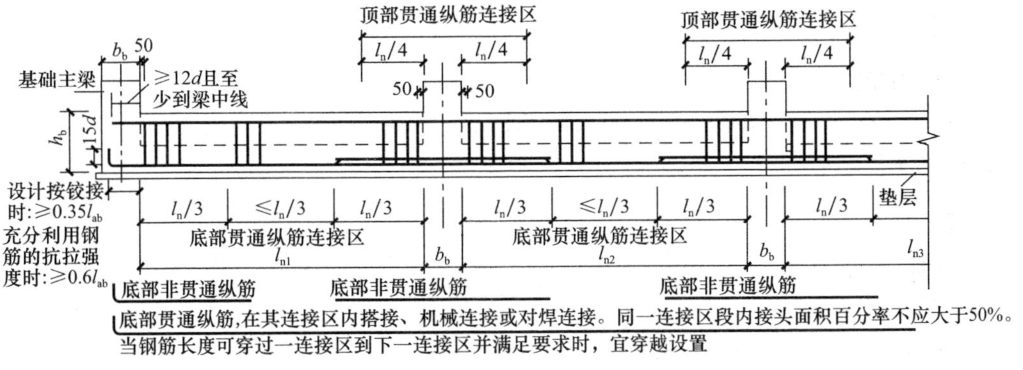

图 4-56 基础次梁 JCL 纵向钢筋与箍筋构造

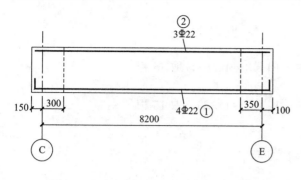

图 4-57 基础次梁 JCL1 (1) 配筋示意图

基础次梁 JCL1（1）配筋示意图如图 4-57 所示。

1. 锚固长度

（1）确定锚固长度

基础次梁 JCL1（1）主筋强度等级为 HRB400，主筋直径为 $\leqslant 25\text{mm}$，混凝土强度等级为 C35，非抗震，从 16G101-3 第 58 和 59 页可知：$l_a = 32d$，$l_{ab} = 32d$。

（2）边支座锚固方式

从图 4-55 可知，基础次梁上部纵筋应 $\geqslant 12d$ 且至少到梁中线，其锚固长度为 $\max$（$12d$，支座宽/2）。图 4-55 中"设计按铰接"、"充分利用钢筋的抗拉强度"由设计指定。JCL1（1）采用第一种即"设计按铰接"，下部纵筋的锚固长度 $= \max(0.35 l_{ab} + 15d$，支座宽－保护层＋$15d$）。

2. 纵筋计算

（1）①号 1～1 跨下部贯通钢筋（4）$4\oplus 22$

计算公式：净跨＋左锚固＋右锚固

按外包长度计算

$= 8200 - 300 - 350 + 2 \times (0.35 \times 32 \times 22 + 15 \times 22$，$450 - 40 + 15 \times 22)$

$= 9030\text{mm}$

简图如下所示：

330 | 8370 | 330
$4\oplus 22$

下料长度 $= 9030 - 2 \times 2.93 \times 22 = 8901\text{mm}$

（2）②号 1～1 跨上部贯通钢筋（3）$3\oplus 22$

计算公式：净跨＋左锚固＋右锚固

$$= 8200 - 300 - 350 + 2 \times \max\left(\frac{450}{2}, 12 \times 22\right)$$

$$= 8078\text{mm}$$

简图如下所示：

8078
$3\oplus 22$

3. 构造钢筋

长度 $= 8200 - 300 - 350 + 15 \times 12 \times 2 = 7910\text{mm}$

简图如下所示：

7910
$4\oplus 12$

4. 箍筋

（1）长度

$= (300 + 600) \times 2 - 8 \times 40 + 23.8 \times 10 = 1718\text{mm}$

简图如下图所示：

下料长度：$2218-3\times1.75\times10=2166$mm

（2）根数

1）加密区根数

加密区长度：$\max(1.5\times600,500)=900$mm

加密区根数：$\dfrac{900-50}{100}+1=9.5$ 根

2）非加密区根数

$=\dfrac{8200-300-350-1.5\times600\times2}{200}-1=27.25$ 根

总根数：$9.5\times2+27.25=46.25$，取 47 根。

5. 拉筋计算

按照 16G101-3 第 82 页配置，直径为 8mm，拉筋间距为 400mm，一级钢。计算方式有两种，同时勾住主筋和箍筋、只勾住主筋，按照第二种方式计算：

（1）拉筋长度

拉筋长度＝梁宽$-2\times$保护层$+2\times1.9d+2\times\max(10d,75mm)$

$300-2\times40+2\times1.9\times8+\max(10\times8,75mm)\times2=410$mm

（2）拉筋根数

拉筋根数：$\left(\dfrac{净跨-50\times2}{2\times箍筋非加密区间距}+1\right)\times$排数

$=\left(\dfrac{8200-300-350-50\times2}{400}+1\right)\times2=39.25$，取 40 根。

基础次梁 JCL1（1）钢筋明细表如表 4-13 所示。

基础次梁 JCL1（1）钢筋明细表　　　　表 4-13

序号	级别直径	简图	单长（mm）	总根数	总长（m）	总重（kg）	备注
构件信息：0 层（基础层）\ 基础 \ JCL1-300 * 600 个数：1 构件单质（kg）：261.654 构件总质（kg）：261.654							
1	Φ22	8078	8078	4	32.312	96.42	1-1 跨上部负筋
2	Φ10	220 520	1718	47	80.746	49.82	箍筋
3	Φ12	7910	7910	4	31.64	28.096	1-1 跨腰筋
4	Φ8	220	410	40	16.4	6.48	1 跨拉钩筋
5	Φ22	330 8370 330	9030	3	27.09	80.838	1-1 跨贯通筋

4.12.4　基础次梁 JCL2（2）钢筋翻样

基础次梁 JCL1（1）配筋示意图如图 4-58 所示。

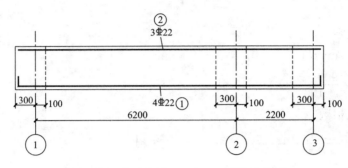

图 4-58　基础次梁 JCL1（1）配筋示意图

1. 纵筋计算

（1）①号 1～1 跨下部贯通钢筋（4)4 Φ 22

计算公式：净跨＋左锚固＋右锚固

按外包长度计算

＝6200＋2200－100－300＋2×(0.35×32×22＋15×22，400－40＋15×22)

＝9380mm

简图如下所示：

| 330 | 8720 | 330 |

4Φ22

下料长度＝9380－2×2.93×22＝9251mm

（2）②号 1～1 跨上部贯通钢筋（3)3 Φ 22

计算公式：净跨＋左锚固＋右锚固

$$=6200+2200-100-300+2\times\max\left(\frac{400}{2}，12\times22\right)$$

$$=8528\text{mm}$$

简图如下所示：

8528

3Φ22

2. 构造钢筋

（1）第一跨

长度＝6200－100－300＋15×12×2＝6160mm

简图如下所示：

6160

4Φ12

（2）第一跨

长度＝2200－100－300＋15×12×2＝2160mm

简图如下所示：

2160

4Φ12

3. 箍筋

（1）长度

$=(300+600)\times2-8\times40+23.8\times10=1718\text{mm}$

简图如下图所示：

下料长度：2218 $-3\times1.75\times10=2166\text{mm}$

（2）第一跨根数

1）加密区根数

加密区长度：$\max(1.5\times600,500)=900\text{mm}$

加密区根数：$\dfrac{900-50}{100}+1=9.5$ 根

2）非加密区根数

$=\dfrac{6200-100-300-1.5\times600\times2}{200}-1=18.5$ 根

总根数：$9.5\times2+18.5=37.5$，取 38 根。

（3）第二跨根数

$=\dfrac{2200-100-300-50\times2}{100}+1=18$

第一跨和第二跨总根数：$38+18=56$ 根。

4. 拉筋计算

按照 16G101-3 第 82 页配置，直径为 8mm，拉筋间距为 400mm，一级钢。计算方式有两种，同时勾住主筋和箍筋、只勾住主筋，按照第二种方式计算：

（1）拉筋长度

拉筋长度＝梁宽$-2\times$保护层$+2\times1.9d+2\times\max(10d，75\text{mm})$

$300-2\times40+2\times1.9\times8+\max(10\times8，75\text{mm})\times2=410\text{mm}$

（2）拉筋根数

$\left(\dfrac{净跨-50\times2}{2\times箍筋非加密区间距}+1\right)\times排数$

1）第一跨拉筋根数

$=\left(\dfrac{6200-100-300-50\times2}{400}+1\right)\times2=30.5$，取 31 根。

2）第二跨拉筋根数

$=\left(\dfrac{2200-100-300-50\times2}{400}+1\right)\times2=10.5$，取 11 根。

第一跨和第二跨拉筋纵根数：$31+11=42$ 根。

基础次梁 JCL2(2) 钢筋明细表如表 4-14 所示。

基础次梁 JCL2（2）钢筋明细表　　　　　　　表 4-14

序号	级别直径	简图	单长（mm）	总根数	总长（m）	总重（kg）	备注
构件信息：0 层（基础层）\ 基础 \ JCL2-300 * 600 _ 1-3/D 个数：1 构件单质（kg）：281.802 构件总质（kg）：281.802							
1	Φ 22	8528	8528	4	34.112	101.792	1-2 跨上部负筋
2	Φ 10	220 520	1718	56	96.208	59.36	1～2 跨箍筋
3	Φ 12	6160	6160	4	24.64	21.88	1-1 跨腰筋
4	Φ 12	2160	2160	4	8.64	7.672	2-2 跨腰筋
5	Φ 8	220	410	44	18.04	7.128	1～2 跨拉钩筋
6	Φ 22	8720 330 330	9380	3	28.14	83.97	1-2 跨贯通筋

第5章 板钢筋翻样

5.1 板钢筋翻样的基本方法

5.1.1 板要计算哪些钢筋量

板中要计算的钢筋量如表 5-1 所示。

板中要计算的钢筋　　　　　　　　　　　　　　表 5-1

钢筋名称	钢筋所处的位置	钢筋名称	钢筋所处的位置
(1) 受力筋	面筋	(4) 温度筋	为防止在温度收缩应力作用下产生裂缝
	底筋		
(2) 负筋	边支座负筋	(5) 附加钢筋	角部放射筋
	中间支座负筋		洞口附加钢筋
(3) 负筋分布筋	边支座分布筋	(6) 措施钢筋	撑脚钢筋
	中间支座分部筋		板垫筋

5.1.2 板的钢筋计算公式

1. 板底筋

（1）长度

如图 5-1 所示，板的底筋长度为

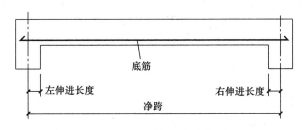

图 5-1　板底筋长度计算图

底筋为一级钢时：＝净跨＋伸进长度×2＋6.25d×2（底筋为一级钢时，末端需设 180°弯钩）

底筋为二级及以上时：＝净跨＋伸进长度×2

板在端支座的锚固情况见 16G101-1 第 99 页，如图 5-2 所示。

（2）根数

板底筋根数的计算示意图如图 5-3 所示，第一根钢筋的起配位置通常有三种：

① 第一根钢筋至支座边的距离为 50mm，布筋范围＝净跨－50×2；

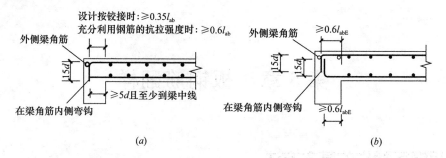

图 5-2　板在端支座的锚固构造（一）

（a）普通楼屋面板；（b）用于梁板式转换层的楼面板

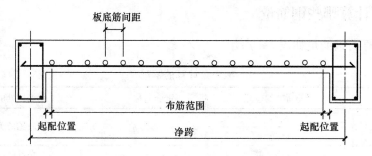

图 5-3　板底筋根数计算图

② 第一根钢筋至支座边的距离为板筋间距，布筋范围＝净跨－起配距离×2；

③ 第一根钢筋至支座边的距离为 1/2 板筋间距，布筋范围＝净跨－起配距离×2；

布筋范围＝净跨－保护层×2－起配距离×2

$$根数＝\frac{布筋范围}{底筋间距}＋1$$

2. 板支座负筋

（1）边支座负筋

如图 5-4 所示，边支座负筋长度＝锚入长度＋板内净尺寸＋弯折长度，根据 16G101-1 第 99 页，端支座为梁时，设计按铰接时，端支座负筋锚入长度为 $\geqslant 0.35l_{ab}＋15d$；充分利用钢筋的抗拉强度，锚入长度为 $\geqslant 0.6l_{ab}＋15d$。

$$板负筋根数＝\frac{布筋范围}{间距}＋1$$

边支座负筋的布筋范围如下：

① 第一根钢筋至支座边的距离为 50mm，布筋范围＝净跨－50×2；

② 第一根钢筋至支座边的距离为板筋间距，布筋范围＝净跨－起配距离×2；

③ 第一根钢筋至支座边的距离为 1/2 板筋间距，布筋范围＝净跨－起配距离×2；

（2）中间支座负筋

如图 5-5 所示，中间支座负筋长度＝负筋标注长度1＋负筋标注长度2＋左板内弯折长度＋右板内弯折长度

$$中间支座负筋根数＝\frac{布筋范围}{间距}＋1$$

中间支座负筋布筋范围如下：

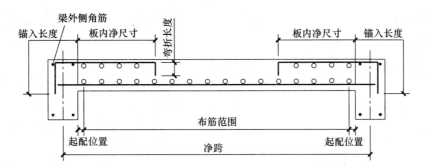

图 5-4 边支座负筋长度计算图

① 第一根钢筋至支座边的距离为 50mm，布筋范围＝净跨－50×2；

② 第一根钢筋至支座边的距离为板筋间距，布筋范围＝净跨－起配距离×2；

③ 第一根钢筋至支座边的距离为 1/2 板筋间距，布筋范围＝净跨－起配距离×2。

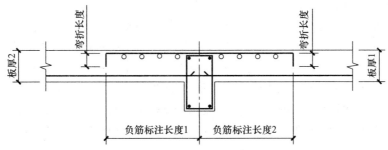

图 5-5 中间支座负筋长度计算图

3. 负筋分布筋

（1）边支座负筋分布筋

如图 5-6 所示，以边支座负筋（轴线Ⓐ/①-②）为例。

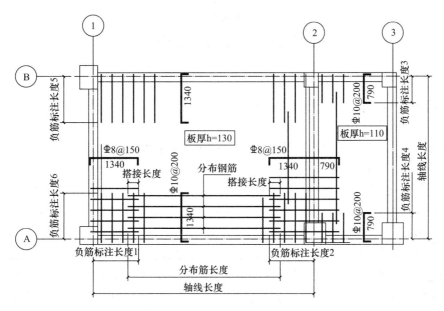

图 5-6 分布筋长度计算图

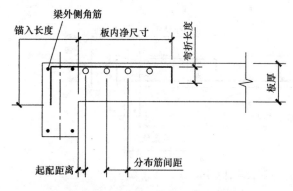

图 5-7　边支座分布筋根数计算图

长度：分布筋长度＝轴线长度－负筋标注长度 1－负筋标注长度 2＋搭接长度×2

根数计算如图 5-7 所示，以边支座负筋（轴线Ⓐ/①-②）为例。

分布筋根数＝（负筋板内净长－起配距离）÷分布筋间距＋1（向上取整）

分布筋的布筋范围如下：

① 第一根钢筋至支座边的距离为 50mm，布筋范围＝净跨－50×2；

② 第一根钢筋至支座边的距离为板筋间距，布筋范围＝净跨－起配距离×2；

③ 第一根钢筋至支座边的距离为 1/2 板筋间距，布筋范围＝净跨－起配距离×2。

（2）中间支座负筋分布筋计算

如图 5-6 所示，以边支座负筋（轴线②/Ⓐ-Ⓑ）为例。

左侧分布筋长度：轴线长度－负筋标注长度 5－负筋标注长度 6＋搭接长度×2

右侧分布筋长度：轴线长度－负筋标注长度 3－负筋标注长度 4＋搭接长度×2

根数计算如图 5-8 所示，以中间支座负筋（轴线②/Ⓐ-Ⓑ）为例。

左侧分布筋根数＝（负筋板内净长－起配距离）÷分布筋间距＋1（向上取整）

右侧分布筋根数＝（负筋板内净长－起配距离）÷分布筋间距＋1（向上取整）

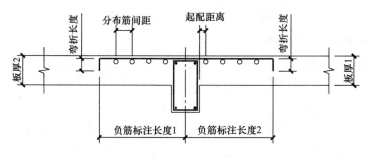

图 5-8　中间支座分布筋根数计算图

4. 温度筋计算

（1）温度筋设置

在温度收缩应力较大的现浇板内，应在板的未配筋表面布置温度筋。

（2）温度筋的作用

抵抗温度变化在现浇板内引起的约束拉应力和混凝土收缩应力，有助于减少板内裂缝。结构在温度变化或混凝土收缩下的内力不一定是简单的拉力，也肯定那个是压力、弯矩和剪力或者是复杂的组合应力。按照《混凝土结构设计规范》GB 50010—2010（2015 版）第 9.1.8 条："在温度、收缩应力较大的现浇板区域，应在板的表面双向设置防裂构造钢筋。配筋率均不宜小于 0.1％，间距不大于 200mm，防裂钢筋可利用原钢筋网片贯通布置，也可以另行设置钢筋并与原有钢筋按受拉钢筋的要求搭接或在周边构件中锚固。"

（3）温度筋计算

16G101-1 第 102 页给出了抗裂温度筋的构造，共有分离式配筋和部分贯通式配筋两种。分离式配筋如图 5-9 所示，抗裂温度筋与受力主筋的搭接长度为 l_l，温度筋计算示意图如图 5-10 所示。

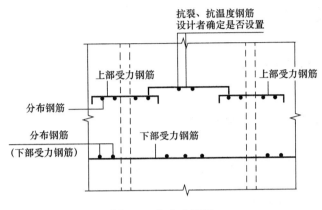

图 5-9　分离式配筋

以屋面板（轴线Ⓐ-Ⓑ/①-②）X 方向温度筋为例。

长度＝轴线长度－负筋标注长度×2＋搭接长度×2

$$根数＝\frac{布筋范围}{温度筋间距}-1$$

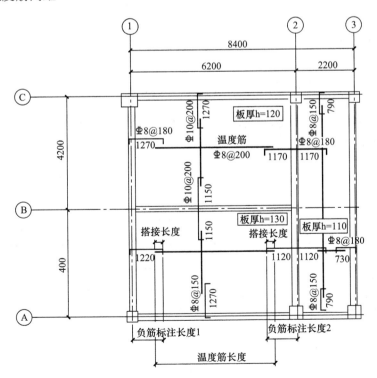

图 5-10　温度筋长度计算

温度筋的布筋范围如下：

① 第一根钢筋至支座钢筋边的距离为 50mm，布筋范围＝净跨－50×2；

② 第一根钢筋至支座边的距离为板筋间距，布筋范围＝净跨－起配距离×2；

③ 第一根钢筋至支座边的距离为 1/2 板筋间距，布筋范围＝净跨－起配距离×2。

5.2　板结构施工图

5.2.1　结构施工图设计说明

1. 主要结构材料

上部结构（梁、板、柱）混凝土为 C35。

2. 抗震等级

（1）框架部分（框架梁、框架柱）为二级抗震；

（2）次梁、楼面板、屋面板为非抗震。

3. 混凝土结构的环境类别

框架部分为一类即室内干燥环境。

4. 保护层厚度

（1）柱

柱主筋顶部保护层厚度为 35mm，主筋基础底部保护层厚度为 40mm，箍筋保护层厚度为 25mm。

（2）梁

框架梁箍筋的保护层厚度为 25mm。

（3）板

板钢筋保护层厚度为 15mm。

5. 板纵筋弯曲调整值

板中纵筋弯曲内径为 $2.5d$，弯曲角度 90°时，弯曲调整值为 $2.29d$。

6. 钢筋的种类

框架结构中钢筋的种类见表 5-2。

钢筋的种类

表 5-2

牌号	符号	抗拉、抗压强度设计值（N/mm²）
HPB300	Φ	270
HRB335	Φ	300
HRB400	Φ	360

5.2.2　板结构施工图

柱、板结构施工图见图 5-11～图 5-19。

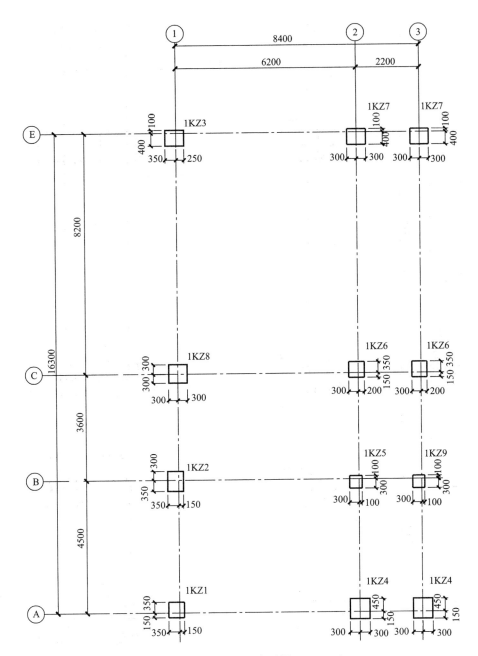

图 5-11　一层柱平面布置图（1∶100）

说明：1. 本图混凝土采用 C35 级；

　　　2. 一层柱标高：基础顶面～3.970。

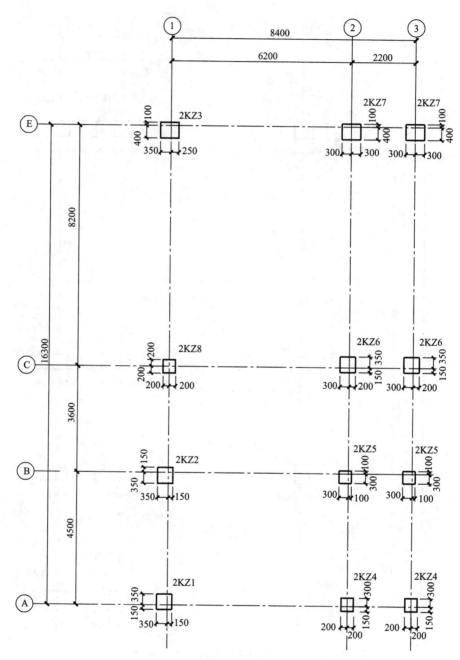

图 5-12　二、三层柱平面布置图（1∶100）

说明：1. 本图混凝土采用 C35 级；

2. 二层柱标高：970～7.570；

3. 三层柱标高：7.570～11.370。

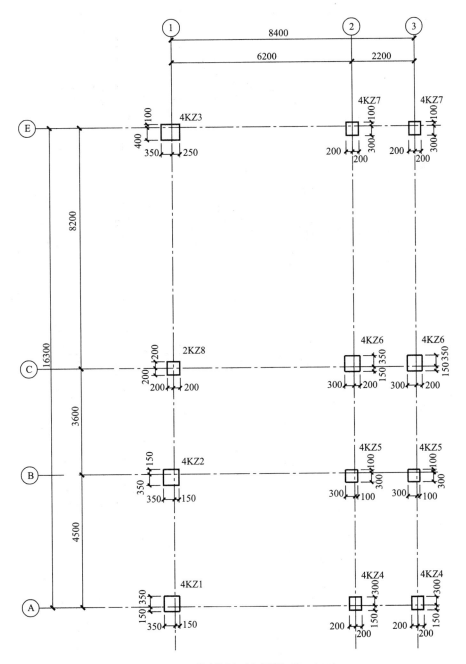

图 5-13　顶层柱平面布置图（1∶100）

说明：1. 本图混凝土采用 C35 级；

　　　2. 顶层柱标高：11.370～15.570。

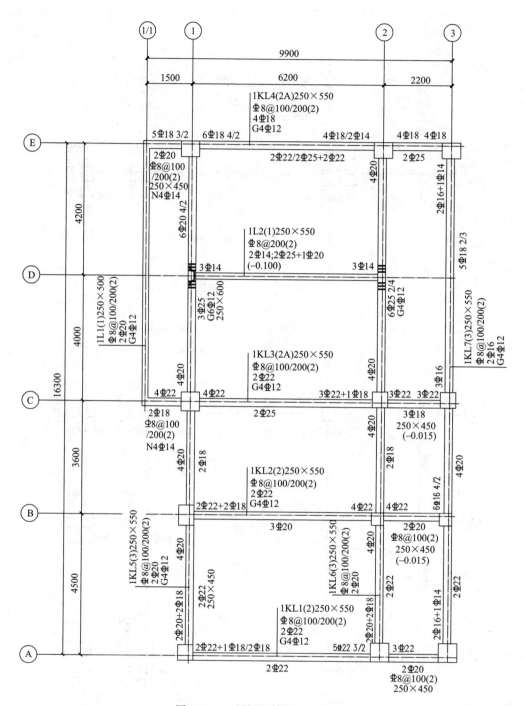

图 5-14 二层梁配筋图 (1:100)

说明：1. 本图混凝土采用 C35 级；

2. 二层梁顶标高为 3.97；

3. 图中主次梁相交处，符合 Ⅲ Ⅲ 表示为附加箍筋，未特别注明时直径、肢数同所在梁箍筋，次梁两侧各配 3
道@50。

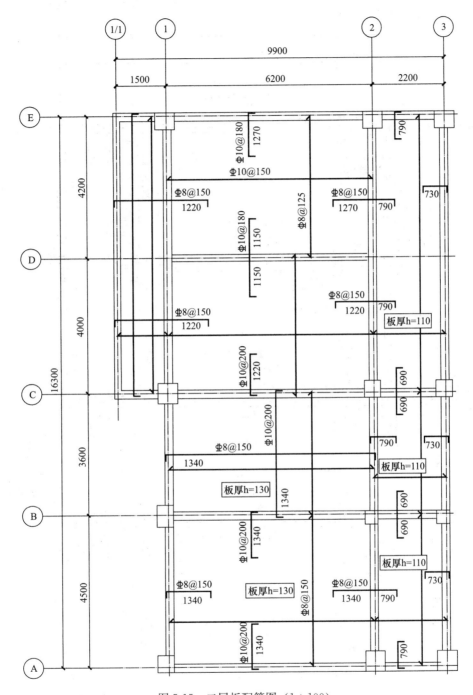

图 5-15　二层板配筋图（1：100）

说明：1. 本图混凝土采用 C35 级，二层板顶标高为 3.970，图中未注明的现浇板板厚均为 120mm；

2. 图中未注明的受力钢筋均为 ⊈8@200；

3. 图中板分布筋：板厚 110 为 ⊈6.5@180，板厚 120 为 ⊈6.5@160，板厚 130 为 ⊈6.5@140；

4. 图中板分布筋与支座负筋的搭接长度为 150mm；

5. 图中标注的板面钢筋长度从支座轴线算起。

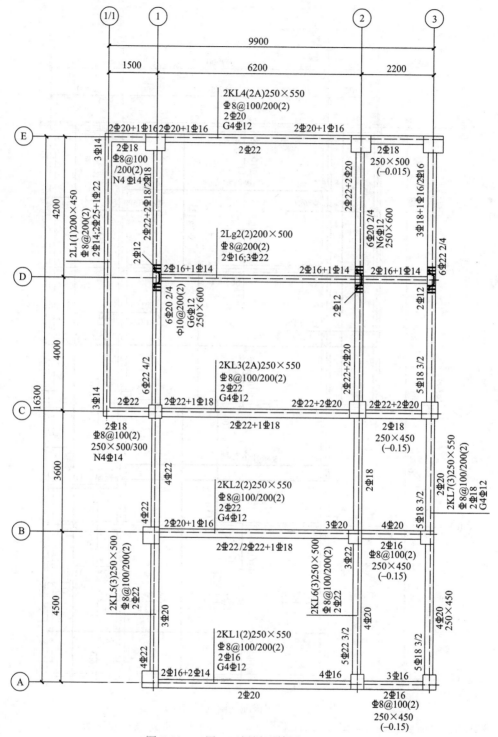

图 5-16　三层、四层梁配筋图（1：100）

说明：1. 本图混凝土采用 C35 级；

2. 三、四层梁顶标高分别为 7.57、11.37；

3. 图中主次梁相交处，符合ⅢⅢ表示为附加箍筋，未特别注明时直径、肢数同所在梁箍筋，次梁两侧各配 3 道@50。

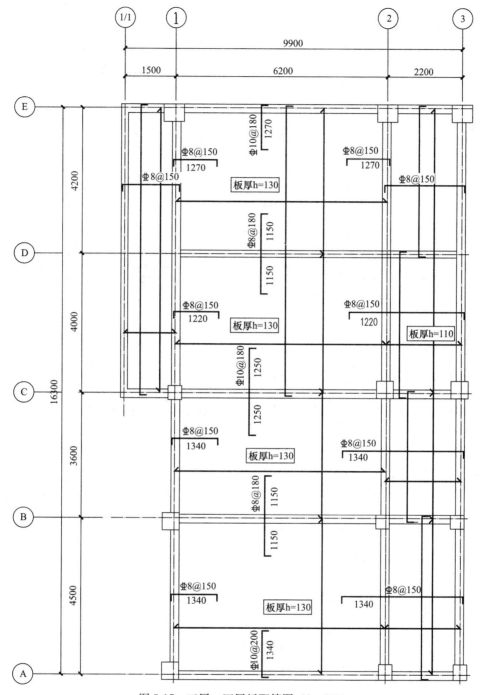

图 5-17　三层、四层板配筋图（1∶100）

说明：1. 本图混凝土采用 C35 级，三、四层板顶标高分别为 7.570、11.370，图中未注明的现浇板板厚均为
　　　　120mm；

　　　2. 图中未注明的受力钢筋均为 Φ 8@200；

　　　3. 图中板分布筋：板厚 110 为 Φ 6.5@180，板厚 120 为 Φ 6.5@160，板厚 130 为 Φ 6.5@140；

　　　4. 图中板分布筋与支座负筋的搭接长度为 150mm；

　　　5. 图中标注的板面钢筋长度从支座轴线算起。

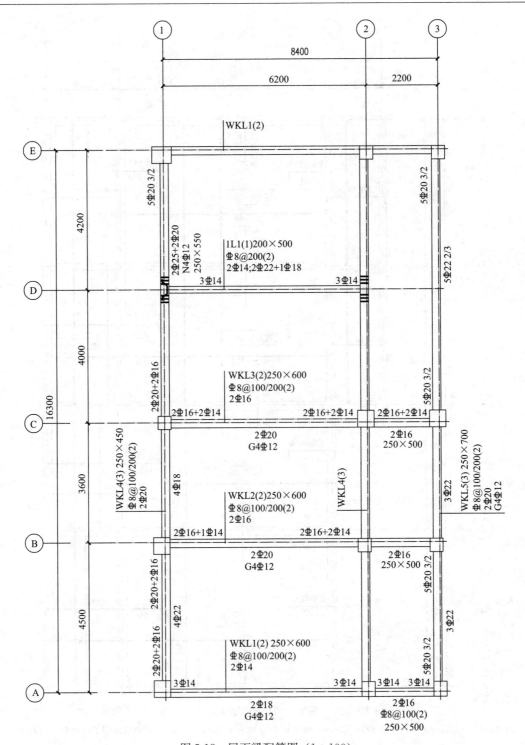

图 5-18　屋面梁配筋图（1∶100）

说明：1. 本图混凝土采用 C35 级；

　　　2. 屋面梁顶标高为 15.57；

　　　3. 图中主次梁相交处，符合Ⅲ Ⅲ表示为附加箍筋，未特别注明时直径、肢数同所在梁箍筋，次
　　　　 梁两侧各配 3 道@50。

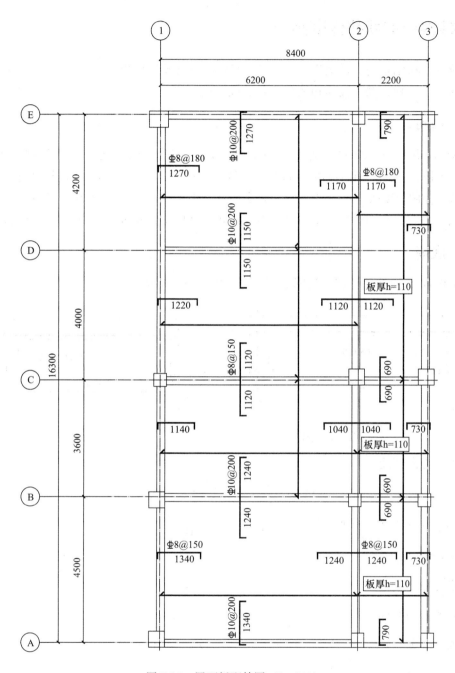

图 5-19　屋面板配筋图 （1：100）

说明：1. 本图混凝土采用 C35 级，屋面梁顶标高为 15.57，图中未注明的现浇板板厚均为 120mm；

　　　2. 图中未注明的受力钢筋均为 Φ8@200；

　　　3. 图中板分布筋：板厚 110 为 Φ6.5@180，板厚 120 为 Φ6.5@160，板厚 130 为 Φ6.5@140；

　　　4. 图中板分布筋与支座负筋的搭接长度为 150mm；

　　　5. 图中标注的板面钢筋长度从支座轴线算起；

　　　6. 屋面板上部未设置钢筋的区域，布置 Φ8@200 双向温度筋，与上部受力钢筋搭接长度为 l_l。

5.3 楼面板钢筋翻样案例一

阅读柱、板结构施工图见图 5-11～图 5-19 后，完成二层板（轴线①-②/Ⓐ-Ⓑ）钢筋翻样。板中首末根钢筋离支座边距离为板筋间距的一半。

5.3.1 锚固长度

根据 16G101-1 第 99 页，端支座为梁时，设计按铰接时，端支座负筋锚固长度为 $\geqslant 0.35l_{ab}+15d$；充分利用钢筋的抗拉强度，锚固长度为 $\geqslant 0.6l_{ab}+15d$，本案例按照第二种情况计算，锚固长度取 $\max(0.6l_{ab}+15d$，支座宽－保护层＋$15d)$，满足规范要求。底筋锚固长度为 $\max(5d$，支座宽/2$)$，从 16G101-1 第 57 和 58 页可知：$l_a=32d$，$l_{ab}=32d$。

5.3.2 底筋

X 方向和 Y 向底筋计算示意图如图 5-20 和图 5-21 所示。

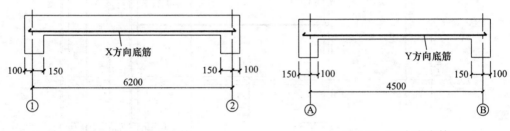

图 5-20 X 方向底筋 　　　　　　　　图 5-21 Y 方向底筋

（1）X 方向底筋

$$长度=6200-150\times2+2\times\max\left(\frac{250}{2}，5\times8\right)=6150\text{mm}$$

$$根数=\frac{4500-100-150-100\times2}{200}+1=21.25，取\ 22\ 根$$

简图如下所示：

$$\frac{6150}{22\Phi8}$$

（2）Y 方向底筋

$$长度=4500-100-150+2\times\max\left(\frac{250}{2}，5\times8\right)=4500\text{mm}$$

$$根数=\frac{6200-150\times2-75\times2}{150}+1=39.33，取\ 40\ 根$$

简图如下所示：

$$\frac{4500}{40\Phi8}$$

5.3.3 顶层钢筋

（1）端支座负筋（轴线①/Ⓐ-Ⓑ）

端支座负筋（轴线①/Ⓐ-Ⓑ）计算图如图 5-22 所示。

计算公式：板内净尺寸＋锚固长度＋弯折长度

长度＝1340－150＋max（0.6×32×8＋15×8，250－15＋15×8）＋130－2×15＝1645mm

下料长度＝1645－2.29×8×2＝1608mm

根数＝$\frac{4500-100-150-75\times2}{150}+1=28.33$，取 29 根

简图如下所示：

```
        1425
120 ┌─────────────┐
    │   29Φ8      │ 100
```

分布筋：长度＝4500－1340×2＋150×2＝2120mm

根数：$\frac{1340-150-70}{140}+1=9$ 根

简图如下所示：

```
  ___2120___
   9Φ6.5
```

（2）端支座负筋（轴线Ⓐ/①-②）

端支座负筋（轴线Ⓐ/①-②）计算图如图 5-23 所示。

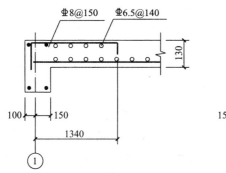

图 5-22 端支座负筋（轴线
①/Ⓐ-Ⓑ）计算图

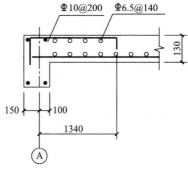

图 5-23 端支座负筋（轴线
Ⓐ/①-②）计算图

计算公式：板内净尺寸＋锚固长度＋弯折长度

长度＝1340－100＋max（0.6×32×10＋15×10，250－15＋15×10）＋130－2×15＝1725mm

下料长度＝1725－2.29×10×2＝1679mm

根数＝$\frac{6200-150-150-100\times2}{200}+1=29.5$，取 30 根

简图如下所示：

```
        1475
150 ┌─────────────┐
    │   30Φ10     │ 100
```

分布筋：长度＝6200－1340×2＋150×2＝3820mm

根数：$\frac{1340-100-70}{140}+1=9.36$，取 10 根

简图如下所示：

$$\frac{3820}{10\phi6.5}$$

（3）端支座负筋（轴线Ⓑ/①-②）

端支座负筋（轴线Ⓑ/①-②）计算图如图 5-24 所示。

计算公式：板内净尺寸＋锚固长度＋弯折长度

$$长度＝1340－150＋max(0.6×32×10＋15×10，250－15＋15×10)＋$$
$$130－2×15＝1675mm$$

下料长度＝1675－2.29×10×2＝1629mm

$$根数＝\frac{6200－150－150－100×2}{200}＋1＝29.5，取 30 根$$

简图如下所示：

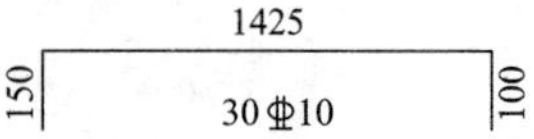

150 | 1425 | 100
30Φ10

分布筋：长度＝6200－1340×2＋150×2＝3820mm

$$根数：\frac{1340－100－70}{140}＋1＝9.36，取 10 根$$

简图如下所示：

$$\frac{3820}{10\phi6.5}$$

（4）中间支座负筋（位于②轴/Ⓐ-Ⓑ）

中间支座负筋（位于②轴/Ⓐ-Ⓑ）计算图如图 5-25 所示。

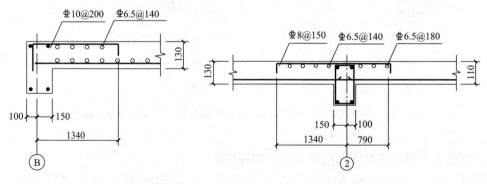

图 5-24　端支座负筋（轴线
Ⓑ/①-②）计算图

图 5-25　中间支座负筋（位于
②轴/Ⓐ-Ⓑ）计算图

计算公式：水平长度＋弯折长度×2

$$长度＝1340＋790＋130－2×15＋110－2×15＝2310mm$$

$$根数＝\frac{4500－150－100－75×2}{150}＋1＝28.33，取 29 根$$

下料长度＝2310－2.29×8×2＝2273mm

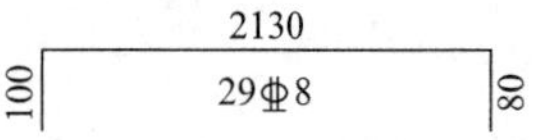

100 | 2130 | 80
29Φ8

分布筋（左部分）：长度＝4500－1340×2＋150×2＝2120mm

根数：$\dfrac{1340-150-70}{140}+1=9$ 根

简图如下所示：

$$\dfrac{2120}{9\Phi6.5}$$

分布筋（右部分）：长度＝$4500-690-790+150\times2=3320$mm

根数：$\dfrac{790-100-90}{180}+1=4.33$，取 5 根

简图如下所示：

$$\dfrac{3320}{5\Phi6.5}$$

二层板（轴线①-②/Ⓐ-Ⓑ）钢筋明细表见表 5-3 所示。

二层板（轴线①-②/Ⓐ-Ⓑ）钢筋明细表　　　　　表 5-3

序号	级别直径	简图	单长（mm）	总根数	总长（m）	总重（kg）	备注
构件信息：1 层（首层）\板筋 \ C8@200 _ 1-2/A-B 个数：1 构件单质（kg）：124.558 构件总质（kg）：124.558							
1	Φ8	6150	6150	22	135.3	53.438	X 方向底筋
2	Φ8	4500	4500	40	180	71.12	Y 方向底筋
构件信息：1 层（首层）\板筋 \ C10@200 _ 1-2/A 个数：1 构件单质（kg）：41.85 构件总质（kg）：41.85							
1	Φ10	150⌐1475⌐100	1725	30	51.75	31.92	受力筋@200
2	Φ6.5	3820	3820	10	38.2	9.93	分布筋@140
构件信息：1 层（首层）\板筋 \ C10@200 _ 1-2/B 个数：1 构件单质（kg）：40.92 构件总质（kg）：40.92							
1	Φ10	150⌐1425⌐100	1675	30	50.25	30.99	受力筋@200
2	Φ6.5	3820	3820	10	38.2	9.93	分布筋@140
构件信息：1 层（首层）\板筋 \ C8@150 _ A-B/1 个数：1 构件单质（kg）：23.809 构件总质（kg）：23.809							
1	Φ8	120⌐1425⌐100	1645	29	47.705	18.85	受力筋@150
2	Φ6.5	2120	2120	9	19.08	4.959	分布筋@140
构件信息：1 层（首层）\板筋 \ C8@150 _ A-B/2 个数：1 构件单质（kg）：36.273 构件总质（kg）：36.273							
1	Φ8	80⌐2130⌐100	2310	29	66.99	26.448	受力筋@150
2	Φ6.5	3320	3320	5	16.6	4.315	分布筋@180
3	Φ6.5	2120	2120	10	21.2	5.51	分布筋@140

5.4　楼面板钢筋翻样案例二

阅读柱、板结构施工图见图 5-11～图 5-19 后，完成二层板（轴线①-②/⑧-ⓒ）钢筋翻样，板中首末根钢筋离支座边距离为板筋间距的一半。

5.4.1　锚固长度

根据 16G101-1 第 99 页，端支座为梁时，设计按铰接时，端支座负筋锚固长度为 $\geqslant 0.35 l_{ab}+15d$；充分利用钢筋的抗拉强度，锚固长度为 $\geqslant 0.6 l_{ab}+15d$，本案例按照第二种情况计算，锚固长度取 $\max(0.6 l_{ab}+15d$，支座宽—保护层$+15d)$，满足规范要求。底筋锚固长度为 $\max(5d$，支座宽/2$)$，从 16G101-1 第 57 和 58 页可知：$l_a=32d$，$l_{ab}=32d$。

5.4.2　底筋

X 方向和 Y 向底筋计算示意图如图 5-26 和图 5-27 所示。

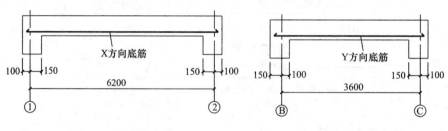

图 5-26　X 方向底筋　　　　　图 5-27　Y 方向底筋

（1）X 方向底筋

$$长度＝6200-150\times2+2\times\max\left(\frac{250}{2},\ 5\times8\right)=6150\text{mm}$$

$$根数＝\frac{3600-100-150-100\times2}{200}+1=16.75，取\ 17\ 根$$

简图如下所示：

$$\frac{6150}{17\Phi8}$$

（2）Y 方向底筋

$$长度＝4500-100-150+2\times\max\left(\frac{250}{2},\ 5\times8\right)=3600\text{mm}$$

$$根数＝\frac{6200-150\times2-100\times2}{200}+1=29.5，取\ 30\ 根$$

简图如下所示：

$$\frac{4500}{30\Phi8}$$

5.4.3　顶层钢筋

（1）X 方向负筋

X 方向负筋计算图如图 5-28 所示。

计算公式：板内净尺寸＋左锚固长度＋右锚固长度

长度＝6200－150×2＋2×max(0.6×32×8＋15×8，250－15＋15×8)＝6610mm

下料长度＝6610－2.29×8×2＝6573mm

根数＝$\dfrac{3600-100-150-75\times2}{150}$＋1＝22.33，取 23 根

简图如下所示：

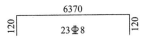

（2）Y 方向负筋

Y 方向负筋计算图如图 5-29 所示。

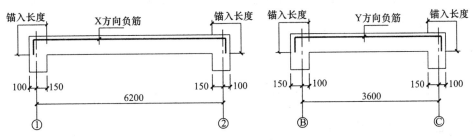

图 5-28　X 方向负筋计算图　　　　　图 5-29　Y 方向负筋计算图

计算公式：板内净尺寸＋左锚固长度＋右锚固长度

长度＝3600－150－100＋2×max(0.6×32×10＋15×10，250－15＋15×10)＝4120mm

下料长度＝4120－2.29×10×2＝4074mm

根数＝$\dfrac{6200-150-150-100\times2}{200}$＋1＝30 根

简图如下所示：

| 3820 |
| 150 ⌐ 30Φ8 ⌐ 150 |

二层板（轴线①-②/Ⓑ-Ⓒ）钢筋明细表见表 5-4 所示。

二层板（轴线①-②/Ⓑ-Ⓒ）钢筋明细表　　　　　　　表 5-4

序号	级别直径	简图	单长（mm）	总根数	总长（m）	总重（kg）	备注
构件信息：1 层（首层）\板筋 \ C8@200 _ 1-2/B-C 个数：1 构件单质（kg）：83.953 构件总质（kg）：83.953							
1	Φ8	6150	6150	17	104.55	41.293	X 方向底筋
2	Φ8	4500	4500	30	108	42.66	Y 方向底筋
构件信息：1 层（首层）\板筋 \ C10@200 _ 1-2/B-C 个数：1 构件单质（kg）：76.26 构件总质（kg）：76.26							
1	Φ8	120⌐ 6370 ⌐120	6610	23	152.03	60.053	顶层 X 方向负筋
构件信息：1 层（首层）\板筋 \ C10@200 _ 1-2/B-C 个数：1 构件单质（kg）：76.26 构件总质（kg）：76.26							
1	Φ10	150⌐ 3820 ⌐150	4120	30	123.6	76.26	顶层 Y 方向负筋

5.5 楼面板钢筋翻样案例三

阅读柱、板结构施工图见图 5-11～图 5-19 后，完成二层板（轴线ⓒ-Ⓔ/⑭-①）钢筋翻样，板中首末根钢筋离支座边距离为板筋间距的一半。

5.5.1 锚固长度

根据 16G101-1 第 99 页，端支座为梁时，设计按铰接时，端支座负筋锚固长度为 $\geqslant 0.35l_{\mathrm{ab}}+15d$；充分利用钢筋的抗拉强度，锚固长度为 $\geqslant 0.6l_{\mathrm{ab}}+15d$，本案例按照第二种情况计算，锚固长度取 $\max(0.6l_{\mathrm{ab}}+15d$，支座宽—保护层+$15d$)，满足规范要求。底筋锚固长度为 $\max(5d$，支座宽/2)，从 16G101-1 第 57 和 58 页可知：$l_{\mathrm{a}}=32d$，$l_{\mathrm{ab}}=32d$。

5.5.2 底筋

X 方向和 Y 向底筋计算示意图如图 5-30 和图 5-31 所示。

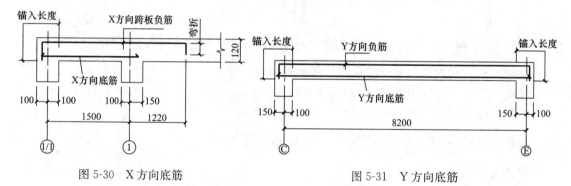

图 5-30　X 方向底筋　　　　　　　图 5-31　Y 方向底筋

（1）X 方向底筋

$$长度＝1500-100\times2+\max\left(\frac{200}{2},5\times8\right)+\max\left(\frac{250}{2},5\times8\right)=1525\mathrm{mm}$$

$$根数＝\frac{8200-100-150-100\times2}{200}+1=39.75，取~40~根$$

简图如下所示：

$$\frac{1525}{40\Phi8}$$

（2）Y 方向底筋

$$长度＝8200-100-150+2\times\max\left(\frac{250}{2},5\times8\right)=8200\mathrm{mm}$$

$$根数＝\frac{1500-100\times2-100\times2}{200}+1=6.5，取~7~根$$

简图如下所示：

$$\frac{8200}{7\Phi8}$$

5.5.3 顶层钢筋

（1）X方向跨板负筋

X方向负筋计算图如图5-32所示。

计算公式：板内净尺寸＋左锚固长度＋右弯折

长度＝$1500-100+1220+\max(0.6\times32\times8+15\times8，200-15+15\times8)+120-2\times15$

　　　$=3015\text{mm}$

下料长度＝$3015\quad 2.29\times8\times2=2978\text{mm}$

根数＝$\dfrac{8200-100-150-75\times2}{150}+1=53$根

简图如下所示：

```
     2805
120 ┌──────────┐ 90
    │  53⌀8    │
```

分布筋（轴线①/ⒹⒺ）

长度：$4200-1270-1150+150\times2=2080\text{mm}$

根数：$\dfrac{1220-150-80}{160}+1=7.19$，取8根

简图如下所示：

```
  2080
 8⌀6.5
```

分布筋（轴线①/ⒸⒹ）

长度：$4000-1220-1150+150\times2=1930\text{mm}$

根数：$\dfrac{1220-150-80}{160}+1=7.19$，取8根

简图如下所示：

```
  1930
 8⌀6.5
```

（2）Y方向负筋

Y方向负筋计算图如图5-33所示。

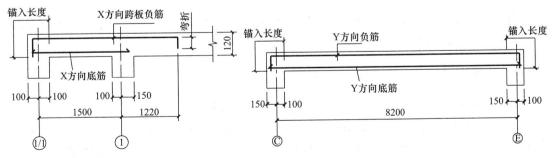

图5-32　X方向跨板负筋计算图　　　　图5-33　Y方向负筋计算图

计算公式：板内净尺寸＋左锚固长度＋右锚固长度

长度＝$8200-150-100+2\times\max(0.6\times32\times8+15\times8，250-15+15\times8)$

　　　$=8660\text{mm}$

下料长度＝8660－2.29×8×2＝8623mm

根数＝$\frac{1500-100-100-100\times2}{200}$＋1＝7 根

简图如下所示：

```
      8420
120 ┌─────────┐ 120
    │  7Φ8    │
```

二层板（轴线Ⓒ-Ⓔ/⑭-①）钢筋明细表见表 5-5 所示。

二层板（轴线Ⓒ-Ⓔ/⑭-①）钢筋明细表 表 5-5

序号	级别直径	简图	单长（mm）	总根数	总长（m）	总重（kg）	备注
构件信息：1 层（首层）\板筋 \ C8@200 _ 1 外/C-E 个数：1 构件单质（kg）：46.753 构件总质（kg）：46.753								
1	Φ 8	1525	1525	40	61	24.08	X 方向底筋
2	Φ 8	8200	8200	7	57.4	22.673	Y 方向底筋
构件信息：1 层（首层）\板筋 \ C8@150 _ 1 外/C-E 个数：1 构件单质（kg）：71.467 构件总质（kg）：71.467								
1	Φ 8	120┌2805┐90	3015	53	159.795	63.123	跨板负筋轴线 B-C/1
2	Φ 6.5	1930	1930	8	15.44	4.016	分布筋@160 第 1 层 1-8 排
3	Φ 6.5	2080	2080	8	16.64	4.328	分布筋@160 第 1 层 1-8 排
构件信息：1 层（首层）\板筋 \ C8@200 _ 1 外/C-E 个数：1 构件单质（kg）：23.947 构件总质（kg）：23.947								
1	Φ 8	120┌8420┐120	8660	7	60.62	23.947	顶层 Y 方向负筋

5.6 楼面板钢筋翻样案例四

阅读柱、板结构施工图见图 5-11～图 5-19 后，完三层板（轴线②-③/Ⓐ-Ⓑ）钢筋翻样，板中首末根钢筋离支座边距离为板筋间距的一半。

5.6.1 锚固长度

根据 16G101-1 第 99 页，端支座为梁时，设计按铰接时，端支座负筋锚固长度为 $\geqslant0.35l_{ab}+15d$；充分利用钢筋的抗拉强度，锚固长度为 $\geqslant0.6l_{ab}+15d$，本案例按照第二种情况计算，锚固长度取 $\max(0.6l_{ab}+15d$，支座宽－保护层＋15d），满足规范要求。底筋锚固长度为 $\max(5d$，支座宽/2），从 16G101-1 第 57 和 58 页可知：$l_a=32d$，$l_{ab}=32d$。

5.6.2 底筋

X 方向和 Y 向底筋计算示意图如图 5-34 和图 5-35 所示。

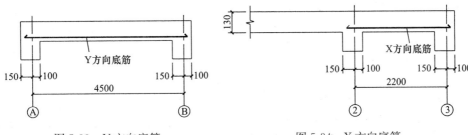

图 5-33 Y 方向底筋　　　　　　　图 5-34 X 方向底筋

（1）X 方向底筋

$$长度=2200-150-100+2\times\max\left(\frac{250}{2},5\times8\right)=2200\text{mm}$$

$$根数=\frac{4500-100-150-100\times2}{200}+1=21.25，取\ 22\ 根$$

简图如下所示：

2200
22⏜8

（2）Y 方向底筋

$$长度=4500-100-150+2\times\max\left(\frac{250}{2},5\times8\right)=4500\text{mm}$$

$$根数=\frac{2200-100-150-100\times2}{200}+1=9.75，取\ 10\ 根$$

简图如下所示：

4500
10⏜8

5.6.3　顶层钢筋

（1）X 方向跨板负筋

X 方向负筋计算图如图 5-36 所示。

计算公式：板内净尺寸＋左弯折＋右锚固长度

$$长度=1340+2200-150+\max(0.6\times32\times8+15\times8,250-15+15\times8)+130-2\times15$$
$$=3845\text{mm}$$

$$下料长度=3845-2.29\times8\times2=3625\text{mm}$$

$$根数：\frac{4500-100-150-75\times2}{150}+1=28.33，取\ 29\ 根$$

简图如下所示：

3625
100　29⏜8　120

分布筋（轴线②/Ⓐ-Ⓑ）

$$长度：4500-1150-1340+150\times2=2310\text{mm}$$

$$根数：\frac{1340-150-80}{160}+1=8.13，取\ 9\ 根$$

简图如下所示：

259

$$\frac{2310}{9\Phi6.5}$$

（2）Y方向负筋

Y方向负筋计算图如图5-37所示。

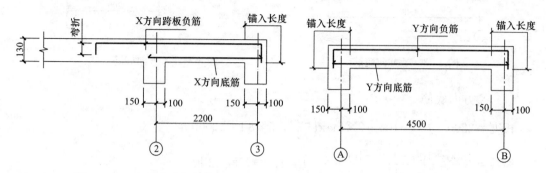

图5-36　X方向跨板负筋计算图　　　　　图5-37　Y方向负筋计算图

计算公式：板内净尺寸＋左锚固长度＋右锚固长度

长度＝4500－150－100＋2×max(0.6×32×8＋15×8，250－15＋15×8)＝4960mm

下料长度＝4960－2.29×8×2＝4720mm

根数：$\dfrac{2200-100-100-100\times2}{200}+1=9.75$，取10根

简图如下所示：

$$\begin{array}{c}4720\\ \hline 10\Phi8\end{array}$$
120　　　　　　　　　　120

三层板（轴线②-③/Ⓐ-Ⓑ）钢筋明细表见表5-6所示。

三层板（轴线②-③/Ⓐ-Ⓑ）钢筋明细表　　　　　　　　表5-6

序号	级别直径	简图	单长（mm）	总根数	总长（m）	总重（kg）	备注
构件信息：2层（普通层）\板筋 \ C8@200 _ 2-3/A-B 个数：1 构件单质（kg）：36.898 构件总质（kg）：36.898							
1	Φ8	2200	2200	22	48.4	19.118	X方向底筋
2	Φ8	4500	4500	10	45	17.78	Y方向底筋
构件信息：2层（普通层）\板筋 \ C8@150 _ 2-3/A-B 个数：1 构件单质（kg）：49.46 构件总质（kg）：49.46							
1	Φ8	100⌐3625 120	3845	29	111.505	44.051	顶层 X方向 跨板负筋
2	Φ6.5	2310	2310	9	20.79	5.409	分布筋@160 第1层1-9排
构件信息：2层（普通层）\板筋 \ C8@200 _ 2-3/A-B 个数：1 构件单质（kg）：19.59 构件总质（kg）：19.59							
1	Φ8	120⌐4720 120	4960	10	49.6	19.59	顶层 Y方向负筋

5.7 屋面板钢筋翻样案例一

阅读柱、板结构施工图见图 5-11～图 5-19 后，完屋面板（轴线Ⓒ-Ⓓ/①-②）钢筋翻样，板中首末根钢筋离支座边距离为板筋间距的一半。

5.7.1 锚固长度

根据 16G101-1 第 99 页，端支座为梁时，设计按铰接时，端支座负筋锚固长度为≥$0.35l_{ab}+15d$；充分利用钢筋的抗拉强度，锚固长度为≥$0.6l_{ab}+15d$，本案例按照第二种情况计算，锚固长度取 $\max(0.6l_{ab}+15d$，支座宽−保护层+15d$)$，满足规范要求。底筋锚固长度为 $\max(5d$，支座宽/2$)$，从 16G101-1 第 57 和 58 页可知：$l_a=32d$，$l_{ab}=32d$。

5.7.2 底筋

X 方向和 Y 向底筋计算示意图如图 5-38 和图 5-39 所示。

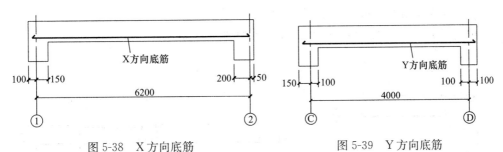

图 5-38　X 方向底筋　　　　　图 5-39　Y 方向底筋

（1）X 方向底筋

长度＝$6200-150-200+2\times\max\left(\dfrac{250}{2}，5\times8\right)=6100$mm

根数＝$\dfrac{4000-100-100-100\times2}{200}+1=19$，取 19 根

简图如下所示：

$$\frac{6100}{19\Phi8}$$

（2）Y 方向底筋

长度＝$4000-150-200+\max\left(\dfrac{250}{2}，5\times8\right)+\max\left(\dfrac{200}{2}，5\times8\right)=4025$mm

根数＝$\dfrac{6000-150-200-100\times2}{200}+1=29.25$，取 30 根

简图如下所示：

$$\frac{4025}{30\Phi8}$$

5.7.3 顶层钢筋

（1）端支座负筋（轴线①/Ⓒ-Ⓓ）

端支座负筋（轴线①/Ⓒ-Ⓓ）计算图如图 5-40 所示。

计算公式：板内净尺寸＋锚固长度＋弯折长度

长度＝1220－150＋max(0.6×32×8＋15×8，250－15＋15×8)＋120－2×15

　　　＝1515mm

下料长度＝1515－2.29×8×2＝1478mm

根数＝$\frac{4000-100\times2-100\times2}{200}$＋1＝19，取 19 根

简图如下所示：

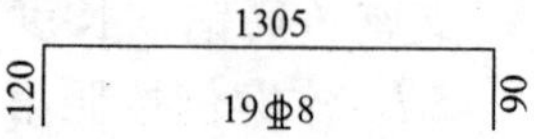

1305

120 ┃ 19Φ8 ┃ 90

分布筋：长度＝4000－1150－1120＋150×2＝2030mm

根数＝$\frac{1220-150-80}{160}$＋1＝7.19，取 8 根

简图如下所示：

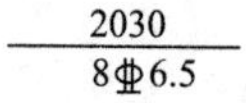

2030

8Φ6.5

（2）中间支座负筋（位于ⓒ轴/①-②）

中间支座负筋（位于ⓒ轴/①-②）计算图如图 5-41 所示。

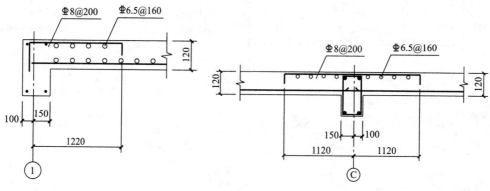

图 5-40　端支座负筋（轴线
①/ⓒ-ⓓ）计算图

图 5-41　中间支座负筋（位于
ⓒ轴/①-②）计算图

计算公式：水平长度＋弯折长度×2

长度＝1120×2＋(120－2×15)×2＝2420mm

根数＝$\frac{6200-150-200-75\times2}{150}$＋1＝39，取 39 根

下料长度＝2420－2.29×8×2＝2383mm

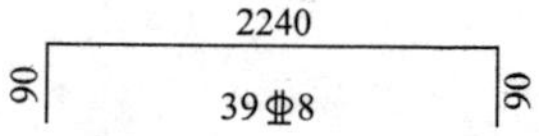

2240

90 ┃ 39Φ8 ┃ 90

分布筋（上部分）：长度＝6200－1220－1120＋150×2＝4160mm

根数：$\frac{1120-100-80}{160}$＋1＝6.88，取 7 根

简图如下所示：

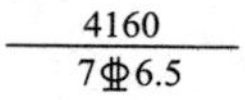

4160

7Φ6.5

分布筋（下部分）：长度＝6200－1140－1040＋150×2＝4320mm

根数：$\dfrac{1120-150-80}{160}+1=6.56$，取 7 根

简图如下所示：

4320
7Φ6.5

（3）中间支座负筋（位于⑪轴/①-②）

中间支座负筋（位于⑪轴/①-②）计算图如图 5-42 所示。

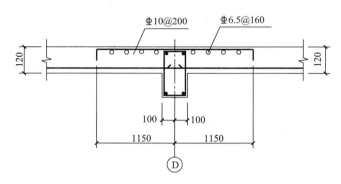

图 5-42　中间支座负筋（位于⑪轴/①-②）计算图

计算公式：水平长度＋弯折长度×2

长度＝1150×2＋（120－2×15）×2＝2480mm

根数＝$\dfrac{6200-150-200-100\times2}{200}+1=29.25$，取 30 根

下料长度＝2480－2.29×8×2＝2443mm

2300
39Φ8

分布筋（上部分）：长度＝6200－1270－1170＋150×2＝4060mm

根数：$\dfrac{1150-100-80}{160}+1=7.06$，取 8 根

简图如下所示：

4060
8Φ6.5

分布筋（下部分）：长度＝6200－1220－1120＋150×2＝4160mm

根数：$\dfrac{1150-100-80}{160}+1=7.06$，取 8 根

简图如下所示：

4160
8Φ6.5

（4）中间支座负筋（位于②轴/ⓒ-⑪）

中间支座负筋（位于②轴/ⓒ-⑪）计算图如图 5-43 所示。

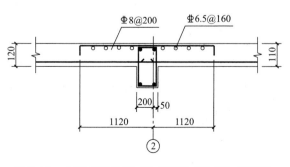

图 5-43　中间支座负筋（位于②轴/ⓒ-⑪）计算图

计算公式：水平长度＋弯折长度×2

长度＝1120×2＋120－2×15＋110－2×15＝2410mm

根数＝$\dfrac{4000-100-100-100\times2}{200}+1=19$，取 19 根

下料长度＝2410－2.29×8×2＝2373mm

简图如下所示：

分布筋（左部分）：长度＝4000－1150－1120＋150×2＝2030mm

根数：$\dfrac{1120-200-80}{160}+1=6.25$，取 7 根

简图如下所示：

分布筋（右部分）：长度＝4000－1150－1120＋150×2＝2030mm

根数：$\dfrac{1120-50-80}{160}+1=7.19$，取 8 根

简图如下所示：

5.7.4　抗裂温度筋

16G101-1 第 101 页给出了抗裂温度筋的构造，共有分离式配筋和部分贯通式配筋两种。本案例中的抗裂温度筋按分离式配置，抗裂温度筋与受力主筋的搭接长度为 l_l。根据 16G101-1 第 99 页注释 3 规定：屋面板贯通钢筋在同一连接区段内钢筋接头百分率不宜大于 50％，本案例中取 25％。从 16G101-1 第 60 页可知：$l_l=38d$。

（1）X 方向

计算公式：X 方向轴线长－左负筋标注长度－右侧负筋标注长度＋搭接长度×2

长度＝6200－1220－1120＋38×8×2＝4468mm

根数＝$\dfrac{4000-1150-1120-100\times2}{200}+1=8.65$，取 9 根

简图如下所示：

（2）Y 方向

长度＝4000－1150－1120＋38×8×2＝2338mm

根数＝$\dfrac{6200-1220-1120-100\times2}{200}+1=19.30$，取 20 根

简图如下所示：

屋面板（轴线◎-⓪/①-②）钢筋明细表见表 5-7 所示。

屋面板（轴线Ⓒ-Ⓓ/①-②）钢筋明细表 表 5-7

序号	级别直径	简图	单长（mm）	总根数	总长（m）	总重（kg）	备注
构件信息：4 层（顶层）\板筋 \ C8@200 _ 1-2/C-D 个数：1 构件单质（kg）：93.49 构件总质（kg）：93.49							
1	Φ 8	4025	4025	30	120.75	47.7	X 方向底筋
2	Φ 8	6100	6100	19	115.9	45.79	Y 方向底筋
构件信息：4 层（顶层）\板筋 \ C8@200 _ C-D/1 个数：1 构件单质（kg）：15.586 构件总质（kg）：15.586							
1	Φ 8	120⌐1305⌐90	1515	19	28.785	11.362	受力筋@200
2	Φ 6.5	2030	2030	8	16.24	4.224	分布筋@160
构件信息：4 层（顶层）\板筋 \ C8@200 _ C-D/2 个数：1 构件单质（kg）：19.59 构件总质（kg）：19.59							
1	Φ 8	80⌐2240⌐90	2410	19	45.79	18.088	受力筋@200
2	Φ 6.5	2030	2030	7	14.21	3.696	轴线 C-D/2 左半部分分布筋
3	Φ 6.5	3460	3460	8	27.68	7.2	轴线 C-D/2 右半部分分布筋
构件信息：4 层（顶层）\板筋 \ C8@150 _ 1-2/C 个数：1 构件单质（kg）：52.719 构件总质（kg）：52.719							
1	Φ 8	90⌐2240⌐90	2420	39	94.38	37.284	受力筋@150
2	Φ 6.5	4320	4320	7	30.24	7.861	轴线 1-2/C 下半部分分布筋
3	Φ 6.5	4160	4160	7	29.12	7.574	轴线 1-2/C 上半部分分布筋
构件信息：4 层（顶层）\板筋 \ C10@200 _ 1-2/D 个数：1 构件单质（kg）：63.004 构件总质（kg）：63.004							
1	Φ 8	90⌐2300⌐90	2480	30	74.4	45.9	受力筋@200
2	Φ 6.5	4060	4060	8	32.48	8.448	轴线 1-2/D 上半部分分布筋
3	Φ 6.5	4160	4160	8	33.28	8.656	轴线 1-2/D 下半部分分布筋
构件信息：4 层（顶层）\板筋 \ C8@200 _ 1-2/C-D 个数：1 构件单质（kg）：34.365 构件总质（kg）：34.365							
1	Φ 8	4468	4468	9	40.212	15.885	轴线 C-D/1-2 X 方向温度筋
2	Φ 8	2338	2338	20	46.76	18.48	轴线 C-D/1-2 Y 方向温度筋

5.8 屋面板钢筋翻样案例二

阅读柱、板结构施工图见图 5-11～图 5-19 后，完屋面板（轴线①-②/Ⓐ-Ⓑ）钢筋翻样，板中首末根钢筋离支座边距离为板筋间距的一半。

5.8.1 锚固长度

根据 16G101-1 第 99 页，端支座为梁时，设计按铰接时，端支座负筋锚固长度为 $\geqslant 0.35l_{ab}+15d$；充分利用钢筋的抗拉强度，锚固长度为 $\geqslant 0.6l_{ab}+15d$，本案例按照第二种情况计算，锚固长度取 $\max(0.6l_{ab}+15d$，支座宽－保护层$+15d)$，满足规范要求。底筋锚固长度为 $\max(5d$，支座宽/2$)$，从 16G101-1 第 57 和 58 页可知：$l_a=32d$，$l_{ab}=32d$。

5.8.2 底筋

X 方向和 Y 向底筋计算示意图如图 5-44 和图 5-45 所示。

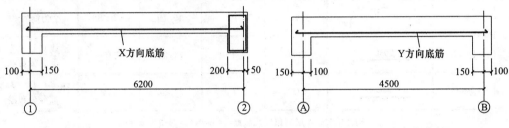

图 5-44　X 方向底筋　　　　　　图 5-45　Y 方向底筋

（1）X 方向底筋

长度＝$6200-150-200+2\times\max\left(\dfrac{250}{2}，5\times8\right)=6100$mm

根数＝$\dfrac{4500-100-150-100\times2}{200}+1=21.25$，取 22 根

简图如下所示：

$$\frac{6100}{22\,\Phi8}$$

（2）Y 方向底筋

长度＝$4500-100-150+2\times\max\left(\dfrac{250}{2}，5\times8\right)=4500$mm

根数＝$\dfrac{6200-150\times2-100\times2}{200}+1=29.25$，取 30 根

简图如下所示：

$$\frac{4500}{30\,\Phi8}$$

5.8.3 顶层钢筋

（1）端支座负筋（轴线①/Ⓐ-Ⓑ）

端支座负筋（轴线①/Ⓐ-Ⓑ）计算图如图 5-46 所示。

计算公式：板内净尺寸＋锚固长度＋弯折长度

长度＝$1340-150+\max(0.6\times32\times8+15\times8, 250-15+15\times8)+120-2\times15=$ 1635mm

下料长度＝$1635-2.29\times8\times2=1598$mm

根数＝$\dfrac{4500-100-150-75\times2}{150}+1=28.33$，取 29 根

简图如下所示：

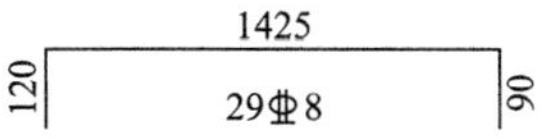

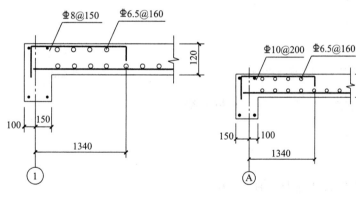

分布筋：长度＝$4500-1240-1340+150\times2=2220$mm

根数＝$\dfrac{1340-150-80}{80}+1=7.94$，取 8 根

简图如下所示：

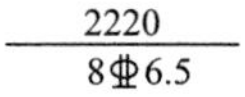

2220
8Φ6.5

（2）端支座负筋（轴线Ⓐ/①-②）

端支座负筋（轴线Ⓐ/①-②）计算图如图 5-47 所示。

图 5-46 端支座负筋（轴线
①/Ⓐ-Ⓑ）计算图

图 5-47 端支座负筋（轴线
Ⓐ/①-②）计算图

计算公式：板内净尺寸＋锚固长度＋弯折长度

长度＝$1340-100+\max(0.6\times32\times10+15\times8, 250-15+15\times10)+120-2\times15=$ 1715mm

下料长度＝$1715-2.29\times10\times2=1669$mm

根数＝$\dfrac{6200-150-200-100\times2}{200}+1=29.25$，取 30 根

简图如下所示：

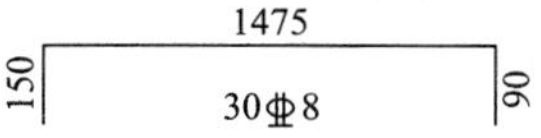

1475
30Φ8

分布筋：长度＝$4500-1240-1340+150\times2=2220$mm

根数 $=\dfrac{1340-150-80}{80}+1=7.94$，取 8 根

简图如下所示：

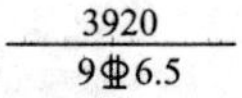

$$\dfrac{3920}{9\Phi 6.5}$$

（3）中间支座负筋（位于Ⓑ轴/①-②）

中间支座负筋（位于Ⓑ轴/①-②）计算图如图 5-48 所示。

计算公式：水平长度＋弯折长度×2

长度 $=1240\times 2+(120-2\times 15)\times 2=2660$mm

根数 $=\dfrac{6200-150-200-100\times 2}{200}+1=29.25$，取 30 根

下料长度 $=2420-2.29\times 10\times 2=2614$mm

简图如下所示：

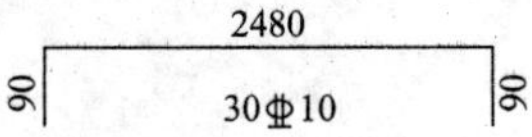

$$\underset{30\Phi 10}{\overset{2480}{\Big\lvert \quad\quad\quad\Big\rvert}}\ {\scriptstyle 90}$$

分布筋（上部分）：长度 $=6200-1140-1040+150\times 2=4320$mm

根数：$\dfrac{1240-100-80}{160}+1=7.63$，取 8 根

简图如下所示：

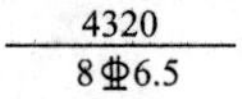

$$\dfrac{4320}{8\Phi 6.5}$$

分布筋（下部分）：长度 $=6200-1340-1240+150\times 2=3920$mm

根数：$\dfrac{1240-150-80}{160}+1=7.31$，取 8 根

简图如下所示：

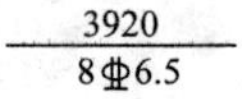

$$\dfrac{3920}{8\Phi 6.5}$$

（4）中间支座负筋（位于②轴/Ⓐ-Ⓑ）

中间支座负筋（位于②轴/Ⓐ-Ⓑ）计算图如图 5-49 所示。

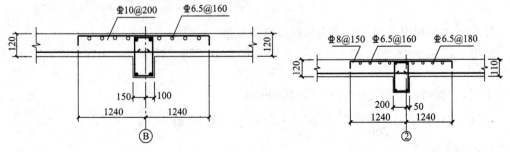

图 5-48　中间支座负筋（位于
Ⓑ轴/①-②）计算图

图 5-49　中间支座负筋（位于
②轴/Ⓐ-Ⓑ）计算图

计算公式：水平长度＋左弯折长度＋右弯折长度

长度 $=1240\times 2+120-2\times 15+110-2\times 15=2650$mm

$$根数 = \frac{4500 - 150 - 100 - 75 \times 2}{150} + 1 = 28.33，取 29 根$$

下料长度 $= 2650 - 2.29 \times 10 \times 2 = 2604$mm

简图如下所示：

```
        2480
  ┌──────────────┐
90│    29⌀8      │80
```

分布筋（左部分）：长度 $= 4500 - 1240 - 1340 + 150 \times 2 = 2220$mm

$$根数：\frac{1240 - 200 - 80}{160} + 1 = 7，取 7 根$$

简图如下所示：

```
   2220
──────────
  7⌀6.5
```

分布筋（右部分）：长度 $= 4500 - 690 - 790 + 150 \times 2 = 3320$mm

$$根数：\frac{1240 - 50 - 90}{190} + 1 = 7.11，取 8 根$$

简图如下所示：

```
    3320
──────────
  8⌀6.5
```

5.8.4 抗裂温度筋

16G101-1 第 101 页给出了抗裂温度筋的构造，共有分离式配筋和部分贯通式配筋两种。本案例中的抗裂温度筋按分离式配置，抗裂温度筋与受力主筋的搭接长度为 l_l。根据 16G101-1 第 99 页注释 3 规定：屋面板贯通钢筋在同一连接区段内钢筋接头百分率不宜大于 50%，本案例中取 25%。从 16G101-1 第 60 页可知：$l_l = 38d$。

（1）X 方向

计算公式：X 方向轴线长－左负筋标注长度－右侧负筋标注长度＋搭接长度×2

长度 $= 6200 - 1340 - 1240 + 38 \times 8 \times 2 = 4228$mm

$$根数 = \frac{4500 - 1240 - 1340 - 100 \times 2}{200} + 1 = 9.6，取 10 根$$

简图如下所示：

```
   4228
──────────
  10⌀8
```

（2）Y 方向

长度 $= 4500 - 1340 - 1240 + 38 \times 8 \times 2 = 2528$mm

$$根数 = \frac{6200 - 1340 - 1240 - 100 \times 2}{200} + 1 = 18.1，取 19 根$$

简图如下所示：

```
   2528
──────────
  19⌀8
```

屋面板（轴线①-②/Ⓐ-Ⓑ）钢筋明细表见表 5-8 所示。

屋面板（轴线①-②/Ⓐ-Ⓑ）钢筋明细表

表 5-8

序号	级别直径	简图	单长（mm）	总根数	总长（m）	总重（kg）	备注
构件信息：4 层（顶层）\板筋 \ C8@200 _ 1-2/A-B 个数：1 构件单质（kg）：106.36 构件总质（kg）：106.36							
1	Φ 8	6100	6100	22	134.2	53.02	X 方向底筋
2	Φ 8	4500	4500	30	135	53.34	Y 方向底筋
构件信息：4 层（顶层）\板筋 \ C8@150 _ A-B/1 个数：1 构件单质（kg）：23.35 构件总质（kg）：23.35							
1	Φ 8	120⌐1425⌐90	1635	29	47.415	18.734	轴线 1/A-B 负筋
2	Φ 6.5	2220	2220	8	17.76	4.616	分布筋@160
构件信息：4 层（顶层）\板筋 \ C8@150 _ A-B/2 个数：1 构件单质（kg）：41.306 构件总质（kg）：41.306							
1	Φ 8	80⌐2480⌐90	2650	29	76.85	30.363	受力筋@150
2	Φ 6.5	2220	2220	7	15.54	4.039	轴线 A-B/2 左半部分分布筋@160
3	Φ 6.5	3320	3320	8	26.56	6.904	轴线 A-B/2 右半部分分布筋@180
构件信息：4 层（顶层）\板筋 \ C10@200 _ 1-2/A 个数：1 构件单质（kg）：40.911 构件总质（kg）：40.911							
1	Φ 10	150⌐1475⌐90	1715	30	51.45	31.74	受力筋@200
2	Φ 6.5	3920	3920	9	35.28	9.171	分布筋@160
构件信息：4 层（顶层）\板筋 \ C10@200 _ 1-2/B 个数：1 构件单质（kg）：66.366 构件总质（kg）：66.366							
1	Φ 10	90⌐2480⌐90	2660	30	79.8	49.23	受力筋@200
2	Φ 6.5	4320	4320	8	34.56	8.984	分布筋@160
3	Φ 6.5	3920	3920	8	31.36	8.152	分布筋@160
构件信息：4 层（顶层）\板筋 \ C8@200 _ 1-2/C-D 个数：1 构件单质（kg）：35.681 构件总质（kg）：35.681							
1	Φ 8	4228	4228	10	42.28	16.7	轴线 1-2/A-BX 方向温度筋
2	Φ 8	2528	2528	19	48.032	18.981	轴线 1-2/A-BY 方向温度筋

第6章 基础钢筋翻样

6.1 独立基础概述

6.1.1 独立基础定义

当建筑物上部结构采用框架结构或单层排架结构承重时，基础常采用方形、圆柱形和多边形等形式的独立式基础，这类基础称为独立式基础，也称单独基础。

6.1.2 独立基础分类

独立基础分三种：阶形基础、坡形基础、杯形基础。

杯形基础又叫做杯口基础，是独立基础的一种。当建筑物上部结构采用框架结构或单层排架及门架结构承重时，其基础常采用方形或矩形的单独基础，这种基础称独立基础或柱式基础。独立基础是柱下基础的基本形式，当柱采用预制构件时，则基础做成杯口形，然后将柱子插入并嵌固在杯口内，故称杯形基础。多用于预制排架结构的工业厂房和各种单层结构的厂房和支架。

当采用装配式钢筋混凝土柱时，在基础上应预留安放柱子的孔洞，孔洞的尺寸应比柱子断面尺寸大一些。柱子放入孔洞后，柱子周围用细石混凝土（比基础混凝土强度等级高一级）浇筑，这种基础称为杯口基础（又称杯形基础）。杯口基础根据基础本身的高低和形状分为两种：一种叫普通杯口基础；另一种叫高杯口基础。高杯口基础和杯型基础的区别是基础本身的高低不同，高杯基础是指在截面很大的混凝土柱子上面再做杯口基础。

6.2 条形基础概述

6.2.1 条形基础定义

条形基础是指基础长度远远大于宽度的一种基础形式。按上部结构分为墙下条形基础和柱下条形基础。基础的长度大于或等于 10 倍基础的宽度。条形基础的特点是，布置在一条轴线上且与两条以上轴线相交，有时也和独立基础相连，但截面尺寸与配筋不尽相同。另外横向配筋为主要受力钢筋，纵向配筋为次要受力钢筋或者是分布钢筋。主要受力钢筋布置在下面。

6.2.2　条形基础分类

墙下条形基础和柱下独立基础（单独基础）统称为扩展基础。扩展基础的作用是把墙或柱的荷载侧向扩展到土中，使之满足地基承载力和变形的要求。扩展基础包括无筋扩展基础和钢筋混凝土扩展基础。

1. 无筋扩展基础

无筋扩展基础系指由砖、毛石、混凝土或毛石混凝土、灰土和三合土等材料组成的无须配置钢筋的墙下条形基础或柱下独立基础。无筋基础的材料都具有较好的抗压性能，但抗拉、抗剪强度都不高，为了使基础内产生的拉应力和剪应力不超过相应的材料强度设计值，设计时需要加大基础的高度。因此，这种基础几乎不发生挠曲变形，故习惯上把无筋基础称为刚性基础。

无筋扩展基础适用于多层民用建筑和轻型厂房。无筋扩展基础的抗拉强度和抗剪强度较低，因此必须控制基础内的拉应力和剪应力。结构设计时可以通过控制材料强度等级和台阶宽高比（台阶的宽度与其高度之比）来确定基础的截面尺寸，而无须进行内力分析和截面强度计算。

由于台阶宽高比的限制，无筋扩展基础的高度一般都较大，但不应大于基础埋深，否则，应加大基础埋深或选择刚性角较大的基础类型（如混凝土基础），如仍不满足，可采用钢筋混凝土基础。

2. 钢筋混凝土扩展基础

《建筑地基基础设计规范》GB 50007—2011 中规定用钢筋混凝土建造的基础抗弯能力强，不受刚性角限制，称为扩展基础。将上部结构传来的荷载，通过向侧边扩展成一定底面积，使作用在基底的压应力等于或小于地基土的允许承载力，而基础内部的应力应同时满足材料本身的强度要求，这种起到压力扩散作用的基础称为扩展基础。系指柱下钢筋混凝土独立基础和墙下钢筋混凝土条形基础。

6.3　基础结构施工图

6.3.1　基础结构施工图设计说明

1. 主要结构材料

基础垫层混凝土为 C15，基础、上部结构（梁、板、柱）混凝土为 C35。

2. 抗震等级

基础为非抗震

3. 混凝土结构的环境类别

框架部分为一类即室内干燥环境。

4. 保护层厚度

基础钢筋保护层厚度为 40mm。

5. 钢筋的种类

框架结构中钢筋的种类见表 6-1。

牌号	符号	抗拉、抗压强度设计值（N/mm²）
HPB300	Φ	270
HRB335	Φ	300
HRB400	Φ	360

钢筋的种类　　表 6-1

6.3.2 基础结构施工图

基础结构施工图见图 6-1～图 6-2。

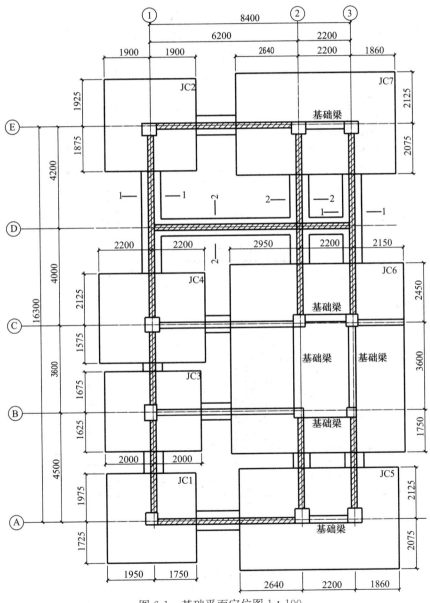

图 6-1　基础平面定位图 1：100

说明：1. 本图混凝土采用 C35 级；

　　　2. 图中基础底面标高为－1.800。

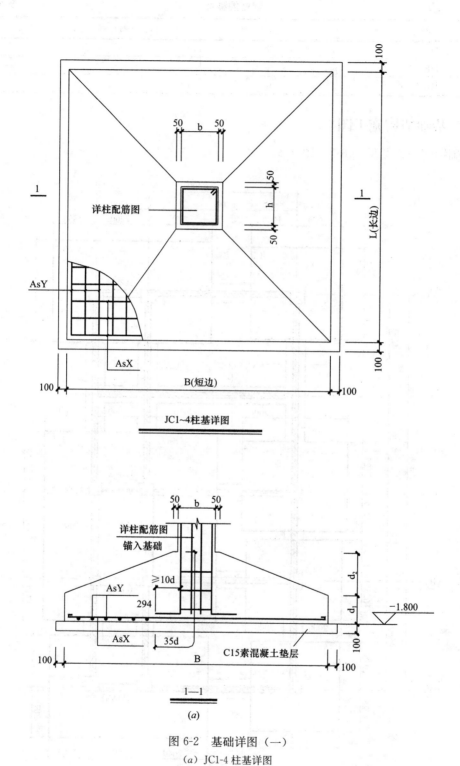

JC1~4柱基详图

图 6-2 基础详图（一）

（a）JC1-4 柱基详图

基础编号	b	h	B	L	d1	d2	AsX	AsY
JC1	500	500	3700	3700	200	450	Φ14@150	Φ14@150
JC2	600	500	3800	3800	200	500	Φ14@140	Φ14@160
JC3	650	500	3300	4000	200	550	Φ14@140	Φ14@140
JC4	500	500	3700	4400	200	600	Φ14@125	Φ14@125

(b)

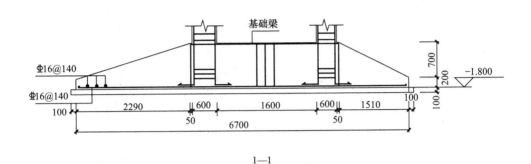

1—1 1:50

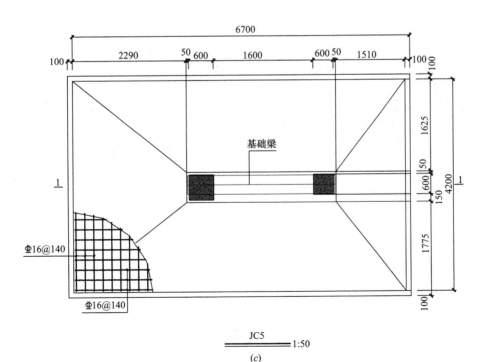

JC5 1:50

(c)

图 6-2 基础详图（二）

（b）JC1-4 柱基尺寸及配筋参数表；（c）JC5 基础详图

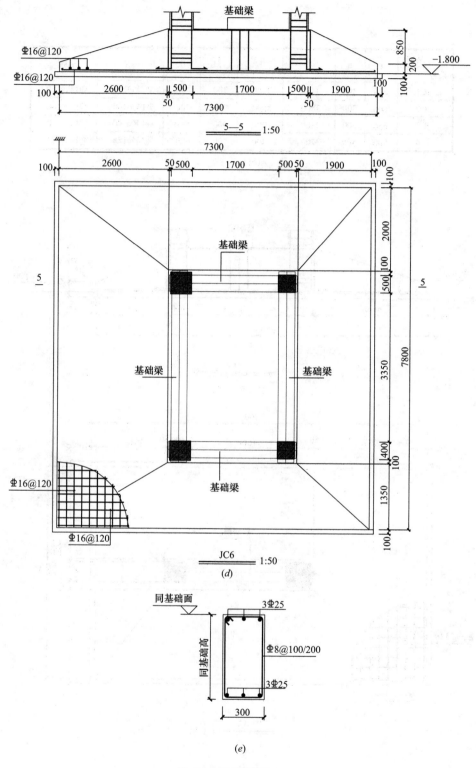

5—5　1:50

JC6　1:50

(d)

同基础面

同基础高

3Φ25

Φ8@100/200

3Φ25

300

(e)

图 6-2　基础详图（三）

(d) JC6 基础详图；(e) 基础梁详图

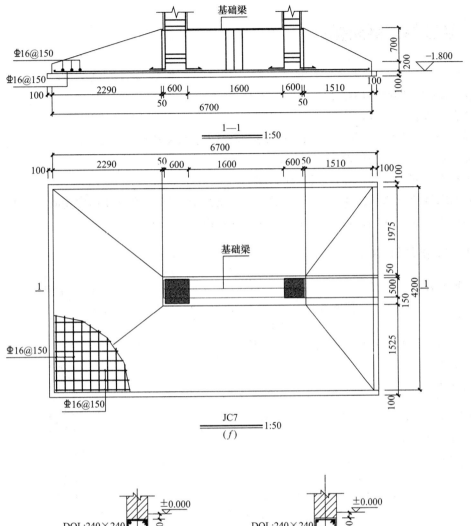

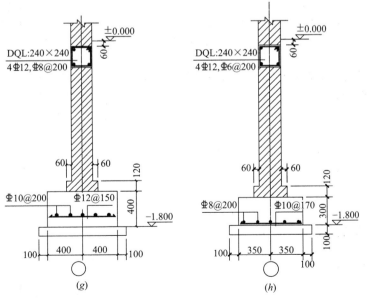

图 6-2 基础详图（四）

(f) JC7 基础详图；(g) 1-1 断面图；(h) 2-2 断面图

6.4 独立基础钢筋翻样

阅读图 6-1～图 6-2 后，完成独立基础 JC1、JC3、JC4、JC5 钢筋翻样。

独立基础的环境描述如下：

抗震等级：非抗震；

混凝土强度等级：C35；基础上钢筋强度等级为 HRB400；

独立基础纵筋保护层厚度：40mm；

基础纵筋起配距离：$\leqslant 75$ 且 $\leqslant S/2$。

根据图纸要求当基础边长大于 2.5M 时，底板受力钢筋的长度可取边长或宽度的 0.9 倍，并交错布置，其构造按照 16G101-3 第 70 页设置。

6.4.1 独立基础 JC1

（1）X 方向：$\Phi 14@150$

X 方向：总根数 $= \dfrac{y \text{ 方向长度} - 2 \times \text{起配距离}}{x \text{ 方向间距}} + 1 = \dfrac{3700 - 75 \times 2}{150} + 1 = 24.67$，取 25 根

长钢筋：长度 $= x \text{ 方向长度} - 2 \times \text{保护层} = 3700 - 40 \times 2 = 3620\text{mm}$

简图如下所示：

$$\frac{3620}{2\Phi 14}$$

短钢筋：长度 $= 0.9 \times 3700 = 3330\text{mm}$

简图如下所示：

$$\frac{3300}{23\Phi 14}$$

（2）Y 方向：$\Phi 14@150$

Y 方向：总根数 $= \dfrac{x \text{ 方向长度} - 2 \times \text{起配距离}}{x \text{ 方向间距}} + 1 = \dfrac{3700 - 75 \times 2}{150} + 1 = 24.67$，取 25 根

长钢筋：长度 $= y \text{ 方向长度} - 2 \times \text{保护层} = 3700 - 40 \times 2 = 3620\text{mm}$

简图如下所示：

$$\frac{3620}{2\Phi 14}$$

短钢筋：长度 $= 0.9 \times 3700 = 3330\text{mm}$

简图如下所示：

$$\frac{3300}{23\Phi 14}$$

6.4.2 独立基础 JC3

（1）X 方向：$\Phi 14@140$

X 方向：总根数 $= \dfrac{y \text{ 方向长度} - 2 \times \text{起配距离}}{x \text{ 方向间距}} + 1 = \dfrac{3300 - \min\left(\dfrac{140}{2},\ 75\right) \times 2}{140} + 1 = 23.57$，取 24 根

长钢筋：长度＝x 方向长度－2×保护层＝4000－40×2＝3920mm

简图如下所示：

$$\frac{3920}{2\underline{\Phi}14}$$

短钢筋：长度＝0.9×4000＝3600mm

简图如下所示：

$$\frac{3600}{22\underline{\Phi}14}$$

（2）Y 方向：$\underline{\Phi}$14@140

Y 方向：总根数＝$\dfrac{x\text{ 方向长度}-2\times\text{起配距离}}{x\text{ 方向间距}}+1=\dfrac{4000-\min\left(\dfrac{140}{2},\ 75\right)\times2}{140}+1=$

28.57，取 29 根

长钢筋：长度＝y 方向长度－2×保护层＝3300－40×2＝3220mm

简图如下所示：

$$\frac{3220}{2\underline{\Phi}14}$$

短钢筋：长度＝0.9×3300＝2970mm

简图如下所示：

$$\frac{2970}{27\underline{\Phi}14}$$

6.4.3 独立基础 JC4

（1）X 方向：$\underline{\Phi}$14@125

X 方向：总根数＝$\dfrac{y\text{ 方向长度}-2\times\text{起配距离}}{x\text{ 方向间距}}+1=\dfrac{3700-\min\left(\dfrac{125}{2},\ 75\right)\times2}{125}+1=$

29.60，取 30 根

长钢筋：长度＝x 方向长度－2×保护层＝4400－40×2＝4320mm

简图如下所示：

$$\frac{4320}{2\underline{\Phi}14}$$

短钢筋：长度＝0.9×4400＝3960mm

简图如下所示：

$$\frac{3960}{28\underline{\Phi}14}$$

（2）Y 方向：$\underline{\Phi}$14@125

Y 方向：总根数＝$\dfrac{x\text{ 方向长度}-2\times\text{起配距离}}{x\text{ 方向间距}}+1=\dfrac{4400-\min\left(\dfrac{125}{2},\ 75\right)\times2}{125}+1=$

35.20，取 36 根

长钢筋：长度＝y 方向长度－2×保护层＝3700－40×2＝3620mm

简图如下所示：

$$\frac{3620}{2\underline{\Phi}14}$$

短钢筋：长度＝0.9×3700＝3330mm

简图如下所示：

$$\frac{3330}{34\underline{\Phi}14}$$

6.4.4　独立基础 JC5

（1）X 方向：$\underline{\Phi}16@140$

$$X\text{ 方向：总根数}＝\frac{y\text{ 方向长度}-2\times\text{起配距离}}{x\text{ 方向间距}}＋1＝\frac{4200-\min\left(\frac{140}{2},\ 75\right)\times2}{140}＋1＝30,$$

取 30 根

长钢筋：长度＝x 方向长度$-2\times$保护层＝6700－40×2＝6620mm

简图如下所示：

$$\frac{6620}{2\underline{\Phi}16}$$

短钢筋：长度＝0.9×6700＝6030mm

简图如下所示：

$$\frac{6030}{28\underline{\Phi}16}$$

（2）Y 方向：$\underline{\Phi}16@140$

$$Y\text{ 方向：总根数}＝\frac{x\text{ 方向长度}-2\times\text{起配距离}}{x\text{ 方向间距}}＋1＝\frac{6700-\min\left(\frac{140}{2},\ 75\right)\times2}{140}＋1＝$$

47.86，取 48 根

长钢筋：长度＝y 方向长度$-2\times$保护层＝4200－40×2＝4120mm

简图如下所示：

$$\frac{4120}{2\underline{\Phi}16}$$

短钢筋：长度＝0.9×4200＝3780mm

简图如下所示：

$$\frac{3780}{46\underline{\Phi}16}$$

6.4.5　独立基础 JC6

（1）X 方向：$\underline{\Phi}16@120$

$$X\text{ 方向：总根数}＝\frac{y\text{ 方向长度}-2\times\text{起配距离}}{x\text{ 方向间距}}＋1＝\frac{7800-\min\left(\frac{120}{2},\ 75\right)\times2}{120}＋1＝65,$$

取 65 根

长钢筋：长度＝x 方向长度$-2\times$保护层＝7300－40×2＝7220mm

简图如下所示：

$$\frac{7220}{2\underline{\Phi}16}$$

短钢筋：长度＝0.9×7300＝6570mm

简图如下所示：

$$\frac{6570}{63\text{\Phi}16}$$

（2）Y 方向：$\Phi 16@120$

Y 方向：总根数 $= \dfrac{x\text{ 方向长度} - 2\times\text{起配距离}}{x\text{ 方向间距}} + 1 = \dfrac{7300 - \min\left(\dfrac{120}{2},\ 75\right)\times 2}{120} + 1 =$

60.83，取 61 根

长钢筋：长度 $= y$ 方向长度 $- 2\times$ 保护层 $= 7800 - 40\times 2 = 7720$mm

简图如下所示：

$$\frac{7720}{2\text{\Phi}16}$$

短钢筋：长度 $= 0.9\times 7800 = 7020$mm

简图如下所示：

$$\frac{7020}{59\text{\Phi}16}$$

独立基础 JC1、JC3、JC4、JC5、JC6 钢筋明细表见表 6-2 所示。

独立基础 JC1、JC3、JC4、JC5、JC6 钢筋明细表　　表 6-2

序号	级别直径	简图	单长（mm）	总根数	总长（m）	总重（kg）	备注
构件信息：0 层（基础层）\基础 \ JC-1 _ A/1 个数：1 构件单质（kg）：202.55 构件总质（kg）：202.55							
1	Φ14	3620	3620	2	7.24	8.746	基础横向筋
2	Φ14	3330	3330	23	76.59	92.529	基础横向筋
3	Φ14	3620	3620	2	7.24	8.746	基础纵向筋
4	Φ14	3330	3330	23	76.59	92.529	基础纵向筋
构件信息：0 层（基础层）\基础 \ JC-3 _ B/1 个数：1 构件单质（kg）：209.804 构件总质（kg）：209.804							
5	Φ14	3920	3920	2	7.84	9.47	基础横向筋
6	Φ14	3600	3600	22	79.2	95.678	基础横向筋
7	Φ14	3220	3220	2	6.44	7.78	基础纵向筋
8	Φ14	2970	2970	27	80.19	96.876	基础纵向筋
构件信息：0 层（基础层）\基础 \ JC-4 _ C/1 个数：1 构件单质（kg）：289.918 构件总质（kg）：289.918							
9	Φ14	4320	4320	2	8.64	10.438	基础横向筋
10	Φ14	3960	3960	28	110.88	133.952	基础横向筋

续表

序号	级别直径	简图	单长（mm）	总根数	总长（m）	总重（kg）	备注
11	ϕ14	3620	3620	2	7.24	8.746	基础纵向筋
12	ϕ14	3330	3330	34	113.22	136.782	基础纵向筋

构件信息：0 层（基础层）\基础 \ JC-5 _ 2-3/A
个数：1 构件单质（kg）：574.704 构件总质（kg）：574.704

13	ϕ16	6620	6620	2	13.24	20.892	基础横向筋
14	ϕ16	6030	6030	28	168.84	266.42	基础横向筋
15	ϕ16	4120	4120	2	8.24	13.002	基础纵向筋
16	ϕ16	3780	3780	46	173.88	274.39	基础纵向筋

构件信息：0 层（基础层）\基础 \ JC-6 _ C-B/2-3
个数：1 构件单质（kg）：1353.873 构件总质（kg）：1353.873

17	ϕ16	7220	7220	2	14.44	22.786	基础横向筋
18	ϕ16	6570	6570	63	413.91	653.121	基础横向筋
19	ϕ16	7720	7720	2	15.44	24.364	基础纵向筋
20	ϕ16	7020	7020	59	414.18	653.602	基础纵向筋

6.5　条形基础钢筋翻样

阅读图 6-1～图 6-2 后，完成条基钢筋翻样。

1. 条形基础的环境描述

抗震等级：非抗震；

混凝土强度等级：C35；基础中钢筋强度等级为 HRB400；

条形基础纵筋保护层厚度：40mm

2. 计算设置

（1）受力筋：条形基础受力筋的起配距离为$\leqslant$75 且$\leqslant S/2$，S 为受力筋的间距；条形基础十字相交时，受力筋布筋范围按横向贯通、纵向断开计算；非贯通条基受力筋伸入贯通条基内的长度为$\dfrac{b}{4}$，b 为伸入条基的宽度；

（2）分布筋：条形基础分布筋的起配距离为$S/2$，S 为分布筋的间距；非贯通条基分布筋伸入贯通条基内的长度为 150mm；分布筋伸入独立基础内的长度为 15d；

6.5.1　外墙条形基础钢筋翻样

外墙条基（位于轴线①/Ⓔ-Ⓒ）

外墙配筋图见图 6-2（g），基础宽度为 800mm，受力筋为 ϕ12@150，分布筋为 ϕ10@200。

（1）受力筋

长度＝条基宽度－保护层×2＝800－40×2＝720mm

$$根数＝\frac{布筋范围－2×起配距离}{间距}＋1$$

$$根数＝\frac{8200－2125－1875－2×\min\left(\frac{150}{2},\ 75\right)}{150}＋1＝28，取 28 根$$

简图如下所示：

720
28Φ12

（2）分布筋

长度＝布筋范围＋伸入独基长度×2

长度＝8200－2125－1875＋15×10×2＝4500mm

$$根数＝\frac{布筋范围－2×起配距离}{间距}＋1$$

$$根数＝\frac{800－2×100}{200}＋1＝4，取 4 根$$

简图如下所示：

4500
4Φ10

6.5.2　内墙条形基础钢筋翻样

外墙配筋图见图 6-2(h)，基础宽度为 700mm，受力筋为Φ10@170，分布筋为Φ8@200。

1. 内墙条基（位于轴线①/①-③）

（1）受力筋

长度＝条基宽度－保护层×2

＝700－40×2＝620mm

$$根数＝\frac{布筋范围－2×起配距离}{间距}＋1$$

$$根数＝\frac{8400－2×400＋\frac{800}{4}×2×\min\left(\frac{170}{2},\ 75\right)}{170}＋1＝47.18，取 48 根$$

简图如下所示：

620
48Φ10

（2）分布筋

长度＝布筋范围＋搭接长度150×2

长度＝6200＋2200－2×400＋150×2＝7900mm

$$根数＝\frac{布筋范围－2×起配距离}{间距}＋1$$

$$根数＝\frac{700－2×100}{200}＋1＝3.5，取 4 根$$

简图如下所示：

$$\frac{7900}{4\oplus8}$$

2. 内墙条基（位于轴线②/©-Ⓓ）

（1）受力筋

长度＝条基宽度－保护层×2

＝700－40×2＝620mm

$$根数＝\frac{布筋范围－2×起配距离}{间距}＋1$$

$$根数＝\frac{4000-2450-350+\dfrac{700}{4}-2×\min\left(\dfrac{170}{2},\ 75\right)}{170}＋1＝8.21，取\ 9\ 根$$

简图如下所示：

$$\frac{620}{9\oplus10}$$

（2）分布筋

长度＝布筋范围＋搭接长度150＋伸入独基长度15d

长度＝4000－2450－350＋150＋15×8＝1470mm

$$根数＝\frac{布筋范围－2×起配距离}{间距}＋1$$

$$根数＝\frac{700-2×100}{200}＋1＝3.5，取\ 4\ 根$$

简图如下所示：

$$\frac{1470}{4\oplus8}$$

3. 内墙条基（位于轴线②/Ⓓ-Ⓔ）

（1）受力筋

长度＝条基宽度－保护层×2

＝700－40×2＝620mm

$$根数＝\frac{布筋范围－2×起配距离}{间距}＋1$$

$$根数＝\frac{4200-2075-350+\dfrac{700}{4}-2×\min\left(\dfrac{170}{2},\ 75\right)}{170}＋1＝11.59，取\ 12\ 根$$

简图如下所示：

$$\frac{620}{12\oplus10}$$

（2）分布筋

长度＝布筋范围＋搭接长度150＋伸入独基长度15d

长度＝4200－2075－350＋150＋15×8＝2045mm

$$根数＝\frac{布筋范围－2×起配距离}{间距}＋1$$

$$根数＝\frac{700-2×100}{200}＋1＝3.5，取\ 4\ 根$$

简图如下所示：

$\dfrac{2045}{4\,\Phi\,8}$

条形基础钢筋明细表见表 6-3 所示。

条形基础钢筋明细表

表 6-3

序号	级别直径	简图	单长（mm）	总根数	总长（m）	总重（kg）	备注
构件信息：0 层（基础层）\基础\外墙条基_E-C/1 个数：1 构件单质（kg）：29 构件总质（kg）：29							
1	Φ 12	720	720	28	20.16	17.892	受力筋@150
2	Φ 10	4500	4500	4	18	11.108	分布筋@200
构件信息：0 层（基础层）\基础\内墙条基_1-3/D 个数：1 构件单质（kg）：30.868 构件总质（kg）：30.868							
3	Φ 10	620	620	48	29.76	18.384	受力筋@170
4	Φ 8	7900	7900	4	31.6	12.484	分布筋@200
构件信息：0 层（基础层）\基础\内墙条基_D-C/2 个数：1 构件单质（kg）：5.771 构件总质（kg）：5.771							
5	Φ 10	620	620	9	5.58	3.447	受力筋@170
6	Φ 8	1470	1470	4	5.88	2.324	分布筋@200
构件信息：0 层（基础层）\基础\内墙条基_D-E/2 个数：1 构件单质（kg）：7.828 构件总质（kg）：7.828							
7	Φ 10	620	620	12	7.44	4.596	受力筋@170
8	Φ 8	2045	2045	4	8.18	3.232	分布筋@200

第7章 剪力墙钢筋翻样

7.1 概述

7.1.1 剪力墙计算项目

剪力墙要计算的钢筋项目见表7-1所示。

剪力墙中需要计算的钢筋 表7-1

构件名称	钢筋名称及特征		
墙柱	纵筋		基础插筋
			中间层纵筋
			顶层纵筋
	箍筋		
	拉筋		
墙身	竖向筋		基础插筋
			中间层纵筋
			变截面纵筋
			顶层纵筋
	水平筋		外侧面筋
			内侧面筋
	拉筋		
墙梁	连梁		楼层连梁
	暗梁		屋面连梁
	边框梁		

7.1.2 计算说明

1. 在剪力墙结构中设置在剪力墙竖向边缘旨在加强剪力墙边缘的抗拉抗弯和抗剪性能的暗柱,叫做剪力墙边缘构件,包括约束边缘构件和构造边缘构件。设置在抗震等级为一、二级的剪力墙底部加强部位及其上一层的剪力墙两侧的这种暗柱,叫做剪力墙约束边缘构件。设置在抗震等级为三、四级的剪力墙两侧的这种暗柱,也叫做剪力墙构造边缘构件。

约束边缘构件YBZ包括约束边缘暗柱、约束边缘端柱、约束边缘翼墙、约束边缘转角墙;构造边缘构件GBZ包括构造边缘暗柱、构造边缘端柱、构造边缘翼墙、构造边缘转角墙、扶壁柱、非边缘暗柱。

2. 端柱、小墙肢的竖向钢筋与箍筋构造和算法与框架柱相同,算法参考框架柱。小墙肢是指截面高度大于截面厚度3倍的矩形独立墙肢。独立的T形翼柱、L形转角柱和十字形柱属于异形柱，按异形柱构造计算。其他类型的墙柱竖向纵筋同墙身竖向分布钢筋连接构造。

3. 端柱可视为墙身的支座，墙水平分布筋伸入端柱内满足直锚时，进去一个锚固，不能满足直锚时，墙水平筋伸到端柱对边弯折 $15d$。水平分布筋伸入端柱不小于 $0.6l_{abE}$。端柱位于转角部位时，与墙身相平一侧的剪力墙水平分布筋通过端柱阳角，与另一方向墙的水平分布筋连接，或者两个方向墙水平分布筋伸至端柱角筋内侧弯折。

4. 墙身竖向分布筋第一根距暗柱 1/2 墙竖向间距。墙水平筋距基础面和楼面 1/2 墙水平间距。

7.2　剪力墙结构施工图

7.2.1　剪力墙结构施工图设计说明

1. 主要结构材料

基础垫层混凝土为 C15，基础、上部结构（剪力墙身、边缘构件、连梁、框架梁）混凝土为 C35。

2. 抗震等级

剪力墙、约束边缘构件、框架柱、连梁二级抗震。

3. 混凝土结构的环境类别

框架部分为一类即室内干燥环境。

4. 保护层厚度

（1）剪力墙身

基础层、地下室－2 层、地下室－1 层外墙钢筋保护层厚度为 50mm，内墙钢筋保护层厚度为 15mm。1-4 层剪力墙身钢筋保护层厚度为 15mm。

（2）边缘构件

主筋在基础底部保护层为 100mm，在顶部保护层为 35mm，箍筋保护层为 25mm。

（3）连梁

混凝土保护层厚度为 25mm。

（4）框架梁

混凝土保护层厚度为 25mm。

5. 钢筋的种类

框架结构中钢筋的种类见表 7-2。

钢筋的种类 表 7-2

牌号	符号	抗拉、抗压强度设计值（N/mm²）
HPB300	Φ	270
HRB335	Φ	300
HRB400	Φ	360

6. 本图中基础为筏板基础，厚度为 600mm，筏板基础顶面标高为－7.630，底面标高为－8.230，筏板基础配置 Φ18@150 双层双向钢筋。

7. 钢筋的加工

（1）剪力墙、边缘构件、框架梁、连梁中 HRB400 级主筋的弯曲内直径为 $4d$，弯曲调整值为 $2.93d$。

（2）连梁、框架梁、边缘构件 HRB400 级箍筋的弯曲内直径为 $2.5d$，弯曲调整值为 $1.75d$。

8. 钢筋接头的连接方式

（1）剪力墙

外墙的竖向分布筋接头方式为电渣压力焊，内墙的竖向分布筋接头方式为绑扎连接。

（2）边缘构件

边缘构件纵筋的接头方式电渣压力焊。

（3）连梁

连梁纵筋的接头方式为闪光对焊。

7.2.2 剪力墙结构施工图

剪力墙结构施工图见图 7-1～图 7-2，剪力墙配筋见表 7-3～表 7-6。

结构层楼面标高　　　　　　　　　　　　　　　表 7-3

层号	楼面标高（m）	层高（m）
−2	−7.630	3800
−1	−3.830	3800
1	−0.030	4500
2	4.470	4200
3	8.670	3600
4	12.270	3600

剪力墙梁表　　　　　　　　　　　　　　　表 7-4

编号	所在楼层号	梁截面 $b \times h$	上部纵筋	下部纵筋	侧面钢筋	箍筋
LL1	−2 层～4 层	300×600	4 Φ 25	4 Φ 25	4 Φ 12	Φ 10@100（2）
LL2	−2 层～4 层	300×600	4 Φ 22	4 Φ 22	4 Φ 12	Φ 10@100（2）
LL3	−2 层～4 层	300×600	4 Φ 20	4 Φ 22	4 Φ 12	Φ 10@100（2）
LL4	−2 层～4 层	300×600	4 Φ 20	4 Φ 20	4 Φ 12	Φ 10@100（2）
LL5	−2 层～4 层	200×500	3 Φ 20	3 Φ 20	4 Φ 12	Φ 10@100（2）
KL1	−2 层～4 层	250×600	3 Φ 18	4 Φ 22	4 Φ 12	Φ 10@100/200（2）

剪力墙身表　　　　　　　　　　　　　　　表 7-5

编号	标高	墙厚（mm）	水平分布筋	垂直分布筋	拉筋（矩形）	备注
DWQ1	−7.630～−0.030	300	Φ 18@200	Φ 20@200	Φ 8@600@600	外侧
			Φ 16@200	Φ 18@200	Φ 8@600@600	内侧
DNQ1	−7.630～−0.030	250	Φ 12@200	Φ 12@200	Φ 8@600@600	地下室内墙
JLQ1	−0.030～15.870	300	Φ 12@200	Φ 12@200	Φ 8@600@600	外墙
JLQ2	−0.030～15.870	250	Φ 10@200	Φ 10@200	Φ 8@600@600	内墙

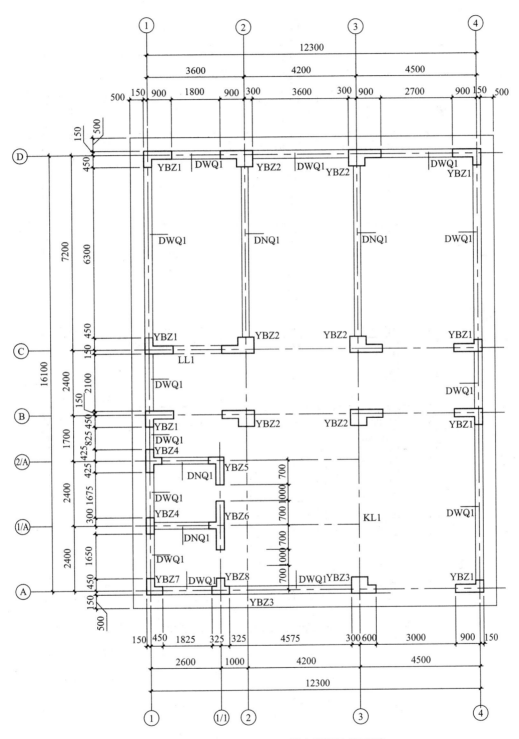

图 7-1 －7.630～－0.030 剪力墙平法施工图

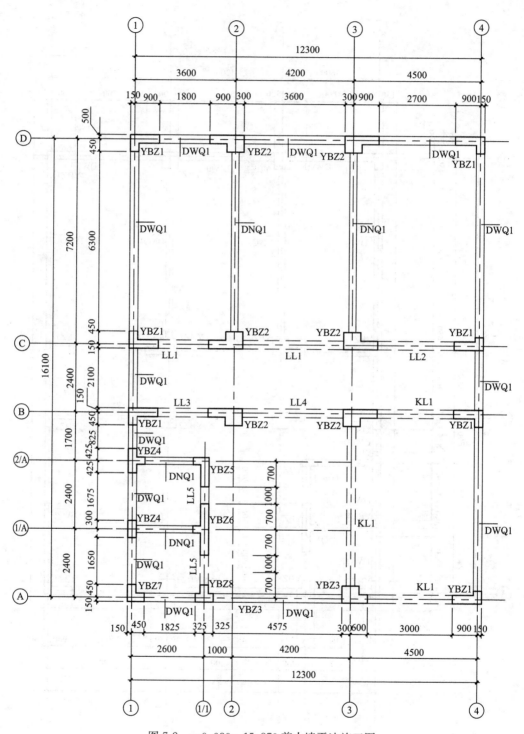

图 7-2 -0.030~15.870 剪力墙平法施工图

剪力墙柱表　　　　　　　　　　　　　　　　　　　　表 7-6

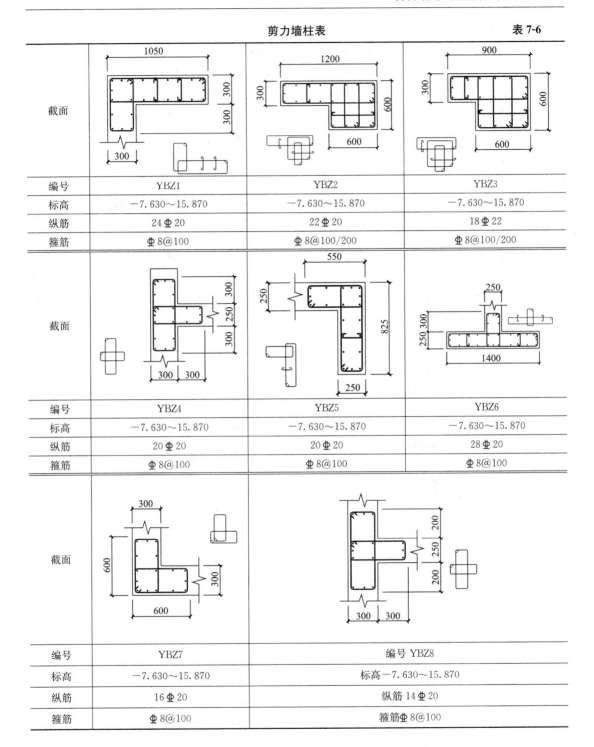

截面	YBZ1	YBZ2	YBZ3
编号	YBZ1	YBZ2	YBZ3
标高	$-7.630\sim15.870$	$-7.630\sim15.870$	$-7.630\sim15.870$
纵筋	24⏀20	22⏀20	18⏀22
箍筋	⏀8@100	⏀8@100/200	⏀8@100/200
截面	YBZ4	YBZ5	YBZ6
编号	YBZ4	YBZ5	YBZ6
标高	$-7.630\sim15.870$	$-7.630\sim15.870$	$-7.630\sim15.870$
纵筋	20⏀20	20⏀20	28⏀20
箍筋	⏀8@100	⏀8@100	⏀8@100
截面	YBZ7	编号 YBZ8	
编号	YBZ7	编号 YBZ8	
标高	$-7.630\sim15.870$	标高 $-7.630\sim15.870$	
纵筋	16⏀20	纵筋 14⏀20	
箍筋	⏀8@100	箍筋⏀8@100	

7.3　剪力墙身钢筋翻样（案例一外墙）

阅读图 7-1～图 7-2 后，完成外墙 DWQ1（位于轴线Ⓐ/①-⑪）钢筋翻样。

剪力墙的环境描述如下：

抗震等级：二级抗震；

混凝土强度等级：C35；基础上钢筋强度等级为 HRB400；

保护层厚度：基础层、地下室－2 层、地下室－1 层外墙钢筋保护层厚度为 50mm，1-4 层外墙的钢筋保护层厚度为 15mm；

剪力墙起始水平分布筋距楼面的距离：$S/2$，S 为水平分布筋的间距；

剪力墙起始纵向分布筋距柱的距离：$S/2$，S 为竖向分布筋的间距；

钢筋接头方式：竖向分布筋为电渣压力焊。

7.3.1　基础层

剪力墙中水平和垂直分布筋强度等级为 HRB400，直径为 ≤25mm，混凝土强度等级为 C35，二级抗震，从 16G101-1 第 57 和 58 页可知：$l_{aE}=37d$，$l_{abE}=37d$。

1. 插筋

外墙 DWQ1（位于轴线Ⓐ/①-⑭）下基础厚度为 600mm，插筋构造依据 16G101-3 第 64 页。插筋在基础底部保护层厚度为 50mm，插筋与－2 层剪力墙竖向分布筋相同，外侧为 Φ20@200，内侧为 Φ18@200。

由于插筋保护层厚度＝50mm＜5d＝5×18＝90mm，$h_j=600<l_{aE}=37×18=666$mm，故应选择构造（b），如图 7-3 所示，外墙内侧插筋构造如图 7-4 所示，外墙外侧插筋构造如图 7-5 所示，插筋详图如图 7-6 所示。

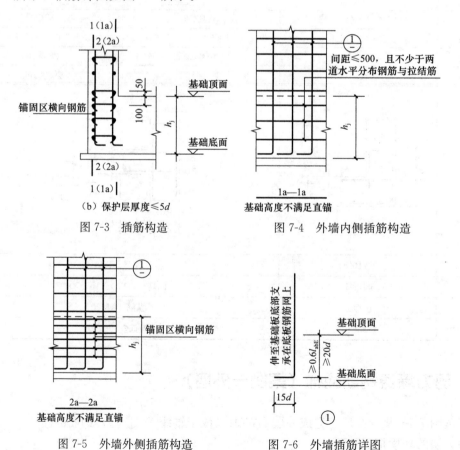

图 7-3　插筋构造

图 7-4　外墙内侧插筋构造

图 7-5　外墙外侧插筋构造

图 7-6　外墙插筋详图

（1）外侧插筋

剪力墙竖向分布筋连接构造见 16G101-1 第 73 页，如图 7-7 所示，外墙 DWQ1（位于轴线Ⓐ/①-②）垂直分布筋如图 7-8 所示。

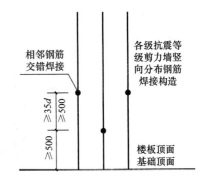

图 7-7　竖向分布筋连接构造（焊接）

1）根数

根数 $=\dfrac{2600-450-325-100\times2}{200}+1=9.13$，取 10 根。

2）长度

短插筋长度＝弯折＋基础内长度＋非连接区高度

$$=15\times20+600-50+500=1350mm$$

下料长度为 $=1350-2.93\times20=1291mm$

简图如下所示：

300 | 1050
5Φ20

长插筋长度＝弯折＋基础内长度＋非连接区高度＋接头错开距离

$$=15\times20+600-50+500+\max(35\times20，500)=2050mm$$

下料长度为 $=2050-2.93\times20=1991mm$

简图如下所示：

300 | 1750
5Φ20

（2）内侧插筋

1）根数

根数 $=\dfrac{2600-450-325-100\times2}{200}+1=9.13$，取 10 根。

2）长度

短插筋长度＝弯折＋基础内长度＋非连接区高度

$$=15\times18+600-50+500=1320mm$$

下料长度为 $=1320-2.93\times20=1267mm$

简图如下所示：

270 | 1050
5Φ18

长插筋长度＝弯折＋基础内长度＋非连接区高度＋接头错开距离

$$=15\times18+600-50+500+\max(35\times20，500)=2020mm$$

下料长度为 $=2020-2.93\times20=1967mm$

简图如下所示：

270 | 1750
5Φ18

2. 外侧水平分布筋

长度＝墙长－保护层×2＋弯折×2

$$=2600+150+325-50\times2+15\times18\times2=3515mm$$

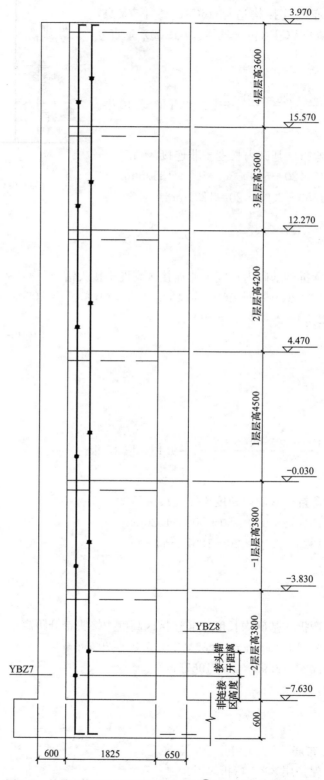

图 7-8　外墙 DWQ1（位于轴线Ⓐ/①-Ⅵ）垂直分布筋示意图

下料长度为＝3515－2×2.93×18＝3410mm

$$根数＝\frac{600－50}{500}＋1＝2.1，取2根。$$

简图如下所示：

270 | 2975 | 270
2⌀18

3. 内侧水平分布筋

长度＝墙长－保护层×2＋弯折×2

　　＝2600＋150＋325－50×2＋15×16×2＝3455mm

下料长度为＝3455－2×2.93×16＝3361mm

$$根数＝\frac{600－50}{500}＋1＝2.1，取2根。$$

简图如下所示：

240 | 2975 | 240
2⌀16

4. 拉筋

长度＝墙厚－2×保护层＋2×d＋23.8d

　　＝300－2×50＋2×8＋23.8×8＝406.40mm

$$根数＝\frac{墙总面积}{间距×间距}＝\frac{600×(2600－450－325)}{600×600}＝3.04，取3根$$

简图如下所示：

216
3⌀8

7.3.2　地下室－2层

1. 垂直分布筋

（1）外侧垂直分布筋

1）根数

$$根数＝\frac{2600－450－325－100×2}{200}＋1＝9.13，取10根。$$

2）长度

长度＝（－2层高）－（地下室－2层非连接区）＋（地下室－1层非连接区）

　　＝3800－500＋500＝3800mm

简图如下所示：

3800
10⌀20

（2）内侧垂直分布筋

1）根数

$$根数＝\frac{2600－450－325－100×2}{200}＋1＝9.13，取10根。$$

2）长度

长度＝（－2 层高）－（地下室－2 层非连接区）＋（地下室－1 层非连接区）

$\qquad$ ＝3800－500＋500＝3800mm

简图如下所示：

$$\frac{3800}{10\Phi18}$$

2. 水平分布筋

外侧水平筋为 $\Phi18@200$，示意图如图 7-9 所示。

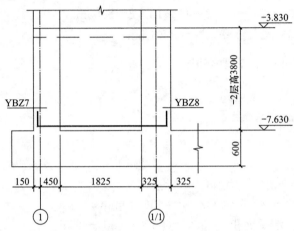

图 7-9　地下室－2 层水平筋计算示意图

（1）外侧水平分布筋

$\qquad$ 长度＝墙长－保护层×2＋弯折×2

$\qquad\qquad$ ＝2600＋150＋325－50×2＋15×18×2＝3515mm

下料长度为＝3515－2×2.93×18＝3410mm

根数＝$\dfrac{3800-100}{200}+1$＝19.5，取 20 根。

简图如下所示：

270 | 2975 | 270
$$\ 20\Phi18$$

（2）内侧水平分布筋

$\qquad$ 长度＝墙长－保护层×2＋弯折×2

$\qquad\qquad$ ＝2600＋150＋325－50×2＋15×16×2＝3455mm

下料长度为＝3455－2×2.93×16＝3361mm

根数＝$\dfrac{3800-100}{200}+1$＝19.5，取 20 根。

简图如下所示：

240 | 2975 | 240
$$\ 20\Phi16$$

3. 拉筋

$\qquad$ 长度＝墙厚－2×保护层＋2×d＋23.8d

$\qquad\qquad$ ＝300－2×50＋2×8＋23.8×8＝406.40mm

$$根数=\frac{墙总面积}{间距×间距}=\frac{3800×(2600-450-325)}{600×600}=19.26，取20根$$

简图如下所示：

$$\overset{216}{\underset{20\Phi8}{\diagup\qquad\diagdown}}$$

地下室-1层剪力墙钢筋与-2层相同。

7.3.3 一层

1. 垂直分布筋

（1）根数

$$根数=\frac{2600-450-325-100×2}{200}+1=9.13，取10根。$$

（2）长度

$$\begin{aligned}长度&=(一层高-一层非连接区)+二层非连接区\\&=4500-500+500=4500mm\end{aligned}$$

简图如下所示：

$$\overline{\underset{10\Phi12}{\quad\quad4500\quad\quad}}$$

2. 水平分布筋

$$\begin{aligned}长度&=墙长-保护层×2+弯折×2\\&=2600+150+325-15×2+15×12×2=3405mm\end{aligned}$$

下料长度为=3405-2×2.93×12=3335mm

$$根数=\frac{4500-100}{200}+1=23，取23根，内侧和外侧共46根。$$

简图如下所示：

$$180\overset{\displaystyle\underset{46\Phi12}{3045}}{|\rule{0pt}{8pt}\quad\quad\quad|}180$$

3. 拉筋

$$\begin{aligned}长度&=墙厚-2×保护层+2×d+23.8d\\&=300-2×15+2×8+23.8×8=476.40mm\end{aligned}$$

$$根数=\frac{墙总面积}{间距×间距}=\frac{4500×(2600-450-325)}{600×600}=22.81，取23根$$

简图如下所示：

$$\overset{286}{\underset{23\Phi8}{\diagup\qquad\diagdown}}$$

7.3.4 二层

1. 垂直分布筋

（1）根数

$$根数=\frac{2600-450-325-100×2}{200}+1=9.13，取10根。$$

（2）长度

长度＝（一层高－一层非连接区）＋二层非连接区

　　　＝4200－500＋500＝4200mm

简图如下所示：

$$\underset{10\Phi12}{\overline{\quad4200\quad}}$$

2. 水平分布筋

长度＝墙长－保护层×2＋弯折×2

　　　＝2600＋150＋325－15×2＋15×12×2＝3405mm

下料长度为＝3405－2×2.93×12＝3335mm

根数＝$\dfrac{4200-100}{200}$＋1＝21.5，取 22 根，内侧和外侧共 44 根。

简图如下所示：

$$180\underset{44\Phi12}{\overline{\lfloor\quad3045\quad\rfloor}}180$$

3. 拉筋

长度＝墙厚－2×保护层＋2×d＋23.8d

　　　＝300－2×15＋2×8＋23.8×8＝476.40mm

$$根数＝\frac{墙总面积}{间距×间距}＝\frac{4200×(2600-450-325)}{600×600}＝21.29，取 22 根$$

简图如下所示：

$$\underset{22\Phi8}{\overset{\longleftarrow\quad286\quad\longrightarrow}{}}$$

7.3.5　三层

1. 垂直分布筋

（1）根数

根数＝$\dfrac{2600-450-325-100×2}{200}$＋1＝9.13，取 10 根。

（2）长度

长度＝（一层高－一层非连接区）＋二层非连接区

　　　＝3600－500＋500＝3600mm

简图如下所示：

$$\underset{10\Phi12}{\overline{\quad3600\quad}}$$

2. 水平分布筋

长度＝墙长－保护层×2＋弯折×2

　　　＝2600＋150＋325－15×2＋15×12×2＝3405mm

下料长度为＝3405－2×2.93×12＝3335mm

根数＝$\dfrac{3600-100}{200}$＋1＝18.5，取 19 根，内侧和外侧共 38 根。

简图如下所示：

$$180\underset{38\Phi12}{\overline{\lfloor\quad3045\quad\rfloor}}180$$

3. 拉筋

$$长度＝墙厚－2×保护层＋2×d＋23.8d$$
$$＝300－2×15＋2×8＋23.8×8＝476.40mm$$

$$根数＝\frac{墙总面积}{间距×间距}＝\frac{3600×(2600－450－325)}{600×600}＝18.25，取19根$$

简图如下所示：

7.3.6 顶层

1. 垂直分布筋

（1）根数

$$根数＝\frac{2600－450－325－100×2}{200}＋1＝9.13，取10根。$$

（2）长度

1）长纵筋

长度＝顶层层高－非连接区－保护层＋弯折，顶层无关联构件时，弯折＝墙厚－2×保护层

$$＝3600－500－15＋(300－15×2)＝3355mm$$
$$下料长度为＝3355－2.93×12＝3050mm$$

简图如下所示：

2）短纵筋

长度＝顶层层高－非连接区－保护层＋弯折－接头错开距离

$$＝3600－500－15＋(300－15×2)－max(35×12,500)＝2935mm$$

下料长度为＝2935－2.93×12＝2630mm

简图如下所示：

水平分布筋、拉筋与三层相同。

外墙 DWQ1（位于轴线Ⓐ/①-⑭）钢筋明细表见表7-7。

外墙 DWQ1（位于轴线Ⓐ/①-⑭）钢筋明细表							表 7-7
序号	级别直径	简图	单长（mm）	总根数	总长（m）	总重（kg）	备注
构件信息：0层（基础层）\墙 \ DWQ1＿1/1-1/A 个数：1 构件单质（kg）：100.715 构件总质(kg)：100.715							
1	⚊20	300⌐1050	1350	5	6.75	16.645	外侧基础层贯通纵向筋@200
2	⚊20	300⌐1750	2050	5	10.25	25.275	外侧基础层贯通纵向筋@200

序号	级别直径	简图	单长（mm）	总根数	总长（m）	总重（kg）	备注
3	Φ18	270 ⌐ 1050	1320	5	6.6	13.185	内侧基础层贯通纵向筋@200
4	Φ18	270 ⌐ 1750	2020	5	10.1	20.18	内侧基础层贯通纵向筋@200
5	Φ18	270 ⌐ 2975 ⌐ 270	3515	2	7.03	14.046	基础层外侧附加筋
6	Φ16	240 ⌐ 2975 ⌐ 240	3455	2	6.91	10.904	基础层内侧附加筋
7	Φ8	216	406	3	1.218	0.48	拉结筋

构件信息：－2层（地下室）\墙 \ DWQ1 _ 1/1-1/A
个数：1构件单质（kg）：422.33 构件总质（kg）：422.33

序号	级别直径	简图	单长（mm）	总根数	总长（m）	总重（kg）	备注
1	Φ20	3800	3800	5	19	46.855	外侧中间层纵向贯通筋@200
2	Φ20	3800	3800	5	19	46.855	外侧中间层纵向贯通筋@200
3	Φ18	3800	3800	10	38	75.92	内侧中间层纵向贯通筋@200
4	Φ18	270 ⌐ 2975 ⌐ 270	3515	20	70.3	140.46	外侧水平筋@200
5	Φ16	240 ⌐ 2975 ⌐ 240	3455	20	69.1	109.04	内侧水平筋@200
6	Φ8	216	406	20	8.12	3.2	拉结筋

构件信息：－1层（地下室）\墙 \ DWQ1 _ 1/1-1/A
个数：1构件单质（kg）：422.33 构件总质（kg）：422.33

序号	级别直径	简图	单长（mm）	总根数	总长（m）	总重（kg）	备注
1	Φ20	3800	3800	5	19	46.855	外侧中间层纵向贯通筋@200
2	Φ20	3800	3800	5	19	46.855	外侧中间层纵向贯通筋@200
3	Φ18	3800	3800	10	38	75.92	内侧中间层纵向贯通筋@200
4	Φ18	270 ⌐ 2975 ⌐ 270	3515	20	70.3	140.46	外侧水平筋@200
5	Φ16	240 ⌐ 2975 ⌐ 240	3455	20	69.1	109.04	内侧水平筋@200
6	Φ8	216	406	20	8.12	3.2	拉结筋

构件信息：1层（首层）\墙 \ JLQ1 _ 1/1-1/A
个数：1构件单质（kg）：223.348 构件总质（kg）：223.348

序号	级别直径	简图	单长（mm）	总根数	总长（m）	总重（kg）	备注
1	Φ12	4500	4500	5	22.5	19.98	外侧中间层纵向贯通筋@200

序号	级别直径	简图	单长（mm）	总根数	总长（m）	总重（kg）	备注
2	Φ 12	4500	4500	5	22.5	19.98	外侧中间层纵向贯通筋@200
3	Φ 12	4500	4500	5	22.5	19.98	内侧中间层纵向贯通筋@200
4	Φ 12	4500	4500	5	22.5	19.98	内侧中间层纵向贯通筋@200
5	Φ 12	180⌐3045⌐180	3405	23	78.315	69.552	外侧水平筋@200
6	Φ 12	180⌐3045⌐180	3405	23	78.315	69.552	内侧水平筋@200
7	Φ 8	286	476	23	10.948	4.324	拉结筋

构件信息：2 层（普通层）\墙 \ JLQ1 _ 1/1-1/A
个数：1 构件单质（kg）：211.792 构件总质（kg）：211.792

1	Φ 12	4200	4200	5	21	18.65	外侧中间层纵向贯通筋@200
2	Φ 12	4200	4200	5	21	18.65	外侧中间层纵向贯通筋@200
3	Φ 12	4200	4200	5	21	18.65	内侧中间层纵向贯通筋@200
4	Φ 12	4200	4200	5	21	18.65	内侧中间层纵向贯通筋@200
5	Φ 12	180⌐3045⌐180	3405	22	74.91	66.528	外侧水平筋@200
6	Φ 12	180⌐3045⌐180	3405	22	74.91	66.528	内侧水平筋@200
7	Φ 8	286	476	22	10.472	4.136	拉结筋

构件信息：3 层（普通层）\墙 \ JLQ1 _ 1/1-1/A
个数：1 构件单质（kg）：182.424 构件总质（kg）：182.424

1	Φ 12	3600	3600	5	18	15.985	外侧中间层纵向贯通筋@200
2	Φ 12	3600	3600	5	18	15.985	外侧中间层纵向贯通筋@200
3	Φ 12	3600	3600	5	18	15.985	内侧中间层纵向贯通筋@200
4	Φ 12	3600	3600	5	18	15.985	内侧中间层纵向贯通筋@200
5	Φ 12	180⌐3045⌐180	3405	19	64.695	57.456	外侧水平筋@200
6	Φ 12	180⌐3045⌐180	3405	19	64.695	57.456	内侧水平筋@200

序号	级别直径	简图	单长（mm）	总根数	总长（m）	总重（kg）	备注
7	Φ8	286	476	18	9.044	3.572	拉结筋

构件信息：4 层（顶层）\墙 \ JLQ1 _ 1/1-1/A
个数：1 构件单质（kg）：174.334 构件总质（kg）：174.334

序号	级别直径	简图	单长（mm）	总根数	总长（m）	总重（kg）	备注
1	Φ12	270 3085	3355	5	16.775	14.895	外侧顶层贯通纵向筋@200
2	Φ12	270 2665	2935	5	14.675	13.03	外侧顶层贯通纵向筋@200
3	Φ12	270 3085	3355	5	16.775	14.895	内侧顶层贯通纵向筋@200
4	Φ12	270 2665	2935	5	14.675	13.03	内侧顶层贯通纵向筋@200
5	Φ12	180 3045 180	3405	19	64.695	57.456	外侧水平筋@200
6	Φ12	180 3045 180	3405	19	64.695	57.456	内侧水平筋@200
7	Φ8	286	476	19	9.044	3.572	拉结筋

7.4 剪力墙身钢筋翻样（案例二内墙）

阅读图 7-1～图 7-2 后，完成内墙 DNQ1（位于轴线②/©-©）钢筋翻样。

剪力墙的环境描述如下：

抗震等级：二级抗震；

混凝土强度等级：C35；基础上钢筋强度等级为 HRB400；

保护层厚度：基础层、地下室－2 层、地下室－1 层外墙钢筋保护层厚度为 50mm，1-4 层外墙的钢筋保护层厚度为 15mm；

剪力墙起始水平分布筋距楼面的距离：$S/2$，S 为水平分布筋的间距；

剪力墙起始纵向分布筋距柱的距离：$S/2$，S 为竖向分布筋的间距；

钢筋接头方式：竖向分布筋为绑扎。

7.4.1 基础层

剪力墙中水平和垂直分布筋强度等级为 HRB400，直径为≤25mm，混凝土强度等级为 C35，二级抗震，从 16G101-1 第 57 和 58 页可知：$l_{aE}=37d$，$l_{abE}=37d$。

1. 插筋

内墙 DNQ1（位于轴线②/©-©）下基础厚度为 600mm，插筋构造依据 16G101-3 第 64 页。插筋在基础底部保护层厚度为 50mm，插筋与－2 层剪力墙竖向分布筋相同，即Φ12@200。

由于插筋保护层厚度＝50mm＜$5d$＝5×12＝60mm，h_j＝600＞l_{aE}＝37×12＝444mm，

故应选择构造（b），如图 7-10 所示，内墙插筋构造如图 7-11 所示。

剪力墙竖向分布筋连接构造见 16G101-1 第 73 页，如图 7-12 所示。基础层插筋示意图如图 7-13 所示。

1）根数

$$根数 = \frac{7200-450-450-100\times2}{200}+1=31.5,$$

取 32 根。

2）长度

从图 7-11 可知，插筋采取"隔二布一"，插筋分两种，一种弯折为 max（6d，150），另一种无弯折。

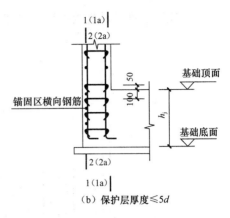

图 7-10 内墙插筋构造

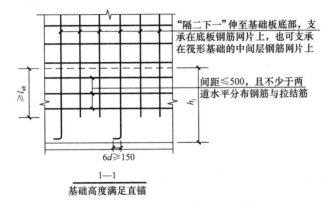

图 7-11 内墙插筋详图

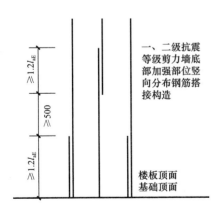

图 7-12 竖向分布筋连接构造
（绑扎连接）

简图如下所示：

150 ⌐ 2116
　　6Φ12

② 第二种：

① 第一种：

短插筋长度＝弯折＋基础内长度＋搭接长度

　　　　　＝max（6×12，150）＋600－50＋1.2×37×12

　　　　　＝1233mm

下料长度为＝1233－2.93×12＝1198mm

简图如下所示：

150 ⌐ 1083
　　6Φ12

长插筋长度＝短插筋长度＋搭接长度＋接头错开距离

　　　　　＝1233＋1.2×37×12＋500＝2266mm

下料长度为＝2266－2.93×12＝2231mm

短插筋长度＝基础内长度＋搭接长度

＝600－50＋1.2×37×12＝1083mm

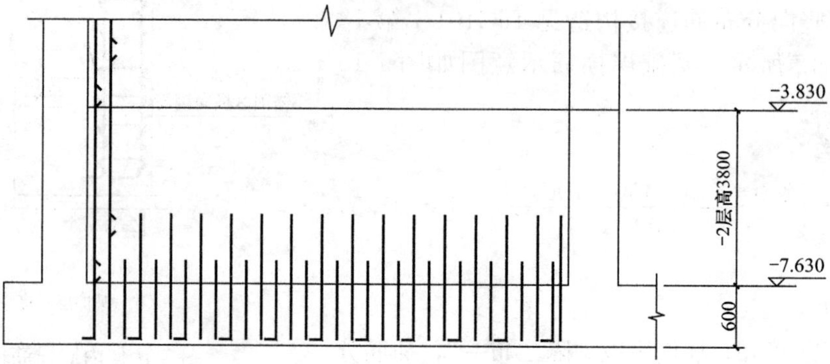

图 7-13　插筋示意图

简图如下所示：

1083
10⏀12

长插筋长度＝短插筋长度＋搭接长度＋接头错开距离

＝994＋1.2×37×10＋500＝1938mm

简图如下所示：

2116
10⏀12

2. 水平分布筋

长度＝墙长－保护层×2＋弯折×2

＝7200＋150＋150－15×2＋15×12×2＝7830mm

下料长度为＝7830－2×2.93×12＝7760mm

根数＝$\frac{600-50}{500}$＋1＝2.1，取2根。

简图如下所示：

180　7470　180
2⏀12

3. 拉筋

长度＝墙厚－2×保护层＋2×d＋23.8d

＝250－2×15＋2×8＋23.8×8＝426.40mm

根数＝$\frac{墙总面积}{间距\times间距}=\frac{600\times(7200-450-450)}{600\times600}$＝10.50，取11根

简图如下所示：

236
11⏀8

7.4.2　地下室－2层

1. 地下室－2层垂直分布筋

垂直分布筋如图7-14所示。

外侧竖向分布筋

1）根数

$$根数=\frac{7200-450-450-100\times2}{200}+1=31.5，取32根。$$

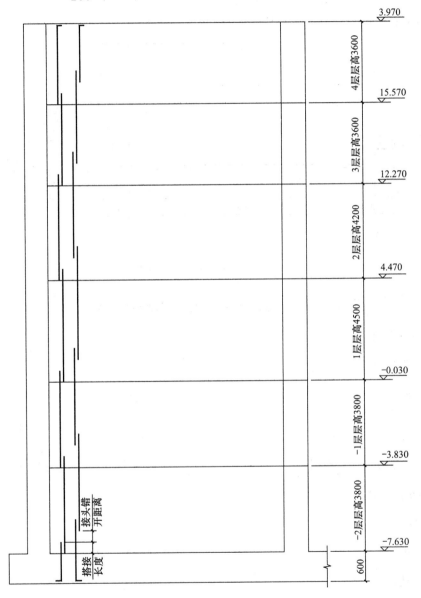

图 7-14　内墙 DNQ1（位于轴线②/ⓒ-ⓓ）垂直分布筋示意图

2）长度

长度＝（－2层高）＋搭接长度

＝3800＋1.2×37×12＝4332.8mm

简图如下所示：

4333

32⾣12

2. 水平分布筋

水平分布筋示意图如图 7-15 所示。

$$长度＝墙长－保护层×2＋弯折×2$$
$$＝7200＋150＋150－15×2＋15×12×2＝7830mm$$

下料长度为＝7830－2×2.93×12＝7760mm

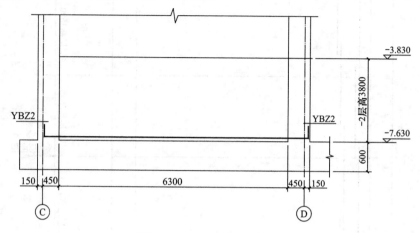

图 7-15　水平分布筋示意图

根数$＝\dfrac{3800－100}{200}＋1＝19.5$，取 20 根，内侧和外侧共 40 根。

简图如下所示：

180 | 7470 | 180
40Φ12

3. 拉筋

$$长度＝墙厚－2×保护层＋2×d＋23.8d$$
$$＝250－2×15＋2×8＋23.8×8＝426.40mm$$

根数$＝\dfrac{墙总面积}{间距×间距}＝\dfrac{3800×(7200－450－450)}{600×600}＝66.5$，取 67 根

简图如下所示：

236
66Φ8

－1 层钢筋同－2 层相同。

7.4.3　一层

1. 垂直分布筋

（1）外侧竖向分布筋

1）根数

根数$＝\dfrac{7200－450－450－100×2}{200}＋1＝31.5$，取 32 根。

2）长度

$$长度＝一层高＋搭接长度＝4500＋1.2×37×10＝4944mm$$

简图如下所示：

$$\underline{\qquad 4944 \qquad}$$
$$32 \Phi 10$$

（2）内侧竖向分布筋

与外侧竖向分布筋相同

2. 水平分布筋

$$长度＝墙长－保护层×2＋弯折×2$$
$$＝7200＋150＋150－15×2＋15×10×2＝7770mm$$

下料长度为＝$7770－2×2.93×10＝7711mm$

根数＝$\dfrac{4500-100}{200}＋1＝23$，取 23 根，内侧和外侧共 46 根。

简图如下所示：

150 | 7470 | 150
$$46 \Phi 10$$

3. 拉筋

$$长度＝墙厚－2×保护层＋2×d＋23.8d$$
$$＝250－2×15＋2×8＋23.8×8＝426.40mm$$

$$根数＝\dfrac{墙总面积}{间距×间距}＝\dfrac{4500×(7200-450-450)}{600×600}＝78.75，取 79 根$$

简图如下所示：

$$\diagup \quad 236 \quad \diagdown$$
$$79 \Phi 8$$

7.4.4　二层

1. 垂直分布筋

（1）外侧竖向分布筋

$$长度＝二层高＋搭接长度＝4200＋1.2×37×10＝4644mm$$

简图如下所示：

$$\underline{\qquad 4644 \qquad}$$
$$32 \Phi 10$$

（2）内侧竖向分布筋

与外侧竖向分布筋相同

2. 水平分布筋

$$长度＝墙长－保护层×2＋弯折×2$$
$$＝7200＋150＋150－15×2＋15×10×2＝7770mm$$

下料长度为＝$7770－2×2.93×10＝7711mm$

根数＝$\dfrac{4200-100}{200}＋1＝21.5$，取 22 根，内侧和外侧共 44 根。

简图如下所示：

150 | 7470 | 150
$$44 \Phi 10$$

3. 拉筋

长度＝墙厚－2×保护层＋2×d＋23.8d

　　＝250－2×15＋2×8＋23.8×8＝426.40mm

$$根数＝\frac{墙总面积}{间距×间距}＝\frac{4200×(7200－450－450)}{600×600}＝73.5，取74根$$

简图如下所示：

236
74Φ8

7.4.5 三层

1. 垂直分布筋

（1）外侧竖向分布筋

长度＝二层高＋搭接长度＝3600＋1.2×37×10＝4044mm

简图如下所示：

4044
32Φ10

（2）内侧竖向分布筋

与外侧竖向分布筋相同

2. 水平分布筋

长度＝墙长－保护层×2＋弯折×2

　　＝7200＋150＋150－15×2＋15×10×2＝7770mm

下料长度为＝7770－2×2.93×10＝7711mm

$$根数＝\frac{3600－100}{200}＋1＝18.5，取19根，内侧和外侧共38根。$$

简图如下所示：

150 | 7470 | 150
38Φ10

3. 拉筋

长度＝墙厚－2×保护层＋2×d＋23.8d

　　＝250－2×15＋2×8＋23.8×8＝426.40mm

$$根数＝\frac{墙总面积}{间距×间距}＝\frac{3800×(7200－450－450)}{600×600}＝66.5，取67根$$

简图如下所示：

236
67Φ8

7.4.6 顶层

1. 垂直分布筋

（1）外侧竖向分布筋

1）长纵筋

长度＝顶层层高－保护层＋弯折，顶层无关联构件时，弯折＝墙厚－2×保护层

$$=3600-15+(250-15\times2)=3805\text{mm}$$

下料长度为＝$3805-2.93\times10=3776\text{mm}$

简图如下所示：

2）短纵筋

长度＝长纵筋长度－搭接长度－接头错开距离

$$=3805-1.2\times37\times10-500=2861\text{mm}$$

下料长度为＝$2861-2.93\times10=2832\text{mm}$

简图如下所示：

（2）内侧竖向分布筋

与外侧竖向分布筋相同

2. 水平分布筋

长度＝墙长－保护层×2＋弯折×2

$$=7200+150+150-15\times2+15\times10\times2=7770\text{mm}$$

下料长度为＝$7770-2\times2.93\times10=7711\text{mm}$

根数＝$\dfrac{3600-100}{200}+1=18.5$，取 19 根，内侧和外侧共 38 根。

简图如下所示：

3. 拉筋

长度＝墙厚－2×保护层＋2×d＋23.8d

$$=250-2\times15+2\times8+23.8\times8=426.40\text{mm}$$

根数＝$\dfrac{墙总面积}{间距\times间距}=\dfrac{3800\times（7200-450-450）}{600\times600}=66.5$，取 67 根

简图如下所示：

内墙 DNQ1（位于轴线②/ⓒ-ⓓ）钢筋明细表见表 7-8。

内墙 DNQ1（位于轴线②/ⓒ-ⓓ，轴线③/ⓒ-ⓓ）钢筋明细表　表 7-8

序号	级别直径	简图	单长（mm）	总根数	总长（m）	总重（kg）	备注
构件信息：0 层（基础层）\墙 \ DNQ1 _ C-D/2 个数：2 构件单质（kg）：78.377 件总质（kg）：156.754							
1	Φ12	150 ⌐ 1083	1233	12	14.796	13.144	外侧基础层贯通纵向筋@200
2	Φ12	150 ⌐ 2116	2231	12	26.772	23.774	外侧基础层贯通纵向筋@200

序号	级别直径	简图	单长（mm）	总根数	总长（m）	总重（kg）	备注
3	Φ12	1083	1083	20	21.66	19.24	内侧基础层贯通纵向筋@200
4	Φ12	2116	2116	20	42.32	37.58	内侧基础层贯通纵向筋@200
5	Φ12	180⌐7470⌐180	7830	4	31.32	27.812	基础层外侧附加筋
6	Φ12	180⌐7470⌐180	7830	4	31.32	27.812	基础层内侧附加筋
7	Φ8	236	426	44	18.744	7.392	拉结筋

构件信息：－2层（地下室）\墙 \ DNQ1＿C-D/2
个数：2 构件单质（kg）：535.648 构件总质（kg）：1071.296

1	Φ12	4333	4333	32	138.656	123.136	外侧中间层纵向贯通筋@200
2	Φ12	4333	4333	32	138.656	123.136	外侧中间层纵向贯通筋@200
3	Φ12	4333	4333	32	138.656	123.136	内侧中间层纵向贯通筋@200
4	Φ12	4333	4333	32	138.656	123.136	内侧中间层纵向贯通筋@200
5	Φ12	180⌐7470⌐180	7830	40	313.2	278.12	外侧水平筋@200
6	Φ12	180⌐7470⌐180	7830	40	313.2	278.12	内侧水平筋@200
7	Φ8	236	426	134	57.084	22.512	拉结筋

构件信息：－1层（地下室）\墙 \ DNQ1＿C-D/2
个数：2 构件单质（kg）：535.648 构件总质（kg）：1071.296

1	Φ12	4333	4333	32	138.656	123.136	外侧中间层纵向贯通筋@200
2	Φ12	4333	4333	32	138.656	123.136	外侧中间层纵向贯通筋@200
3	Φ12	4333	4333	32	138.656	123.136	内侧中间层纵向贯通筋@200
4	Φ12	4333	4333	32	138.656	123.136	内侧中间层纵向贯通筋@200
5	Φ12	180⌐7470⌐180	7830	40	313.2	278.12	外侧水平筋@200
6	Φ12	180⌐7470⌐180	7830	40	313.2	278.12	内侧水平筋@200
7	Φ8	236	426	134	57.084	22.512	拉结筋

构件信息：1层（首层）\墙 \ JLQ2＿C-D/2
个数：2 构件单质（kg）：428.996 构件总质（kg）：857.992

续表

序号	级别直径	简图	单长（mm）	总根数	总长（m）	总重（kg）	备注
1	Φ10	4944	4944	32	158.208	97.6	外侧中间层纵向贯通筋@200
2	Φ10	4944	4944	32	158.208	97.6	外侧中间层纵向贯通筋@200
3	Φ10	4944	4944	32	158.208	97.6	内侧中间层纵向贯通筋@200
4	Φ10	4944	4944	32	158.208	97.6	内侧中间层纵向贯通筋@200
5	Φ10	150 7470 150	7770	46	357.42	220.524	外侧水平筋@200
6	Φ10	150 7470 150	7770	46	357.42	220.524	内侧水平筋@200
7	Φ8	236	426	158	67.308	26.544	拉结筋

构件信息：2层（普通层）\墙 \ JLQ2 _ C-D/2

个数：2构件单质（kg）：406.728 构件总质（kg）：813.456

序号	级别直径	简图	单长（mm）	总根数	总长（m）	总重（kg）	备注
1	Φ10	4644	4644	32	148.608	91.68	外侧中间层纵向贯通筋@200
2	Φ10	4644	4644	32	148.608	91.68	外侧中间层纵向贯通筋@200
3	Φ10	4644	4644	32	148.608	91.68	内侧中间层纵向贯通筋@200
4	Φ10	4644	4644	32	148.608	91.68	内侧中间层纵向贯通筋@200
5	Φ10	150 7470 150	7770	44	341.88	210.936	外侧水平筋@200
6	Φ10	150 7470 150	7770	44	341.88	210.936	内侧水平筋@200
7	Φ8	236	426	148	63.048	24.864	拉结筋

构件信息：3层（普通层）\墙 \ JLQ2 _ C-D/2

个数：2构件单质（kg）：353.108 构件总质（kg）：706.216

序号	级别直径	简图	单长（mm）	总根数	总长（m）	总重（kg）	备注
1	Φ10	4044	4044	32	129.408	79.84	外侧中间层纵向贯通筋@200
2	Φ10	4044	4044	32	129.408	79.84	外侧中间层纵向贯通筋@200
3	Φ10	4044	4044	32	129.408	79.84	内侧中间层纵向贯通筋@200
4	Φ10	4044	4044	32	129.408	79.84	内侧中间层纵向贯通筋@200
5	Φ10	150 7470 150	7770	38	295.26	182.172	外侧水平筋@200
6	Φ10	150 7470 150	7770	38	295.26	182.172	内侧水平筋@200
7	Φ8	236	426	132	57.084	22.512	拉结筋

序号	级别直径	简图	单长（mm）	总根数	总长（m）	总重（kg）	备注
		构件信息：4 层（顶层）\墙 \ JLQ2 _ C-D/2 个数：2 构件单质（kg）：325.044 构件总质（kg）：650.088					
1	Φ10	220⌐ 3585	3805	32	121.76	75.136	外侧顶层贯通纵向筋@200
2	Φ10	220⌐ 2641	2861	32	91.552	56.48	外侧顶层贯通纵向筋@200
3	Φ10	220⌐ 3585	3805	32	121.76	75.136	内侧顶层贯通纵向筋@200
4	Φ10	220⌐ 2641	2861	32	91.552	56.48	内侧顶层贯通纵向筋@200
5	Φ10	150⌐ 7470 ⌐150	7770	38	295.26	182.172	外侧水平筋@200
6	Φ10	150⌐ 7470 ⌐150	7770	38	295.26	182.172	内侧水平筋@200
7	Φ8	236	426	134	57.084	22.512	拉结筋

7.5 边缘构件钢筋翻样

阅读图 7-1～图 7-2 后，完成边缘构件 YBZ3（位于轴线③/Ⓐ）钢筋翻样。

剪力墙边缘构件的环境描述如下：

抗震等级：二级抗震；

混凝土强度等级：C35；边缘构件中钢筋强度等级为 HRB400；

保护层厚度：边缘构件主筋在基础底部保护层为 100mm，主筋在顶层的保护层厚度为 35mm，箍筋保护层为 25mm；

纵筋钢筋接头方式：电渣压力焊。

7.5.1 纵筋计算

剪力墙中水平和垂直分布筋强度等级为 HRB400，直径为≤25mm，混凝土强度等级为 C35，二级抗震，从 16G101-1 第 57 和 58 页可知：$l_{aE}=37d$，$l_{abE}=37d$。

1. 插筋

边缘构件 YBZ3（位于轴线③/Ⓐ）下基础厚度为 600mm，插筋构造依据 16G101-3 第 65 页。插筋在基础底部保护层厚度为 100mm，插筋与－2 层边缘构件的纵筋相同，即 18Φ12。

由于插筋保护层厚度＝100mm＝5d＝5×20＝100mm，h_j＝600＜l_{aE}＝37×22＝814mm，故应选择构造（b），如图 7-16 所示，插筋构造如图 7-17 所示。剪力墙竖向分布筋连接构造见 16G101-1 第 73 页，如图 7-18 所示。

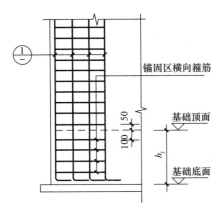

（d）保护层厚度≤5d；基础高度不满足直锚

图 7-16 边缘构件插筋构造

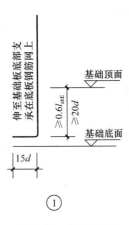

图 7-17 插筋详图

（1）短插筋

长度＝弯折＋基础内长度＋搭接长度

$$=15×20+600-100+500=1330mm$$

下料长度为＝$1330-2.93×22=1266mm$

简图如下所示：

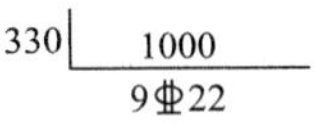

330 | 1000
9Φ22

（2）长插筋

长度＝短插筋长度＋接头错开距离

$$=1330+2×\max(35×22，500)=2100mm$$

下料长度为＝$2100-2.93×22=2136mm$

简图如下所示：

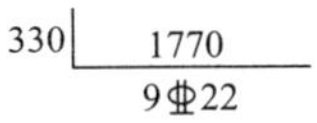

330 | 1770
9Φ22

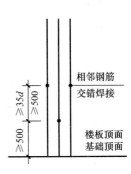

图 7-18 竖向分布筋连接构造（焊接）

2. 地下室－2 层纵筋

长度＝（－2 层高）－（地下室－2 层非连接区）＋（－地下室－1 层非连接区）

$$=3800-500+500=3800mm$$

简图如下所示：

3800
18Φ22

3. 地下室－1 层纵筋

与地下室－2 层相同

4. 一层纵筋

长度＝（一层高）－（一层非连接区）＋（二层非连接区）

$$=4500-500+500=4500mm$$

简图如下所示：

4500
18Φ22

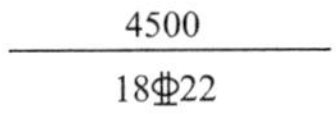

5. 二层纵筋

长度＝(二层高)－(二层非连接区)＋(三层非连接区)

＝4200－500＋500＝4200mm

简图如下所示：

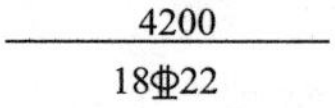
4200
18Φ22

6. 三层纵筋

长度＝(三层高)－(三层非连接区)＋(四层非连接区)

＝3600－500＋500＝3600mm

简图如下所示：

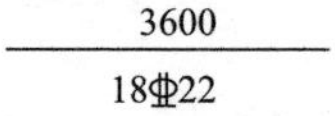
3600
18Φ22

7. 四层纵筋

(1) 长纵筋

长度＝四层高－四层非连接区－保护层＋弯折（12d）

＝3600－500－35＋12×22＝3329mm

下料长度为＝3329－2.93×22＝3265mm

简图如下所示：

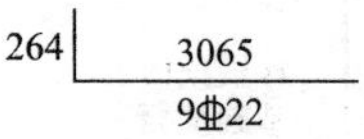
264
3065
9Φ22

(2) 短纵筋

长度＝四层高－四层非连接区－保护层＋弯折(12d)－接头错开距离

＝3600－500－35＋12×22－max(35×22，500)＝2559mm

下料长度为＝2559＋2.93×22＝2495mm

简图如下所示：

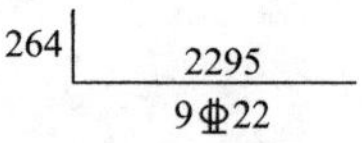
264
2295
9Φ22

7.5.2 箍筋计算

1. 长度

YBZ3 箍筋如图 7-19 所示。

(1) 1 号箍筋

2×(300＋900)－8×25＋23.8×8＝2390.40mm，简图如下图所示：

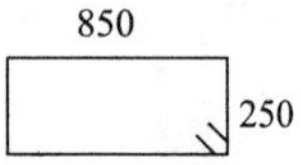
850
250

下料长度＝2390.4－3×1.75×8＝2348.40mm

(2) 2 号箍筋

2×(600＋900)－8×25＋23.8×8＝2390.40mm，简图如下图所示：

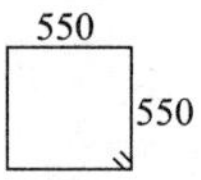
550
550

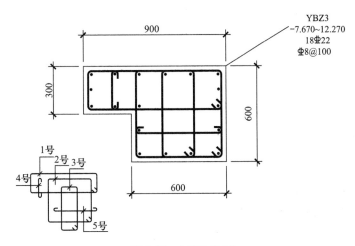

图 7-19 YBZ3 配筋

下料长度＝2390.4－3×1.75×8＝2348.40mm

（3）3 号箍筋

b 边共有 4 根主筋，间距＝$\dfrac{b-2c-2d-D}{b\text{边纵筋根数}-1}=\dfrac{600-2\times25-2\times8-22}{3}=170.67\text{mm}$

$$3\text{ 号箍筋长度}＝(170.67+2\times8+20)\times2+600-2\times25)\times2+23.8\times8$$
$$＝1707.74\text{mm}$$

简图如下所示：

下料长度 1707.74－3×1.75×8＝1666mm

（4）4 号箍筋

按只勾住主筋计算

长度＝300－2×25＋23.8×8＝440.4mm

简图如下所示：

（5）5 号箍筋

按只勾住主筋计算

长度＝600－2×25＋23.8×8＝740.4mm

简图如下所示：

2. 箍筋根数

（1）基础层

基础层箍筋按照 16G101-3 第 65 页构造（d）设置，间距≤500，且不少于两道矩形封闭箍筋（非复合箍筋）。

$$\text{根数}＝\frac{\text{基础高度-保护层}}{\text{间距}}＋1＝\frac{600-100}{500}＋1＝2，\text{取 2 根}$$

（2）地下室－2 层

1）加密区：

①下加密区：$\dfrac{500-50}{100}+1=5.5$，取 6 根

②上加密区：$\dfrac{500-50}{100}+1=5.5$，取 6 根

2）非加密区

$$=\dfrac{3800-500\times2}{200}-1=13$$

共 6＋6＋13＝25，取 25 根

地下室－1 层箍筋根数同－2 层。

（3）一层

1）加密区：

①下加密区：$\dfrac{500-50}{100}+1=5.5$，取 6 根

②上加密区：$\dfrac{500-50}{100}+1=5.5$，取 6 根

2）非加密区

$$=\dfrac{4500-500\times2}{200}-1=16.5，取 17 根$$

共 6＋6＋17＝29，取 29 根

（4）二层

1）加密区：

①下加密区：$\dfrac{500-50}{100}+1=5.5$，取 6 根

②上加密区：$\dfrac{500-50}{100}+1=5.5$，取 6 根

2）非加密区

$$=\dfrac{4200-500\times2}{200}-1=15，取 15 根$$

共 6＋6＋15＝27，取 27 根

（5）三层

1）加密区：

①下加密区：$\dfrac{500-50}{100}+1=5.5$，取 6 根

②上加密区：$\dfrac{500-50}{100}+1=5.5$，取 6 根

2）非加密区

$$=\dfrac{3600-500\times2}{200}-1=12，取 12 根$$

共 6＋6＋12＝24，取 24 根

边缘构件 YBZ3 钢筋明细表见表 7-9。

边缘构件 YBZ3 钢筋明细表   表 7-9

序号	级别直径	简图	单长（mm）	总根数	总长（m）	总重（kg）	备注
构件信息：0层（基础层）\柱 \ YBZ3 _ 3-4/A-1/A 个数：1构件单质（kg）：98.173 构件总质（kg）：98.173								
1	Φ22	1770 330	2100	9	18.9	56.394	基础插筋
2	Φ22	1000 330	1330	9	11.97	35.721	基础插筋
3	Φ8	850 250	2390	2	4.78	1.888	箍筋
4	Φ8	550 550	2390	2	4.78	1.888	箍筋
5	Φ8	209 550	1708	2	3.416	1.35	箍筋
6	Φ8	250	440	2	0.88	0.348	箍筋
7	Φ8	550	740	2	1.48	0.584	箍筋
构件信息：-2层（地下室）\柱 \ YBZ3 _ 3-4/A-1/A 个数：1构件单质（kg）：279.827 构件总质（kg）：279.827								
1	Φ22	3800	3800	18	68.4	204.102	中间层主筋
2	Φ8	850 250	2390	25	59.75	23.6	箍筋
3	Φ8	550 550	2390	25	59.75	23.6	箍筋
4	Φ8	209 550	1708	25	42.7	16.875	箍筋
5	Φ8	250	440	25	11	4.35	箍筋
6	Φ8	550	740	25	18.5	7.3	箍筋
构件信息：-1层（地下室）\柱 \ YBZ3 _ 3-4/A-1/A 个数：1构件单质（kg）：279.827 构件总质（kg）：279.827								
1	Φ22	3800	3800	18	68.4	204.102	中间层主筋
2	Φ8	850 250	2390	25	59.75	23.6	箍筋
3	Φ8	550 550	2390	25	59.75	23.6	箍筋
4	Φ8	209 550	1708	25	42.7	16.875	箍筋

序号	级别直径	简图	单长（mm）	总根数	总长（m）	总重（kg）	备注
5	Φ8	250	440	25	11	4.35	箍筋
6	Φ8	550	740	25	18.5	7.3	箍筋

构件信息：1层（首层)\柱 \ YBZ3 _ 3-4/A-1/A
个数：1 构件单质（kg）：329.545 构件总质（kg）：329.545

序号	级别直径	简图	单长（mm）	总根数	总长（m）	总重（kg）	备注
1	Φ22	4500	4500	18	81	241.704	中间层主筋
2	Φ8	850 250	2390	29	69.31	27.376	箍筋
3	Φ8	550 550	2390	29	69.31	27.376	箍筋
4	Φ8	209 550	1708	29	49.532	19.575	箍筋
5	Φ8	250	440	29	12.76	5.046	箍筋
6	Φ8	550	740	29	21.46	8.468	箍筋

构件信息：2层（普通层)\柱 \ YBZ3 _ 3-4/A-1/A
个数：1 构件单质（kg）：307.377 构件总质（kg）：307.377

序号	级别直径	简图	单长（mm）	总根数	总长（m）	总重（kg）	备注
1	Φ22	4200	4200	18	75.6	225.594	中间层主筋
2	Φ8	850 250	2390	27	64.53	25.488	箍筋
3	Φ8	550 550	2390	27	64.53	25.488	箍筋
4	Φ8	209 550	1708	27	46.116	18.225	箍筋
5	Φ8	250	440	27	11.88	4.698	箍筋
6	Φ8	550	740	27	19.98	7.884	箍筋

构件信息：3层（普通层)\柱 \ YBZ3 _ 3-4/A-1/A
个数：1 构件单质（kg）：266.052 构件总质（kg）：266.052

序号	级别直径	简图	单长（mm）	总根数	总长（m）	总重（kg）	备注
1	Φ22	3600	3600	18	64.8	193.356	中间层主筋
2	Φ8	850 250	2390	24	57.36	22.656	箍筋
3	Φ8	550 550	2390	24	57.36	22.656	箍筋
4	Φ8	209 550	1708	24	40.992	16.2	箍筋

序号	级别直径	简图	单长（mm）	总根数	总长（m）	总重（kg）	备注
5	Φ8	250	440	24	10.56	4.176	箍筋
6	Φ8	550	740	24	17.76	7.008	箍筋

构件信息：4 层（顶层）\柱 \ YBZ3 _ 3-4/A-1/A
个数：1 构件单质（kg）：233.855 构件总质（kg）：233.855

1	Φ22	2295 264	2559	9	23.031	68.724	本层收头弯折
2	Φ22	3065 264	3329	9	29.961	89.406	本层收头弯折
3	Φ8	850 250	2390	25	59.75	23.6	箍筋
4	Φ8	550 550	2390	25	59.75	23.6	箍筋
5	Φ8	209 550	1708	25	42.7	16.875	箍筋
6	Φ8	250	440	25	11	4.35	箍筋
7	Φ8	550	740	25	18.5	7.3	箍筋

7.6 连梁钢筋翻样

阅读图 7-1～图 7-2 后，完成四层连梁 LL1（位于轴线Ⓒ/①-②）钢筋翻样。

连梁的环境描述如下：

抗震等级：二级抗震；

混凝土强度等级：C35；边缘构件中钢筋强度等级为 HRB400；

保护层厚度：箍筋保护层为 25mm；

纵筋钢筋接头方式：电渣压力焊；

侧面纵筋伸入支座的长度：l_{lE}。

7.6.1 纵筋计算

剪力墙中水平和垂直分布筋强度等级为 HRB400，直径为≤25mm，混凝土强度等级为 C35，二级抗震，从 16G101-1 第 57 和 58 页可知：$l_{aE}=37d$，$l_{abE}=37d$。

连梁配筋构造依据 11G101-1 第 78 页设置，如图 7-20 所示，当端部洞口连梁的纵向钢筋在端支座的直锚长度≥l_{aE} 且≥600 时，可不必往上（下）弯折，端支座宽度为 1050mm，直锚长度＝支座宽－保护层＝1050－25＝1025mm＞l_{aE}＝37×25＝925mm，按直锚计算。

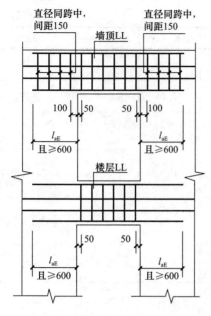

图 7-20　单洞口连梁（单跨）

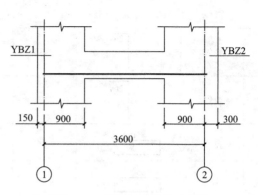

图 7-21　连梁 LL1 纵筋示意图

1. 上下纵筋长度

长度＝净跨＋左锚固长度＋右锚固长度

$\quad$＝3600－900－900＋37×25×2＝3650mm

简图如下所示：

$$\frac{3650}{4\Phi25}$$

2. 侧面纵筋

从 16G101-1 第 61 页可知：$l_{lE}＝52d$。

＝3600－900－900＋52×12×2＝3048mm

$$\frac{3048}{4\Phi12}$$

7.6.2　箍筋

（1）长度

长度＝（300＋600）×2－8×25＋23.8×10＝1838mm

（2）根数

1）跨中箍筋根数＝$\dfrac{1600-2×50}{100}+1＝16$ 根

2）支座内箍筋根数

左支座内箍筋根数：$\dfrac{1050-2×50}{150}+1＝7.33$，取 8 根

右支座内箍筋根数：$\dfrac{1200-2×50}{150}+1＝8.33$，取 9 根

简图如下所示：

7.6.3 拉筋

长度$=300-2\times25+23.8\times6.5=404.70$mm

$$拉筋根数：\left(\frac{净跨-50\times2}{2\times箍筋非加密区间距}+1\right)\times排数$$

$$=2\times\left(\frac{3600-900-900-50\times2}{200}+1\right)=19，取\ 19\ 根$$

简图如下所示：

四层连梁 LL1（位于轴线Ⓒ/①-②）钢筋明细表见表 7-10。

表 7-10

四层连梁 LL1（位于轴线Ⓒ/①-②）钢筋明细表

序号	级别直径	简图	单长（mm）	总根数	总长（m）	总重（kg）	备注
构件信息：4 层（顶层）\墙 \ LL1 _ 1-2/C 个数：1 构件单质（kg）：165.017 构件总质（kg）：165.017							
1	Φ25	3650	3650	8	29.2	112.504	上贯通筋/下贯通筋
2	Φ12	3648	3048	4	12.192	10.828	侧面纵筋
3	Φ10	250 / 550	1838	18	33.084	20.412	箍筋@100
4	Φ6.5	250	405	19	7.695	1.995	拉结筋@200
5	Φ10	250 / 550	1838	17	31.246	19.278	左支座内箍筋/右支座内箍筋

第 8 章　桩承台钢筋翻样

8.1　概述

承台指的是为承受、分布柱或由墩身传递的荷载，在基桩顶部设置的联结各桩顶的钢筋混凝土平台，是桩与柱或墩联系部分。承台把几根，甚至十几根桩联系在一起形成桩基础。承台分为高桩承台和低桩承台：低桩承台一般埋在土中或部分埋进土中，高桩承台一般露出地面或水面。高桩承台由于具有一段自由长度，其周围无支撑体共同承受水平外力。基桩的受力情况极为不利。桩身内力和位移都比同样水平外力作用下低桩承台要大，其稳定性因而比低桩承台差。

8.2　双桩承台梁钢筋计算

CT1-1 为双桩承台梁，如图 8-1 所示。上部纵筋为 10Φ22，下部纵筋为 8Φ20，上部和下部纵筋弯折长度按 10d 计算。箍筋为 Φ10@200（6），小箍筋按箍住 3 根纵筋计算，保护层厚度为 50mm。

8.2.1　纵筋长度计算

1. 上部纵筋

长度＝承台梁长度－2×保护层＋弯折×2
　　　＝1400×2－2×50＋10×20×2
　　　＝3100mm

简图如下所示：

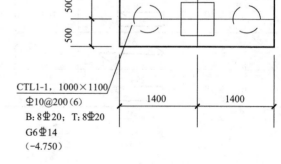

图 8-1　双桩承台 CT1-1 平面图

2. 下部纵筋

下部纵筋长度与上部纵筋长度相同＝1400×2－2×50＋10×20×2＝3100mm

简图如下所示：

8.2.2　箍筋计算

（1）长度

大箍筋长度＝（承台梁宽度－2×保护层厚度）×2＋（承台梁高度－2×保护层厚度）×2＋

23.8×箍筋直径

　　大箍筋长度＝$(1000-2\times50)\times2+(1100-2\times50)\times2+23.8\times10=4038$mm

　　简图如下所示：

　　小箍筋长度：

　　主筋间距＝$\dfrac{承台梁宽度-2\times保护层厚度-2\times箍筋直径-角筋直径}{上部纵筋根数-1}$

　　主筋间距＝$\dfrac{1000-2\times50-2\times10-20}{8-1}=122.86$mm

　　小箍筋长度

　　$=(122.86\times2+2\times10+22)\times2+(1100-2\times50)\times2+23.8\times10=2809$mm

　　简图如下所示：

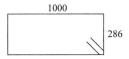

　　（2）根数

　　小箍筋根数＝$\dfrac{承台梁长度-2\times起布距离}{间距}+1$

　　小箍筋根数＝$\dfrac{1400\times2-2\times50}{200}+1=14.5$，取 15 根

8.3　等边四桩矩形承台钢筋计算

　　CT2-1 尺寸如图 8-2 所示，底筋 X 方向和 Y 方向均为$\Phi20@140$，顶层 X 方向和 Y 方向附加钢筋均为$\Phi12@150$，底筋弯折长度为$10d$，保护层厚度为 50mm。

8.3.1　底层钢筋

　　（1）底层 X 方向钢筋

　　长度＝X 方向长度－2×保护层＋2×弯折

　　　　＝$1400\times2-2\times50+10\times20\times2$

　　　　＝3100mm

　　根数＝$\dfrac{1400\times2-2\times50}{140}+1=20.28$，取 21 根

　　简图如下所示：

　200　　　2700　　　200
　　　　21Φ20

　　（2）底层 Y 方向钢筋

　　长度＝Y 方向长度－2×保护层＋2×弯折

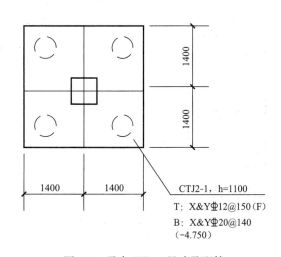

图 8-2　承台 CT2-1 尺寸及配筋

$$=1400×2-2×50+10×20×2=3100mm$$

$$根数=\frac{1400×2-2×50}{140}+1=20.28，取\ 21\ 根$$

简图如下所示：

200 | 2700 | 200
21Φ20

8.3.2 顶层附加钢筋

（1）顶层 X 方向钢筋

长度＝X 方向长度－2×保护层

$$=1400×2-2×50=2700mm$$

$$根数=\frac{1400×2-2×50}{150}+1=19，取\ 19\ 根$$

简图如下所示：

2700
19Φ20

（2）底层 Y 方向钢筋

长度＝Y 方向长度－2×保护层

$$=1400×2-2×50=2800mm$$

$$根数=\frac{1400×2-2×50}{150}+1=19，取\ 19\ 根$$

简图如下所示：

2700
19Φ20

8.4 不等边四桩矩形承台钢筋计算

CT3-1 尺寸如图 8-3 所示，底筋 X 方向和 Y 方向均为 Φ20@140，顶层 X 方向和 Y 方向附加钢筋均为 Φ12@150，底筋弯折长度为 10d。

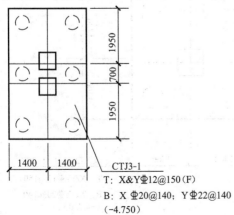

1400 | 1400
CTJ3-1
T：X&YΦ12@150（F）
B：X Φ20@140；Y Φ22@140
（-4.750）

图 8-3 承台 CT3-1 尺寸及配筋

8.4.1 底层钢筋计算

（1）底层 X 方向钢筋

长度＝X 方向长度－2×保护层＋弯折×2

$$=1400×2-2×50+10×20×2=3100mm$$

$$根数=\frac{1950×2+700-2×50}{140}+1=33.14，$$

取 34 根

简图如下所示：

200 | 2700 | 200
34Φ20

（2）底层 Y 方向钢筋

长度＝Y 方向长度－2×保护层＋2×弯折

$=1950\times750-2\times50+10\times20\times2=4900\text{mm}$

根数$=\dfrac{1400\times2-2\times50}{140}+1=20.28$，取 21 根

简图如下所示：

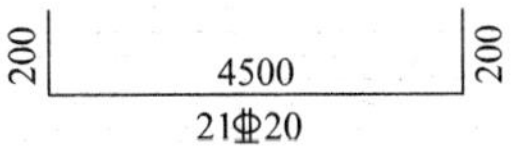

8.4.2 顶层附加钢筋

（1）顶层 X 方向钢筋

长度＝X 方向长度－2×保护层

$=1400\times2-2\times50=2700\text{mm}$

根数$=\dfrac{1950\times2+700-2\times50}{150}+1=31$，取 21 根

简图如下所示：

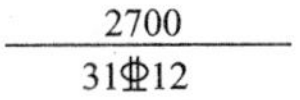

（2）底层 Y 方向钢筋

长度＝Y 方向长度－2×保护层

$=1950\times2+700-2\times50=4500\text{mm}$

根数$=\dfrac{1400\times2-2\times50}{150}+1=19$，取 19 根

简图如下所示：

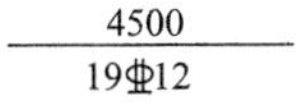

8.5 等边三桩承台钢筋计算

CT4-1 尺寸如图 8-4 所示承台底边及斜边钢筋间距取 100，满足 12G901-3 中第 78 页对等边桩桩承台钢筋排布要求，即“三桩承台最里侧的三根钢筋围成的三角形应在柱截面范围内”。

底边纵筋长度计算

第 1 根-第 5 根钢筋长度不断增大，相邻两根钢筋长度相差 115.4734mm，公式为：$100\times\tan30^{\circ}\times2=200\times\dfrac{\sqrt{3}}{3}=115.470\text{mm}$。

第 6 根-第 8 根钢筋长度不断减少，相邻两根钢筋长度相差 115.470mm

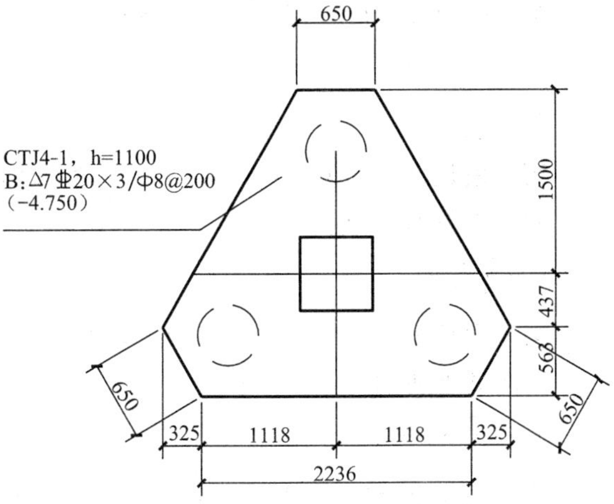

图 8-4 CT4-1 承台尺寸及配筋

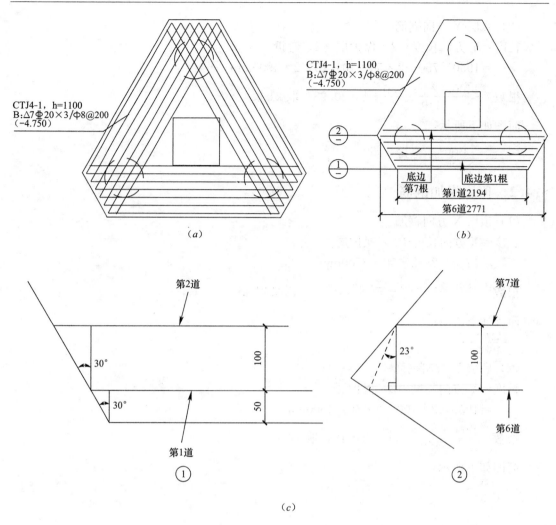

图 8-5 CT4-1 承台配筋示意图

(a) 配筋示意图；(b) CT4-1 钢筋计算示意图；(c) ①、②详图

第 1 根钢筋长度 $=2236+50\times\tan 30°\times 2-2\times 50=2193.74$ mm

简图如下所示：

2194

$1\underline{\Phi}20$

第 2 根长度 $=2193.74+115.470=2309.21$ mm

简图如下所示：

2309

$1\underline{\Phi}20$

第 3 根长度 $=2193.74+115.470\times 2=2424.68$ mm

简图如下所示：

2425

$1\underline{\Phi}20$

第 4 根长度 $=2193.74+115.470\times 3=2540.15$ mm

简图如下所示：

2540
1⊕20

第 5 根长度＝2193.74＋115.470×4＝2655.62mm

简图如下所示：

2656
1⊕20

第 6 根长度＝2193.74＋115.470×5＝2771.09mm

简图如下所示：

2771
1⊕20

第 7 根长度＝2771.09－2×100×tan23°＝2686.20mm

简图如下所示：

2686
1⊕20

两斜边纵筋长度计算与底边相同（略），表 8-1 中，为采用鲁班钢筋算量软件计算的结果。

8.6 七桩多边形承台钢筋计算

CT5-1 如图 8-6 所示，X 方向与 Y 方向底筋均为 ⊕22@120，根据 12G901-3 第 80 页中的要求排布 CT5-1 承台横向和纵向底筋，底筋弯折长度为 10d。

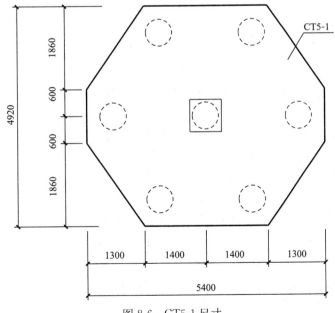

图 8-6　CT5-1 尺寸

8.6.1　X 方向钢筋

⊕22@120，如图 8-7 所示，上部下部为梯形缩筋，横向中间配筋的长度无变化。

横向钢筋（中间）长度无变化，其长度＝5400－2×50＋10×22×2＝5740mm

327

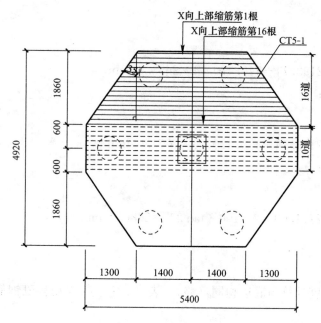

图 8-7　CT5-1X 向钢筋计算简图

$$根数 = \frac{1200 - 50 \times 2}{120} + 1 = 10.17,\ 取\ 10\ 根$$

简图如下所示：

220 | 5300 | 220
10Φ22

上部梯形缩筋：$根数 = \frac{1860 - 50}{120} + 1 = 16.08,\ 取\ 16\ 根$

第 1 根钢筋长度 $= 2800 + 50 \times \tan 35° \times 2 - 50 \times 2 = 2770.02\text{mm}$

相邻两根钢筋长度相差：$120 \times \tan 35° \times 2 = 168.05\text{mm}$

第 2 根钢筋长度 $= 2770.02 + 168.05 = 2458\text{mm}$

第 3 根钢筋长度 $= 2770.02 + 168.05 \times 2 = 2938.07\text{mm}$

第 4 根钢筋长度 $= 2770.02 + 168.05 \times 3 = 3106.12\text{mm}$

第 5 根钢筋长度 $= 2770.02 + 168.05 \times 4 = 3274.17\text{mm}$

第 6 根钢筋长度 $= 2770.02 + 168.05 \times 5 = 3442.22\text{mm}$

第 7 根钢筋长度 $= 2770.02 + 168.05 \times 6 = 3778.32\text{mm}$

第 8 根钢筋长度 $= 2770.02 + 168.05 \times 7 = 3946.37\text{mm}$

第 9 根钢筋长度 $= 2770.02 + 168.05 \times 8 = 4114.42\text{mm}$

第 10 根钢筋长度 $= 2770.02 + 168.05 \times 9 = 4282.47\text{mm}$

第 11 根钢筋长度 $= 2770.02 + 168.05 \times 10 = 4450.52\text{mm}$

第 12 根钢筋长度 $= 2770.02 + 168.05 \times 11 = 4618.57\text{mm}$

第 13 根钢筋长度 $= 2770.02 + 168.05 \times 12 = 4786.62\text{mm}$

第 14 根钢筋长度 $= 2770.02 + 168.05 \times 13 = 4954.67\text{mm}$

第 15 根钢筋长度 $= 2770.02 + 168.05 \times 14 = 5122.72\text{mm}$

第 16 根钢筋长度＝2770.02＋168.05×15＝5290.77mm

简图如下所示：

$$\begin{array}{c} \underset{16\ \Phi 22}{\underline{\overset{168}{2770\sim5291}}} \end{array}$$

下部梯形缩筋长度和根数与上部相同。

8.6.2 Y 方向钢筋

Φ 22@120，如图 8-8 所示，左部和右部为梯形缩筋，纵向中间配筋的长度无变化。

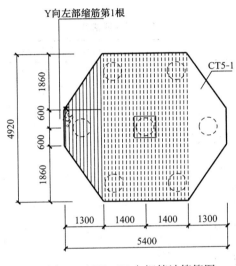

图 8-8 CT5-1Y 向钢筋计算简图

纵向钢筋（中间）长度无变化，其长度＝4920－2×50＋10×22×2＝5260mm

根数＝$\dfrac{2334}{110}$＋1＝22.22，取 24 根

左部梯形缩筋：根数＝$\dfrac{1300-50}{120}$＋1＝11.42，取 11 根

简图如下所示：

$$\begin{array}{c} \underset{24\ \Phi 22}{\underline{\overset{4820}{}}} \end{array}$$

第 1 根钢筋长度＝1200＋50×tan 55°×2－50×2＝1242.81mm

相邻两根钢筋长度相差：120×tan 55°×2＝342.76mm

第 2 根钢筋长度＝1242.81＋342.76＝1585.57mm

第 3 根钢筋长度＝1242.81＋342.76×2＝1928.33mm

第 4 根钢筋长度＝1242.81＋342.76×3＝2271.09mm

第 5 根钢筋长度＝1242.81＋342.76×4＝2613.85mm

第 6 根钢筋长度＝1242.81＋342.76×5＝2956.61mm

第 7 根钢筋长度＝1242.81＋342.76×6＝3299.37mm

第 8 根钢筋长度＝1242.81＋342.76×7＝3642.13mm

第 9 根钢筋长度＝1242.81＋342.76×8＝3984.89mm

第 10 根钢筋长度＝1242.81＋342.76×9＝4327.65mm

第 11 根钢筋长度＝1242.81＋342.76×10＝4670.41m

右部梯形缩筋长度和根数与左部相同。

简图如下所示：

220 ｜ 343 ｜ 220
1242～4670
11Φ22

采用鲁班钢筋算量软件计算的结果见表 8-1，从表中可知手工计算与软件计算的结果略微有点偏差。

承台钢筋明细表

表 8-1

序号	级别直径	简图	单长（mm）	总根数	总长（m）	总重（kg）	备注
构件信息：0 层（基础层）\基础 \ CTL1-1 _ 3/ 个数：1 构件单质（kg）：263.407 构件总质（kg）：263.407								
1	Φ20	200 ⌐2700⌐ 200	3100	8	24.8	61.16	承台上部钢筋
2	Φ20	200 ⌐2700⌐ 200	3100	8	24.8	61.16	承台下部钢筋
3	Φ14	2700	2700	6	16.2	19.572	承台腰筋
4	Φ10	900 1000	4038	15	60.57	37.365	承台箍筋
5	Φ10	286 1000	2810	15	42.15	26.01	承台箍筋
6	Φ10	286 1000	2810	15	42.15	26.01	承台箍筋
7	Φ10	920	1158	45	52.11	32.13	承台拉筋
构件信息：0 层（基础层）\基础 \ CTL2-1 _ 5/ 个数：1 构件单质（kg）：412.214 构件总质（kg）：412.214								
1	Φ20	200 ⌐2700⌐ 200	3100	21	65.1	160.545	横向钢筋
2	Φ20	200 ⌐2700⌐ 200	3100	21	65.1	160.545	纵向钢筋
3	Φ12	2700	2700	19	51.3	45.562	顶部 X 方向附加钢筋
4	Φ12	2700	2700	19	51.3	45.562	顶部 Y 方向附加钢筋
构件信息：0 层（基础层）\基础 \ CTL3-1 _ 6/ 个数：1 构件单质（kg）：663.935 构件总质（kg）：663.935								
1	Φ20	200 ⌐2700⌐ 200	3100	34	105.4	259.93	横向钢筋
2	Φ20	200 ⌐4500⌐ 200	4900	21	102.9	253.743	纵向钢筋
3	Φ12	2700	2700	31	83.7	74.338	顶部 X 方向附加钢筋
4	Φ12	4500	4500	19	85.5	75.924	顶部 Y 方向附加钢筋
构件信息：0 层（基础层）\基础 \ CTL4-1 _ 8/ 个数：1 构件单质（kg）：130.076 构件总质（kg）：130.076								

序号	级别直径	简图	单长（mm）	总根数	总长（m）	总重（kg）	备注
1	Φ20	2194	2194	1	2.194	5.41	顶桩间连筋（横向）
2	Φ20	2309	2309	1	2.309	5.694	顶桩间连筋（横向）
3	Φ20	2425	2425	1	2.425	5.98	顶桩间连筋（横向）
4	Φ20	2540	2540	1	2.54	6.264	顶桩间连筋（横向）
5	Φ20	2656	2656	1	2.656	6.55	顶桩间连筋（横向）
6	Φ20	2771	2771	1	2.771	6.833	顶桩间连筋（横向）
7	Φ20	2686	2686	1	2.686	6.624	顶桩间连筋（横向）
8	Φ20	2194	2194	1	2.194	5.41	右顶桩间连筋（斜向）
9	Φ20	2310	2310	1	2.31	5.696	右顶桩间连筋（斜向）
10	Φ20	2425	2425	1	2.425	5.98	右顶桩间连筋（斜向）
11	Φ20	2541	2541	1	2.541	6.266	右顶桩间连筋（斜向）
12	Φ20	2656	2656	1	2.656	6.55	右顶桩间连筋（斜向）
13	Φ20	2771	2771	1	2.771	6.833	右顶桩间连筋（斜向）
14	Φ20	2686	2686	1	2.686	6.624	右顶桩间连筋（斜向）
15	Φ20	2194	2194	1	2.194	5.41	左顶桩间连筋（斜向）
16	Φ20	2310	2310	1	2.31	5.696	左顶桩间连筋（斜向）
17	Φ20	2425	2425	1	2.425	5.98	左顶桩间连筋（斜向）
18	Φ20	2541	2541	1	2.541	6.266	左顶桩间连筋（斜向）
19	Φ20	2656	2656	1	2.656	6.55	左顶桩间连筋（斜向）
20	Φ20	2772	2772	1	2.772	6.836	左顶桩间连筋（斜向）
21	Φ20	2686	2686	1	2.686	6.624	左顶桩间连筋（斜向）

构件信息：0 层（基础层）\基础 \ CT5-1 _ 10/
个数：1 构件单质（kg）：1185.552 构件总质（kg）：1185.552

序号	级别直径	简图	单长（mm）	总根数	总长（m）	总重（kg）	备注
1	⊈ 22	158 2770~5140 220 ⌐ ¬ 220	4395	16	70.32	209.84	上部梯形缩筋（共有 16 种，每种有 1 根）
2	⊈ 22	158 2770~5140 220 ⌐ ¬ 220	4395	16	70.32	209.84	下部梯形缩筋（共有 16 种，每种有 1 根）
3	⊈ 22	5300 220 ⌐ ¬ 220	5740	10	57.4	171.28	横向钢筋（中间）
4	⊈ 22	326 1243~4514 220 ⌐ ¬ 220	3319	11	36.509	108.944	左部梯形缩筋（共有 11 种，每种有 1 根）
5	⊈ 22	326 1243~4514 220 ⌐ ¬ 220	3319	11	36.509	108.944	右部梯形缩筋（共有 11 种，每种有 1 根）
6	⊈ 22	4820 220 ⌐ ¬ 220	5260	24	126.24	376.704	纵向钢筋（中间）

参 考 文 献

［1］ 混凝土结构施工图平面整体表示方法：制图规则和构造详图（现浇混凝土框架、剪力墙、梁、板）（16G101-1）［S］. 北京：中国计划出版社，2016.

［2］ 混凝土结构施工图平面整体表示方法制图规则和构造详图（现浇混凝土板式楼梯）（16G101-2）［S］，北京：中国计划出版社，2016.

［3］ 混凝土结构施工图平面整体表示方法制图规则和构造详图（独立基础、条形基础、筏形基础及桩基承台）（16G101-3）［S］，北京：中国计划出版社，2016.

［4］ 混凝土结构钢筋排布规则与构造详图（现浇混凝土框架，剪力墙、梁、板）（12G901-1）［S］. 北京：中国计划出版社，2012.

［5］ 混凝土结构钢筋排布规则与构造详图（现浇混凝土板式楼梯）（12G901-2）［S］. 北京：中国计划出版社，2012.

［6］ 混凝土结构钢筋排布规则与构造详图（独立基础、条形基础、筏形基础及桩基承台）（12G901-3）［S］. 北京：中国计划出版社，2012.

［7］ 混凝土结构设计规范（GB 50010—2010）（2015 年版）［S］. 北京：中国建筑工业出版社，2015.

［8］ 混凝土结构工程施工规范（GB 50666—2011）［S］. 北京：中国建筑工业出版社，2011.

［9］ 混凝土结构工程施工质量验收规范（GB 50204—2015）［S］. 北京：中国建筑工业出版社，2015.

［10］ 钢筋机械连接技术规程（JGJ 107—2016）［S］. 北京：中国建筑工业出版社，2016.

［11］ 钢筋焊接及验收规程（JGJ 18—2012）［S］. 北京：中国建筑工业出版社，2012.

［12］ 混凝土结构后锚固技术规程（JGJ 145—2013）［S］. 北京：中国建筑工业出版社，2013.

［13］ 陈怀亮，曹留峰. 钢筋翻样与下料［M］. 中国铁道出版社，2016 年 8 月第一版.